基于德勒兹哲学的
当代建筑创作思想

刘杨 著

中国建筑工业出版社

图书在版编目（CIP）数据

基于德勒兹哲学的当代建筑创作思想／刘杨著.
—北京：中国建筑工业出版社，2020.9
ISBN 978-7-112-25337-1

Ⅰ.① 基… Ⅱ.① 刘… Ⅲ.① 建筑哲学 Ⅳ.① TU-021

中国版本图书馆CIP数据核字（2020）第134988号

责任编辑：陈海娇
版式设计：锋尚设计
责任校对：王　烨

基于德勒兹哲学的当代建筑创作思想
刘杨　著
＊
中国建筑工业出版社出版、发行（北京海淀三里河路9号）
各地新华书店、建筑书店经销
北京锋尚制版有限公司制版
北京中科印刷有限公司印刷
＊
开本：880×1230毫米　1/32　印张：11⅝　字数：271千字
2020年9月第一版　2020年9月第一次印刷
定价：58.00元
ISBN 978-7-112-25337-1
（36069）

序

　　《基于德勒兹哲学的当代建筑创作思想》是刘杨博士学位论文的研究成果，现在能够公开出版与读者见面，我作为她的导师由衷地感到高兴。

　　建筑是凝固的音乐，也是石头的史书，还是人类文化的重要载体。建筑的创作思想是建筑创作理论研究的重要内容，随着时代的变迁，当代建筑创作现象异彩纷呈，德勒兹的"差异与重复"的思想、"去中心"学说以及"生成论"等都为当代建筑在复杂科学及数字技术领域中找到了新的发展方向，也为后工业社会背景下，建筑师分析、阐释、解读复杂的建筑现象，提供了哲学的认识论依据和方法论的指导；同时也对适应时代发展的建筑创作思想的形成奠定了哲学的基础，开创了审视当代建筑创作手法的新视角。因此，构建德勒兹哲学与当代建筑创作之间的系统关联，无疑对当代建筑创作具有重要的学术及应用价值。

　　帕斯卡尔说："人的全部尊严就在于思想。"刘杨在做学问的过程中善于思考、不断锤炼思想，作为她的导师，能够看见她在学术道路上不断探索、不断前行，深感欣慰。刘杨现任浙江理工大学艺术与设计学院环境设计系教授，在哈尔滨工业大学建筑学院四年的博士学习经历，为她奠定了坚实的学术研究基础。她具有设计学和建筑学双重学科研究的学术背景，并能够以设计学科为基础，深入到建筑学科研究中，以哲学思考的视角探索当代建筑创作现象及创作思想的真谛，形成自己独到的学术见解。这种求知的思想、求知的精神和勇气是值得称赞的。

　　本书的主要内容是分析20世纪60年代以后，受德勒兹哲学影响的当代建筑创作现象。全书以德勒兹哲学为基础深入剖析了当代建筑复杂化、差异化、多元化转向过程中，在创作思想、创作手法以及创新性特征等方面的发展趋向，从理论的高度建立了德勒兹哲学与当代建筑创作的系统关联，构建了适应时代发展需求及建筑发展内在要因的"影像"建筑思想、"界域"建筑思想、"通感"建筑思想、"中间领域"建筑思想。这为当代建筑创作实践以及当代建筑现象的解读提供了有意义的参考，也为读者清晰地勾勒出当代建筑创作的未来发展趋向，充分体现了理论型专著的特色。

前言

　　20世纪60年代，进入后工业社会以来，信息技术、数字技术以及复杂科学的迅猛发展，使当代建筑创作呈现出多元的发展趋向，新奇、复杂的建筑语言及表现形式层出不穷。在这多元化的建筑创作现象中出现了一种以德勒兹哲学概念为创新方法的建筑形式，并相应地涌现出一批先锋建筑师和大量的建筑作品。这些建筑作品表现出极大的创新特征，并迎合了时代的发展需求，由此，德勒兹哲学也体现出对当代建筑创作的巨大推动力。本书以法国当代哲学家吉尔·德勒兹的差异哲学为理论基础，旨在阐明德勒兹哲学与当代建筑创作之间的系统关系，并以德勒兹哲学为工具，通过分析当代复杂的建筑现象，构建适应后工业社会的建筑创作思想及理论，使德勒兹哲学更好地指导建筑实践，并为当代复杂、多元建筑作品的分析、阐释和解读提供理论和思想依据。

　　本书将研究视阈定为受德勒兹哲学影响的当代建筑创作现象。因此，研究对象相应地包含两个方面：其一，从20世纪60年代后工业社会转向至今的近50年来，建筑在空间、结构、形态上表现出的趋于复杂化、差异化、多元化的特征及现象以及后工业社会信息文明和生态文明并存的社会背景下，信息传播技术、生物智能技术与德勒兹哲学和建筑创作相关联而产生的数字化、智能化、多样化的建筑形式。其二，德勒兹与建筑创作相关的哲学思想及理论内容。本书在深入研究德勒兹思想框架、理论纲领及思想特质的基础上，试图建立其哲学与当代建筑创作思想之间的对话关系。本书所涉及的研究对象并非当代建筑创作的发展全貌，而是与德勒兹哲学直接或间接相关的建筑现象。本书借用了德勒兹哲学四个基本理论，即时延电影理论、平滑空间理论、无器官的身体理论、动态生成论，对这些建筑创作现象进行分析与梳理，对当代建筑创作的创新形式及特征进行探究，力图构建反映信息文明和生态文明时代特点、适应时代发展方向的建筑创作思想，以期为当代建筑创作提供有价值的参考。

在研究方法上，采用学科交叉的方法，以德勒兹的哲学视角来诠释当代多元、复杂的建筑现象；客观解析当代建筑创作思想的内在特征及发展趋向。在整体的研究过程中，采用宏观理论思考、中观思想提炼、微观案例分析相结合的研究方法。通过对德勒兹哲学思想的整理研究，运用德勒兹哲学中的非理性法、差异法、非逻辑法分析当代建筑创作的发展趋向、建筑的生成过程及形式特征，以期在德勒兹哲学层面上获得一种对当代建筑创作现象的思想性梳理与解读。

在研究内容上，通过对德勒兹的哲学特质、核心概念、哲学纲领等思想框架的系统梳理，分别从时间、空间、身体、生态四个方面建立了其哲学与建筑创作之间的关联性，从而相应地提炼出德勒兹哲学与当代建筑创作相关的四个基本理论，即：时延电影理论，平滑空间理论，无器官的身体理论，动态生成论。进而，明确了德勒兹哲学与当代建筑创作之间的关系，建构了德勒兹哲学与当代建筑创作思想之间的理论转换平台，并创建性地构建了基于德勒兹哲学的四种建筑创作思想，即：基于时延电影理论的影像建筑思想，基于平滑空间理论的界域建筑思想，基于无器官身体理论的通感建筑思想，基于动态生成论的中间领域建筑思想。同时，本书引用了大量的案例对这些建筑创作思想进行阐释，对其建筑创作手法进行分析，并对建筑创作思想下的建筑创新特征进行解析，以期获得指导当代建筑创作实践的系统理论。

通过本书关于德勒兹哲学与当代建筑创作理论的系统建构，可以看出，德勒兹哲学从时间、空间、身体感知、生态发展层面指引了当代建筑创作未来的发展方向，并对当代建筑的形式创新提供了思想上的借鉴和操作手法上的指导。

目录

第一章

绪论

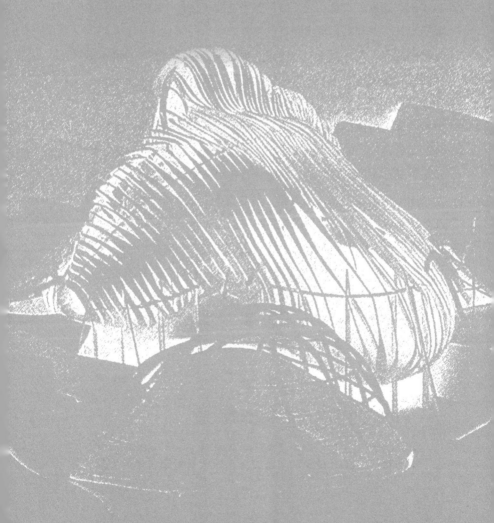

第一节　德勒兹哲学与当代建筑的关联

当代建筑自20世纪60年代起，呈现出纷繁芜杂的发展局面及复杂化的风格特征，当代建筑创作也随之呈现出多元化的特点。这与信息革命和后工业社会背景下，信息的大量传播复制和数字技术的高速发展息息相关。数字技术在建筑创作中的应用拓展了建筑形式，并使其呈现出新奇的视觉效果，同时也延伸了建筑创作的内涵与外延，对于当代的建筑师而言，建筑创作的目的不再局限于提供满足人类居住及活动的场所，同时还拓展为运用多元的建筑设计语言表达当代社会开放、动态、异质、多元、复杂的时代特征。由此，当代的先锋建筑师们依托于复杂科学、数字建造、拓扑理论、涌现理论等不同的科学及技术领域寻找新奇的建筑语言及形态的表现方式。在这一过程中，建筑师通过对先进科学技术的追求，创造出了复杂、奢华甚至是梦幻般的建筑形式，在这诸多复杂的形式背后隐含了建筑创作思想的时代转变。而吉尔·德勒兹（Gilles Deleuze）作为法国当代著名的哲学巨匠，其哲学的产生到成熟完善与后工业社会信息文明的产生与发展相对应，并具有生态文明的前瞻意识，为反映时代特征的当代建筑创作思想的生成及发展提供了哲学土壤，为当今日趋复杂化的建筑现象背后的建筑思想的归纳与总结及当代建筑设计理论的系统建构奠定了哲学基础。

一、德勒兹哲学与当代建筑思想的关联

伴随着科学技术对复杂问题的深入探索及复杂科学的发展，

当今社会实现了由工业社会到后工业社会的转型。在此基础上，哲学界突破了二元对立的简化思维方式，实现了静态还原论世界观向动态多元论世界观的转变。这一转变带来了以德勒兹哲学为代表的当代新哲学的产生和人们对世界的新看法，以及新的世界观下观察、认知、解读问题的新思想（图1-1）。社会的转型、以德勒兹哲学为代表的新哲学的产生，使人们的思维方式由传统哲学观的线性思维向当代哲学观的非线性思维转变，反映在建筑领域，必然带来当代建筑思想的新变化，新的建筑创作手法和作品的诞生。当代建筑已经打破了工业社会传统哲学思想下建筑作为机器化产品的简约风格及理性主义特点，而呈现出信息社会建筑作为高科技产品的全新风格特征。而德勒兹哲学在复杂科学和信息社会背景下，通过对世界不规则、混沌、动态变化特征的探索，形成了差异及流变的多元论哲学思想和非线性的思维方式，引发并反映了当代人们思想观念和思维方式的转变，契合了信息社会背景下当代建筑的复杂化、多元化发展趋向。为当代复杂、

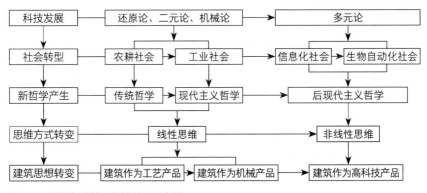

图1-1 哲学与建筑思想的关系示意图

多元的建筑现象及建筑作品的分析、阐释与解读以及反映时代特征的建筑思想的构建提供了哲学依据和思想基础。

　　吉尔·德勒兹是法国当代著名的后结构主义哲学家，德勒兹的哲学思想是法国20世纪哲学的标志，作为当代的哲学巨匠，他的思想风格体现出复杂多样的视角，在文学、绘画、电影、精神分析等方面都表现出了极其原创的思想维度，具有哲学领域中的毕加索和"概念工厂"之称。德勒兹哲学通过对不同学科之间概念的相互交织与创造来开创审视世界的新视角和新思想。德勒兹哲学同样也渗透到建筑领域，成为当代对建筑影响最大的哲学之一，带来了建筑师审视当代建筑现象及作品的新视角。德勒兹哲学是关于生成的本体论，其思想中的差异与重复、生成与变化，深刻影响了当代建筑师的创作思想，推动了数码时代"非标准"建筑思想的产生。德勒兹哲学的平滑空间理论多次被建筑界引用作为复杂建筑、非线性建筑创作的指导思想，并产生了新的建筑创作手法（图1-2）。

二、德勒兹哲学与当代建筑创作的关联

　　当代，德勒兹哲学与建筑创作之间的关联主要体现在先锋建筑师运用德勒兹的创造性概念在建筑创作中的实践上。可以

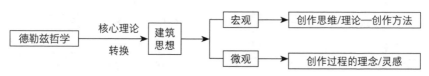

图1-2　德勒兹哲学与当代建筑思想的关系图示

说，德勒兹哲学思想中的创造性概念为复杂科学技术背景下，影响建筑形体的各种内外部因素之间的相互作用提供了生成方式的可操作途径，为机械时代工具理性下作为"结果"的建筑向复杂科学技术下作为"过程"的建筑的转变提供了可操作的图示。德勒兹哲学中的创造性概念和基本喻体，如图解、块茎、游牧、事件……被当代诸多建筑师引用到建筑创作中并与参数化设计相结合，一方面使建筑师对建筑的生成过程更加关注，对建筑的生成手法越发重视，实现了建筑形体和空间从静态到动态的转化；另一方面，使建筑师更加关注人的身体体验，形成了"软建筑"的设计观念。我们可以从当代众多先锋建筑师的设计理论及作品中看出德勒兹哲学对建筑创作的直接或间接影响。如彼得·埃森曼的"生成性"图解理论就是在德勒兹图解思想的基础上建立起来的。埃森曼以某一原始形式为起点通过分解、嫁接等逻辑性的操作序列生成建筑的造型形态，实现了其对形式自律的追求，其住宅系列就是对这一理论的实践。受德勒兹影响的建筑师及理论还包括卡尔·朱的"基因图解"理论，林恩的"泡状物理论""折叠概念"等（表1-1、表1-2）。

受德勒兹哲学思想直接影响的代表建筑师及作品　　　　表1-1

建筑师/事务所	德勒兹的基本概念	建筑师个人观点及理论	建筑作品及设计思想
屈米	事件	建筑的本质不是形态的构成，也不是功能，建筑的本质是事件	拉维莱特公园：将事件投影到整个公园框架之中
彼得·埃森曼	图解	图解是从建筑的内在性和先在性中抽取的能量，它是建筑突破静态实体的生形过程，是建筑作为一系列生成新构形的潜在力量	住宅系列：运用旋转和分层等运动操作系列手法获得生成性图解的建筑方案

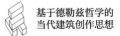

基于德勒兹哲学的
当代建筑创作思想

续表

建筑师/事务所	德勒兹的基本概念	建筑师个人观点及理论	建筑作品及设计思想
彼得·埃森曼	褶子	基于德勒兹褶子概念的折叠建筑形式打破了传统建筑空间观念中的水平/垂直、图形/场地、内/外结构之间的关系	莱茵哈特大厦（1992）：以其极端的、自我统一的和相当独特的形象孤立于消解对象之外
			加里西亚文化城综合体（西班牙圣地亚哥，1999）：三种叠加的脉络形成了动感流态的曲线折叠的建筑形象
			法兰克福莱伯斯托克公园：设计中运用有关联的折线来尝试德勒兹褶子思想的生成和变化方式，在网络体系持续扭转和结合的过程中，历史的和文脉的异质因素被包容并呈现出关联的特质，这与解构主义的彻底断裂和破碎是根本不同的
格雷格·林恩	块茎	泡状物理论：任何一个"变形球体"周围都存在着内外两个决定其形体变化的力场圈。如果相互接近的两个"变形球体"之间的距离接近外围力场圈，就会相互影响并发生变形；而当两个"变形球体"的间距进入内部力场圈时，它们就会融合成一个平滑的柔性形态，并且重新构成新的几何体。两个球体的这种变性关系映射出了对复杂性的理解	"世界方舟"博物馆（Ark of the World）（哥斯达黎加，2006）：方案的灵感源于当地的植物和动物的块茎形式，博物馆的三层展厅呈"球根"状
			Sociopolis 综合体（西班牙巴伦西亚，2003）：综合体的形式以洋葱根茎的形式组成了中庭空间，决定了该建筑的整体形式，中庭底部通向地下展览空间，在形态上体现了"块茎"的形态在建筑造型中的应用
			胚胎住宅：探索了计算机软件控制在生成建筑物模型中的作用，为建筑物模型的量化生产提供了可能，并为未来建筑多样化生产做了前瞻性的工作

建筑师/事务所	德勒兹的基本概念	建筑师个人观点及理论	建筑作品及设计思想
格雷格·林恩	褶子	折叠不是要推崇一种曲线风格，而是要保持一种生成逻辑，这是非常重要的	韩国长老会教堂（1999）：按照教堂的功能在计算机里设置参数形成具有柔性、易变性等特点的球体，球体之间以及与文脉之间不断地在表皮处进行着联系和结合，最终形成一个曲面覆盖的形式。以形式上的平滑与曲线来体现德勒兹思想中褶子生成的变化性与连续性
			绞合的西尔斯塔楼（美国芝加哥，1992）：芝加哥概念设计竞赛作品，采用了顺滑的9条束管结构形成曲线的折叠与流动，体现了在连续和异质的城市文脉中既统一又独特的特质
			Eyebeam艺术与技术博物馆（美国纽约，2001）：折叠的表皮与建筑的内外部空间结构有机结合
			克莱伯格（Kleiburg）住区改造（荷兰阿姆斯特丹，2006）
格雷格·林恩	差异思想：差异的消除导致静止，差异的存在引起运动。运动的关键在于差异的是否在场	《动画形态》："'动画'（animation）不等于'运动'（motion），但常常被人们混淆。运动（motion），直接指涉位移（movement）和动作（action），而'动画'则与形体衍化和塑形力相关，并且蕴含物性、灵性、生长、冲动、活力和虚质等因素，隐藏于这些内容之下的是对构筑本质的映射。"	三桥之门（曼哈顿港务局大门）：该建筑是一个用以引导车辆进入车站的大跨结构，位于曼哈顿地区的林肯隧道口。在设计的过程中运用粒子喷射器这一动力场动画的常用技术在场地捕捉各种动态信息，输入计算机形成参数建构动态的环境。最终形成连为一体的形式
			香橼之屋：长岛的一个小型周末度假屋，林恩将动态粒子阵引入计算机虚拟场地的分析，根据粒子形态的变化最终决定建筑的形态
			H2展馆（奥地利维也纳，1996—1998）：一个光线佳、低能耗的生态建筑。根据日照及视觉效果在动态的过程中确定其形态，通过动画完成

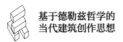
续表

建筑师/事务所	德勒兹的基本概念	建筑师个人观点及理论	建筑作品及设计思想
格雷格·林恩	图解	图解以抽象机器的方式运作，以便实现增殖；图解是创造性的	—
伯纳特.凯奇	褶子	认为德勒兹的哲学是一种"呼吸"	—
本·范·伯克尔和卡罗琳·博斯（UN Studio）	图解	建筑与科学有了令人惊喜的结合点，这完全归功于德勒兹及他的注释在我们职业内部转换所产生的巨大吸引力。图解作为抽象机器，在运作过程中实现了增殖；图解在结合特定信息的基础上，根据自身的复杂性而展开运作，体现了极大的创造力	斯图加特梅赛德斯-奔驰汽车博物馆（德国）；格拉茨音乐剧场（奥地利）；莫比乌斯住宅；阿纳姆中心车站方案（1999）；Co.Center：以放射状图解作为生成形态的基础手法，整体建筑表现出扭曲的形式及效果，建筑形成了带有大面积开窗的大面积表皮结构
卡尔·朱	图解	基因图解，论文"The Cone of Immanenscendence"在建筑杂志ANY发表，他引用宇宙图灵机的原理来支持德勒兹的内在性平面的实在性（图解被看作平面的变形）	ZyZx：原胞自动机的基因密码生成的几何形体
伊东丰雄	游牧特征与日本浮世哲学	"临时性"建筑：轻盈、临时、短暂隐喻数字时代的建筑特征	"风之塔"：整体形态为一个椭圆柱体，金属网孔板材作为其表皮，内部的通风塔表面则覆以镜面反射材料，环形霓虹灯和氖灯串沿着内部的结构支撑，布满了椭圆柱体。轻质的、渗透性的表皮给人以临时的印象。转瞬即变的灯光效果表达了数字化时代的"临时性"和"轻盈"的美学观念。仙台媒体中心：创造了轻盈、透明、流动的建筑形态

续表

建筑师/事务所	德勒兹的基本概念	建筑师个人观点及理论	建筑作品及设计思想
伊东丰雄	图解/生成	集群建构（"图解"定义了"集群建构"生成的核心）/涌现	比利时布鲁塞尔展示厅：建筑的主体结构为均质化的倒"U"形铝合金蜂窝板的集群组合
			伦敦海德公园的蛇形艺廊：建筑的主体结构是380个形状各异的三角形和梯形的镂空格子的集群组合
伍端	游牧褶子	游牧机器	将一种机动性的住所提供给了旅游者和喜欢游牧生活的人们
妹岛和世	图解	—	MiddleRise住宅原型，1996
FOA	折叠	—	日本横滨国际客运港（2002）：建筑师运用了折叠的手法将建筑内外部环境中各种连续、异质的元素融合在一起，使人们犹如在"山谷、丘陵、缓坡、洞穴"的褶皱之中体验连续界面带来的独特的空间形态。BBC音乐厅（2003）

受德勒兹哲学思想间接影响的代表建筑师及作品　　表1-2

建筑师/事务所	德勒兹思想衍生理论	建筑师个人观点及理论	建筑作品及设计思想
哈迪德	非线性	—	卡利亚里现代美术中心，意大利，2007；中国香港山顶俱乐部设计方案，1987
盖里	非线性	—	毕尔巴鄂古根海姆博物馆；西雅图音乐厅；德国柏林DG银行；德国杜塞尔多夫新昭豪夫综合大楼
塞特事务所	非线性	—	莫斯在美国加州库尔文设计的"伞"（《时代建筑》，2003/02）
蓝天组	折叠	—	BMW 汽车展销城

续表

建筑师/事务所	德勒兹思想衍生理论	建筑师个人观点及理论	建筑作品及设计思想
MVRD（荷兰）	折叠	建筑与自然的融合	阿耶比姆艺术技术博物馆（2002）：在该方案中，通过折叠表皮的运用，形成了该建筑内外空间的连续变化，表皮的内向折叠在外部形成许多大小不均的孔洞，在内部又构成了许多互相嵌套的虚空和实体，建筑整体上就如同一个洞穴状的景观
			Villa Hunting方案（2002）：这是一个别墅的集合体，充分表达了水平向建构元素的消解和与其他建构元素整合所形成的连续的空间形态。各个空间采用一个对表面进行连续拓扑折叠而产生不同空间形状和接触面的方法，实现了空间之间丰富的相互联系，使空间形态呈现出连续、弯曲、不确定的特征
			Slotherpark游泳池竞赛方案（荷兰，1994）：运用"折叠"的操作手法，通过斜面的转换来处理该建筑不同功能对建筑层高的不同需要。整体游泳池折叠楼面的设计为人与水的接触提供了更多的可能性。游泳池上层倾斜的坡面与楼板相接的折叠处理，使其与环境融为一体
英国LAB事务所	折叠	—	墨尔本联邦广场，2000
荷兰的Nox	非线性	建筑形态与空间的流动	D-tower；音效房屋；Wet Grid；Htwo Oexpo；荷兰水上展览馆
彼得·库克，柯林·福聂尔	泡状物理论	—	在奥地利格拉茨设计的现代艺术展馆（KunsthausGraz）
赫尔佐格&德梅隆	集群建构	—	2008年奥运会主场馆的国家游泳中心（水立方）：整体建筑的有机空间网架结构是通过水在泡沫形态下的微观分子结构的数学理论推演而实现的，进而形成了建筑整体建构形态

续表

建筑师/事务所	德勒兹思想衍生理论	建筑师个人观点及理论	建筑作品及设计思想
马西米利亚诺·福克萨斯	集群建构	—	新米兰贸易展览中心（2005）：该中心由一系列简单几何形状的建筑构成一个单一的复合体，巨大的轻型屋盖结构的生成是建立在较小的菱形框所构成的集群建构的基础上的
西班牙事务所 S-M.A.O	折叠	"盒子折叠"（box-fold）的空间建构法	巴伦西亚某私人教堂和伊伦中心教堂的设计方案：这两个教堂的建筑外形都类似于规整的方盒子，但是内部的空间形态体现了一种非线性的形态句法。S-M.A.O 通过对建筑表皮连续地向内折叠，使建筑内部充满了凹角和缝隙的空间。建筑师利用折叠方式创造了建筑内部某种复合空间，同时折叠的断裂也为建筑提供了多样化的采光效果，从而形成特殊的宗教空间感觉。折叠给予了不寻常的空间以内涵，使空间变得更加丰富

德勒兹哲学中蕴含的非理性、非标准等审美倾向以及表现出的"迭奏共振""异质平滑""矛盾冲突"等审美特征，为当代非线性、复杂性建筑的审美提供了新的视野，并为新的审美规则的建构奠定了思想基础。总之，德勒兹哲学为我们提供了对审美建筑要素和事物之间关系及解读文式的思考，这也迎合了当代复杂多元的社会文化与建筑文化的相互碰撞与发展，适应了建筑文化不断寻求新的发展方向的趋势。

三、传统哲学解读当代建筑现象的局限

信息社会、复杂科学和数字技术的发展，给当代建筑创作带来了前所未有的变化，从弗兰克·盖里早期的自宅设计到毕尔巴鄂古根海姆博物馆的流线型造型，再到扎哈·哈迪德的中国香港

山顶俱乐部方案，到蓝天组的非线性建筑设计，无不体现出当代先锋建筑异质、多元的特征，人们在感受当代建筑的形态、空间、功能等的变化以及形式上的视觉冲击和新奇效果之余，也产生了对当代这些建筑创作现象解读的困惑。显而易见，以二元对立的主体性及人类中心主义为核心的传统哲学体系，已经很难对当代的建筑创作现象进行阐释及解析，也很难认识和把握当今建筑的发展趋势。随着自然科学从传统的线性科学到非线性新科学的转化，西方哲学打破了二元对立的主体性而向多元性、复杂化、流动性这些接近宇宙发展规律的哲学思想转变，其中以德勒兹的后结构主义哲学为代表。德勒兹的哲学是基于对社会及科学复杂、多元现象的思考，是建立在观察和理解自然界客观规律的基础之上，揭示自然界中物质变化的哲学。他的思想以差异哲学、多元流变的思想为内核，对于在多元、复杂的社会背景下，重新思考人与建筑、环境及生态的关系，解读当代建筑空间、形态深层意蕴的生成和组织方式以及当代建筑的创作特征，具有引领思想的作用。

第二节　德勒兹哲学思想解析

德勒兹（Gille Deleuze，1925—1995）是20世纪法国成就显著并具原创性的哲学家，在法国当代哲学中占有非同寻常的位置。福柯曾说，20世纪将是德勒兹的世纪，利奥塔则把德勒兹看作我们时代中的一两个哲学天才之一。德勒兹哲学涉猎的领域广袤多样，思想表现形态异彩纷呈。他在汲取传统正典哲学理论的基础上，将视角放在哲学以外的领域，从美学、文学、心理学、社会学、经济学等角度切入，后期又从电影、音乐、建筑等领域汲取营养，不断丰富自己的哲学话语，创造出众多特色斐然的理论及概念。因此，德勒兹的思想体系总体上是基于异质元素的创造与生成，整体思想体现出差异性与生成性的特质，并在此基础上衍生出时间晶体、图解、事件、块茎、游牧、无器官身体等后结构主义哲学美学概念，创造出了认知世界的崭新图式，使其哲学思想在西方哲学美学由结构主义向后结构主义嬗变的历史过程中扮演了重要角色。

一、德勒兹哲学的差异性与生成性特质

德勒兹作为20世纪最重要、最具原创性的哲学家之一，虽然其思想流溢嬗变，难于框定，但总体上体现出了差异哲学和"生成论"美学的内核与特质。差异性与生成性是德勒兹哲学的核心，在德勒兹看来，一切存在都是差异性因素所生成的动态生命流动的一个相对稳定的瞬间，德勒兹的整个哲学思想都贯穿了对这种生成（becoming）的强调和对存在（being）的反叛。在其哲学体系中，他通过对差异性和生成性思想的阐释，对抗了建立在存在与认同（being and identity）基础上的整个西方哲学传统，进而突破了哲学认识论建立起来的知识权利。通过不断地创造概念，不断地逾越概念的同一性，构筑了其哲学多样性的空间形式和跳跃性的空间关系。

（一）德勒兹哲学的差异性

德勒兹哲学中的差异性思想是建立在差异与重复的论述基础

上，对西方2000多年哲学对立统一的二元论的一次挑战。在德勒兹看来，差异贯穿于一切事物的发展过程，一切事物的存在都以差异化的多样性状态呈现，并随着差异强度的不同发生状态的相应改变。德勒兹哲学中关于差异与重复关系的论述阐明了事物存在非同一的异质性结构特征。在这里，重复是差异的重复，差异通过不断地重复而生成无穷。一切生命都可以通过差异的强度来划分，可以说，同时性的、不断重复的概念是差异的、相互联结在一起的系列生命的流动。差异就是存在，就是生命的存在本身，一种不断突破生命存在的界限，从而实现可能性的一个永恒轮回的过程。因此，他的思想表现出不断地面向不确定的未来的、持续性的变化过程中的内容。

关于德勒兹的差异性观念，可以通过对掷骰子游戏的分析来进行阐释。德勒兹将这一游戏称为"神圣的游戏"，这一游戏没有预设的规则，而是根据其自身的规则进行。作为结果，机会体现为"掷—赢"的必然性过程。在这个碎片化的必然性决定中，每一个结果都包含在游戏的可能性中。每一次掷赢的必然性都会产生出另一个规则下掷的行为，进而产生它所有的结果。不同的掷出根据其结构变化的差异控制着掷的形式，相同性交叉了所有的偶然性，不同的结果在掷的开放空间中被分类出来，而打破了骰子自身固定的分类。通过神圣的游戏，德勒兹勾勒出了一条逃离控制的发散路径。每一次掷的状态都是对控制的逃离，都会在新的时空中生成新的结果和企图。相比较而言，掷出的场景是必然性，而掷的每一次行为都是对必然性的逃离，都是一种新的结构、关系的生成。德勒兹通过神圣的游戏折射出了"控制与生成"客观存在的自然与社会现象，也衍生出了其差异性观念起源的缺席，在重复的过程中总是处于被替代、撤换的永恒轮回的循环中。同时，也构成了其多样性差异的无限生成。德勒兹以差异性观念构筑起的新的时空关系，把碎片与链接看作时间中的空间形式，它贯穿了骰子投出后经过的完整过程。

从上述对德勒兹哲学差异性特征的阐释与分析，可以看出德勒兹哲学的差异观念与仅仅停留于差异本身、仅仅满足于定位差异性元素的德里达哲学不同，德勒兹哲学是建立在差异性元素基础上的建构性哲学。德勒兹差异观念中对时间的综合及对时间之现在、过去和未来的重复性特点和差异性容含的阐释，和在此基础上通过碎片和链接建立起的新的时空关系，为理解超序空间的建筑和建筑的信息化特征提供了思想上的基础。另外，其差异观念的多样性结构为建筑的参数化主义提供了连续多样性的塑形理念及方法。比如泡状体、nurbs曲面和其他一些参数化的单元体，都是在避免元素的简单重复，避免不相关的元素和系统的简单并置的基础上，逐渐变化元素的差异性，建立元素之间在系统上的关联而进行参数化塑形的。这使影响建筑的参数化的所有元素和子系统在不断演进的组织体系中，组织成了互相适应、互为生成的关联性系统，最终建立起了建筑的参数化体系。

（二）德勒兹哲学的生成性

生成性在德勒兹的哲学和美学思想中具有重要的作用，是其思想的重要基石之一。关于"生成"的概念贯穿了德勒兹全部的思想与著作，包含游牧、解辖域化、无器官的身体等基本喻体。它与差异性紧密相关，共同构成了德勒兹后结构主义差异哲学与流变美学的核心内容，反映了其哲学的特质。

德勒兹哲学的生成性及所倡导的"生成"概念代表了20世纪

末西方典型的后结构主义思潮。其意义在于对柏拉图主义及摹仿论传统的颠覆，德勒兹哲学倡导内在性的生成，以生成无根基的类像、否定柏拉图所预设的基要主义，通过差异化的无限生成对其原本/摹本、真实/虚假的二元摹仿论加以解辖域化。德勒兹否定生成的基点，拒斥以静态的差异结构作为认知世界的本源，而关注结构的动态生成。他通过把生成置于存在之上来消解柏拉图式的二元对立观念。与此同时，德勒兹拒斥人类中心主义观念，肯定大千世界包含了人的基本存在以外的各种生命存在的意义，强调以多元的视角对传统的人类中心主义视阈的解辖域化。他以非人类的视角观察、理解、想象生活，把人类从以自身兴趣为中心，感知世界的"主位"角色中脱离出来，从而形成了"主位""客位"交叉互补的理论空间，凸显了一种多元、动态的生成观。

德勒兹哲学的生成观改变了人类在世界中存在的位置以及看待世界的视角，改变了人与自然之间二元对立的关系，建立了人类与世界事物之间互为解辖域化及流变的连接关系，为处理人、建筑与自然的关系提供了方法论依据。这一思想深刻影响了当代建筑师的思维及建筑设计创作方法，使建筑师更关注于建筑的生成过程，对建筑的生成手法越发重视，使建筑由原来的功能或空间关系的组合构成转向"生成"。其生成论中块茎体与游牧等喻体的生成方式深刻总结了自然界中各种物质和规律的生成与变化过程，具有一定的图示和可操作性。一方面，与参数化设计相结合为当代建筑的操作方法提供了新的方向，实现了建筑形体和空间从静态到动态的转化。另一方面，对以非人类为中心的视角下审视建筑与环境的关系，建构生态建筑的设计思想与策略提供了理论依据。

二、德勒兹哲学的核心概念

德勒兹通过创造概念将不同领域之间新的潜能聚集在一起，建构起复杂的哲学网络及其原生性、原创性和前瞻性的哲学思想体系。"时间晶体""褶子""事件""图解""块茎""游牧"……概念是德勒兹哲学最重要的部分，蕴含了德勒兹哲学关于时间、空间、身体、生态等问题的思考，深刻地反映了现实现象并具有一定程度的可操作性，对当代建筑师的创作思想及建筑的设计手法、生成方式等方面都有广泛而深刻的影响。

（一）时间晶体

"时间晶体"是德勒兹电影理论中用于阐述时间与影像关系的一个核心概念和基本喻体，德勒兹通过这一概念建立了其电影理论体系与柏格森的"绵延"时间观之间的关联，为其时延电影理论体系的构建奠定了基础。德勒兹运用时间晶体概念，打破了柏格森的"现时影像"的一维时间观，用晶体双面性的布局代表时间的双向运动，展现出过去与现在的同时性，即"一个是让现在成为过去，一个接替一个走向未来；一个是保留过去，使之成为黑暗的深渊"①。德勒兹用晶体正反两面不可切分的特点，比喻时间的现在与过去的不可切分性；用发光晶体的映照折射关系，比喻两者间非线性的共时共存关系；用晶体的无限生成性代表影像运动所呈现的时间潜在的多样性运动。在德勒兹的电影理论中，德勒兹用晶体影像中潜在影像与现时影像的永不止息、循环

---

① 吉尔·德勒兹. 时间—影像[M]. 谢强，蔡若明，马月译. 长沙：湖南美术出版社，2004：137.

往复的结晶作用，诠释了"时间—影像"中作为物质的全部过去与现在的共时共存关系，时间就是在晶体的这种无限生成中实现了直接时间的呈现。

在德勒兹的晶体影像中，时间从它所度量的运动中分离出来，而不再隶属于度量运动的维度。与其相反，时间通过晶体般的影像，呈现出潜在的不同时区、时层的多样性时间的流动，直接显示自身。在这一过程中，时间不再是运动的间接显现，而呈现出了非线性的、不断分叉的不同时区、时层间的共时共存关系。可以说，在德勒兹的电影理论中，"对时间最基本的操作方法就是构建晶体影像。由于在晶体影像中，过去与它所构成的曾是现在的共时共存，所以时间在每一刻都被无限地分解为现在和过去，只是它们有着不同的本质并呈现出两个异质的方向，即一个面向未来，一个追溯过去。时间在它的这种过去与未来的停顿或者流逝的分叉中呈现出两个不对称的流程，一个让整个现在成为过去，一个保存整个过去。"①在晶体影像中，这种不断地向着过去与未来涌现的分体的时间，承载着其不断变化的现实与潜在的影像，形成了不同时区、时层影像间的互动。然而由于晶体所承载影像的不可切分性，使潜在与现实影像间又具有不可辨识性，它们没有明确、固定的现时现在作为参照点。因此，"人们在晶体中看到的是晶体不断围绕自身旋转的活动，晶体不能让它稳定下来，因为这是一个恒久的区分过程，这种区分总是即时形

---

① 吉尔·德勒兹. 时间—影像[M]. 谢强，蔡若明，马月译. 长沙：湖南美术出版社，
2004：127.

成，总是重复体现不同界限，不断地使之循环。"①晶体影像中，这种现实与潜在影像的恒久循环过程，实际上就是令现时与潜在的时间不断差异与重复的纯粹绵延过程。这种影像的非线性绵延时空观的形成，建立了柏格森绵延时空观与德勒兹时延电影理论之间的关联。时间的过去在每一个现在产生时都要重复自身，而每个现在的产生又是对于自身潜在过去的重复的差异生成，于是我们在晶体中看到了时间和影像的非线性绵延，这种时间的非线性绵延也只有在现时与潜在影像的结晶作用中才会发生。

本书第三章所要研究的影像建筑思想就是基于德勒兹的"时间晶体"概念而形成的。"时间晶体"中，现实视觉影像与其潜在影像的无限循环结晶呈现出的时间共时性特征，建立了人与空间多重和超序的关系。这对于建筑空间逻辑的建构提供了新的视角，使建筑空间不再仅限于线性逻辑，转而向非线性逻辑、联想逻辑等拓展。现实的建筑与城市在很多时候都是通过对影像的记忆和联想而存在于我们的生活中，我们在感受和体验建筑与其所建构的环境及城市历史的关系时，往往是通过对过去片断的碎片化记忆来确定其存在的意义。我们致力于将过去、现在、未来乃至梦幻的影像在当下呈现，许多纪念性建筑就是运用了这种影像与记忆的联想逻辑以及不同影像之间的碎片化链接来表现其纪念性的。

（二）褶子

"褶皱"这一概念并不是德勒兹最先提出的，海德格尔和梅

---

① 吉尔·德勒兹. 时间—影像 [M]. 谢强，蔡若明，马月译. 长沙：湖南美术出版社，2004：128.

洛-庞蒂在论及现象学和存有论时，褶皱是开敞的衔接枢纽。福柯作品中的褶皱也具有存有学的意涵。而德勒兹将褶子的概念在存有论的基础上延伸至对空间的阅读，在重复和差异中建立了时间与空间的联系，深化了褶子的生成性的哲学意涵，形成了他的哲学思考的独特方法。他对褶子的认识，深化和丰富了前人的思想，并使其呈现在大多数人面前。德勒兹认为，褶子是物质聚集、合成和发展的方式，世界在褶子的运动过程中呈现出重复与差异、展开与折叠的无穷尽的物质变化过程。在这一过程中，褶子通过折叠、展开、再折叠、再展开以至无穷的运动，构建了超越一切界限的时空的优美图式，并将整个世界包含于一个既冲突又和谐的美丽褶子中。德勒兹将褶子分为有机褶子和无机褶子。物质的有机褶子受到内部的弹力，或者说是创造力的影响，无穷尽地打褶。而有机褶子的变化过程可以延伸至某一物种的进化过程，比如种子的发芽，就是所谓的内生性褶子（有机褶子）。物质的无机褶子是直接在外部的弹力作用下而形成的物质的折叠与弯曲的过程，如水波粼粼、地势的起伏、山岩的皱褶等。由于德勒兹的"褶子"概念对"褶子"作为事物的存在方式及其创造空间的形式具有无限的丰富性和深刻的认识和描述，并且其描述的思想性、图像性和空间性容易和建筑形式相结合，因此"褶子"这一概念也深刻影响到了当代的建筑。本文第四章所要研究的界域建筑思想下的建筑创造方法、建筑表现形式及特征就是基于德勒兹的"褶子"这一哲学概念的借鉴。在"界域"建筑思想中，建筑是环境与某一节奏（大地起伏的节奏等）结域的产物。这里"大地起伏的节奏"就深刻蕴含了"褶子"的概念，同时也产生了相应的建筑创作方法及建筑形式。

　　德勒兹的褶子思想启发了传统折纸对建筑操作方法的影响，

并产生了大量的折叠建筑。Sancho-Madridejos建筑事务所设计的西班牙Villeaceron小教堂就是其中之一（图1-3），它是在对"盒子的折叠"的学习和操作的基础上发展而来的。在小教堂的整体设计中，贯穿始终的概念就是折叠，折叠是产生不同空间的隐藏的发生器。小教堂的概念模型是一张完整的纸，在中间切开一道，通过内外折叠塑造形体及空间（图1-4）。这个概念的折纸模型通过建筑师的反复操作实践实现了对建筑形体的张力和感知的探索，又通过不断的深化及折面的添加，最终发展成为可用的建筑空间。在这一过程中，折叠概念在建筑原型母题的操作过程中起到了关键的作用。

基于传统折纸的建筑操作是将折纸作为折叠的转化对象，通过折纸中褶子的张力实现空间由二维到三维的转化，从而产生不同的空间秩序，形成了折叠建筑最基本的操作方法。

德勒兹哲学中褶子思想的生成性以及多样性和连续性的特点深刻影响了格雷格·林恩对建筑的思考，提出了建筑基于参数化设计的生成组织策略——折叠（fold）。林恩用折叠这个术语强调建筑在设计过程中的实施性和创新性的步骤，通过"折叠"（fold）与"展开"（unfold）这对具有跳跃于三维空间和二维空间能力的概念，以及折叠过程中空间内外部张力的变化和形体的流动，来建立时间与空间的重复与差异的关联。林恩将折叠的操作手法与参数化设计相结合形成了建筑形体褶皱不定形的三维表面（图1-5）。德勒兹褶子的操作手法在参数化技术的背景下已成为一种折叠建筑的特性和形成平滑建筑的方法。

此外，MVRDV设计小组的建筑形式将褶子思想与参数化的设计方法相结合，创造出了与地形结合的折叠建筑形态。基地起伏的形态天然就具有褶子的特点，基于折叠的建筑形态与基地环

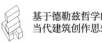
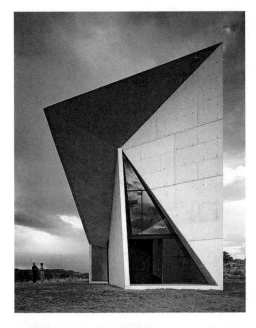

图1-3 西班牙Villeaceron
小教堂

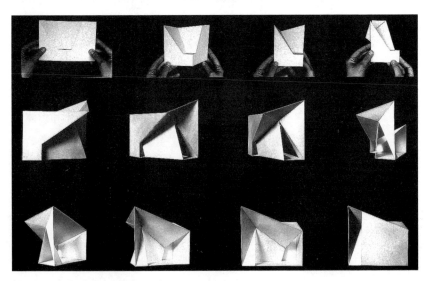

图1-4 传统折纸中的折叠空间

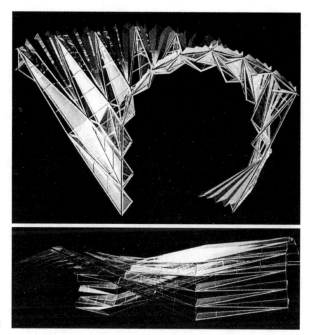

图1-5 折叠

境融合，完美地诠释了连续与自由的建筑形体在时间与空间中的流动。MVRDV对折叠形式的实践将硬生生的建筑元素与自然的无机形态统一起来，在设计中处处考虑到建筑与自然环境的融合，给折叠带来了很多的灵感。1994年荷兰的Slotherpark游泳池竞赛方案中，MVRDV运用"折叠"的操作手法实现了建筑的不同功能的层高之间的折叠转换，同时，游泳池折叠楼面的设计制造出类似海滩的效果，使建筑延伸到环境中，与环境融为一体，强化了人与水亲密接触的自然趣味，创造了一个景观式的游泳池。

（三）无器官的身体

　　"无器官的身体"（le corps sans organes）是德勒兹关于身体和感觉理论的核心概念。在感觉的运动中，身体突破"有机体"即"器官"之间的固化的结构关联而向不确定性、可能性，也就是向"时间性"敞开的时刻，德勒兹称之为"无器官的身体"。"无器官的身体"就像是生物在成为个体之前的一种"胚胎"或者"介质"，在其中没有明确的"器官"之间的界限分化，各种丰富的可能性和能量的涨落包含于其中，它一方面与外在的环境相互作用（外在的"力"），另一方面通过自身内在能量的转化而生成"器官"和"机体"结构。"无器官的身体"并不是字面上意指的"一种没有器官的身体"，它并不与身体为敌，而是与器官的机体组织结构相对立。"无器官的身体"通过突破器官之间的明确界限，在"器官"自身的生成运动中来理解其存在的"暂时性"以及其本身存在的内在关联，它描绘了作为"无器官的身体"的一种内在各器官之间关联的能动状态。无器官的身体有其器官，只不过这些器官被从设想的它们的有机论形式的习惯模式中解放了出来。就此而言，有机论是科层化的（一种中心化、等级化的）身体模式，而无器官的身体则是解科层化（非中心化、非习惯化）的身体。因此，"无器官的身体"为身体各感官之间的新链接以及新的感觉体验的生成提供了一个统一的平台，也为新的感觉体验下新的建筑空间形式的生成以及身体感知和空间形式的相互作用开辟了新的领域。无器官身体的各不同器官的尚未分化状态，为新的建筑空间体验提供了非确定的和无限发展生成的可能性和开放性。事实上，纯粹的身体感觉体验只涌现于外在的力量拍击身体的第一瞬间。在这一瞬间，身体是处于混沌和尚未分化状态的开放的身体，对力量的感知也只体现为力量的大小，体现在身体对建筑空间的感知中，身体作为未经修饰和加工的整体感觉指向对建筑的认知与思考，这就突破了视觉、味觉、触觉等某种单一的感觉体验。在此，"眼睛不再能承受观看，肺不再能承受呼吸，嘴巴不再能承受吞咽，舌头不再能承受说话，大脑不再能承受思考……"①在这种状态下，可以用身体的一切部位"思考"。例如当代的先锋建筑师实践的拓扑分形、涌现建构、参数化设计等非线性及数字化建筑的形体以及非欧几何的空间形式，与传统的以视觉为主导的欧氏几何空间的建筑形式相比，则更多地体现出了建筑空间中数码的、触觉的、纯粹意义上的手的空间体验，或者称之为触觉般的视觉的体验。可以说，在当代建筑的非欧几何空间中更多体现的是身体在尚未屈从于各器官的限定状态下，作为未经编码的感觉整体对空间体验的开放。与此同时，这种开放性及非确定性的感觉体验以及由此形成的对建筑新的认知也必然带来新的建筑形象及新的建筑审美取向。第五章所要研究的"通感"建筑思想就是在"无器官的身体"这一哲学概念基础上，建构身体、感觉、建筑意象及建筑创作之间的系统关系。

（四）图解

图解作为建筑学语汇中的重要内容，在当代已从维特鲁威的静态的、解释性的、分析性的形式（如"维特鲁威人"形式图解）转变成了彼得·埃森曼的抽象性、生成性的图解，从而带来

---

① 吉尔·德勒兹. 德勒兹论福柯 [M]. 杨凯麟译. 南京：江苏教育出版社，2006：13.

了建筑设计的操作手法及生成方式从静态到动态的改变。在这种转变过程中，德勒兹的"图解"概念起到了至关重要的影响。

关于图解，德勒兹认为它是一种与整个社会领域有着共同空间的制图术，是一部抽象机器。一方面，它由一些可述的功能及事物所定义，产生出不同的可见形式；另一方面，它又是一部无声而看不见的机器，但又让别人看见和言说。这就是说，图解作为抽象的机器，一边输入可述的功能，另一边输出可见的形式。这样的思想深化了对图解概念的理解，使它从静态的、解释性的、描述性的图式转化为生成性的抽象机器。这一思想的转变强调过程以及"图解""抽象机器"的可操作性和图解操作的逻辑关系。这对建筑设计产生了重大的影响，建筑设计的过程正是将一些可述的功能要求及影响要素通过某种关系转化成各种可实现的可见形态。

"生成性"图解的理论来源于德勒兹的哲学理论，这里的"图解"指的是抽象的关系。没有具体的形态，但可以生产形式和内容。彼得·埃森曼最早实现了"图解"这一生成性用途。他的具体操作是以某一原始形式为原点，通过操作序列：分解（decomposition）、嫁接（grafting）、旋转（rotation）、叠合（superposition）……逻辑性地变化原始形式，使这些操作目录变成建筑的主题事件，从而生成系列的、新的建筑形态。德勒兹的"图解"理论通过埃森曼的转化及在建筑设计中的应用，使建筑成为一种自身生成形态的过程而不是人为设计的造型，由此实现了埃森曼对形式自律的追求。彼得·埃森曼从住宅系列研究开始，多数设计均以这种图解发展而来。例如住宅4号（图1-6），运用旋转和分层运动的操作系列法则，获得了生成性图解的建筑方案。这一生成性的图解会引发一系列动作，就像国际象棋，每一步动作都是对上一步的回应，每进行一步，系统都会产生不同的抉择，然后调整自身。这样，期待预先演算结果的主体欲望就会被削弱。体现在建筑创造上，表现为建筑形态生成性的产生过程，这削弱了建筑师的主观思想对形态的影响。住宅6号（图1-7），运用经典的"九宫格"演变成现代主义的"四宫格"。"九宫格"不再通过绘画逻辑进行思考，而是通过电影的动态特性，将九宫格的结构框架引入时间的维度，成为动态生成中的形体，赋予了住宅生成性的特征。

20世纪后期，新一代先锋建筑师运用"图解"工具进行建筑设计取得了革命性的进展，建筑师在设计过程中引入德勒兹把"图解"作为"抽象机器"的思想，实现了图解作为"抽象机器"的建筑的参数化设计。由于输入的可述因素是可变的，并具有动态性，由此强化了建筑设计的过程性，进而增加了建筑设计形式结果的多样性。在这一过程中，先锋建筑师通过参数化技术建立了生成性图解的"抽象机器"，并通过对影响设计的各种因素的输入，从图解的"抽象机器"中获得了各种可能的建筑形态雏形。

格雷格·林恩是受德勒兹抽象性图解影响的代表性建筑师之一。他认为德勒兹图解的"抽象"内涵是关于一种创造性的、演化式的和生成性的图解操作过程的诠释，它更多地体现了一种图解操作过程中的增殖、延伸和展开，而与现代建筑概念中的抽象——一种向固定形式本质的还原，即一种简化是截然不同的。20世纪90年代后期，林恩通过自己编写计算机程序并在软件系统中应用得到图解，以此来生成建筑的初始形体。比如哥斯达黎加的自然历史博物馆设计以及胚胎住宅设计，均采用这种方法生成设计（图1-8、图1-9）。

图1-6　彼得·埃森曼
住宅4号的生成性图解

图1-7　彼得·埃森曼
住宅6号动态生成的建
筑形体

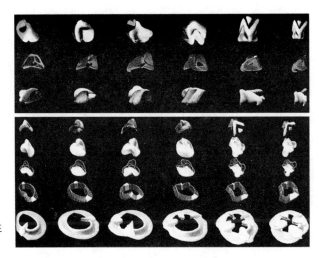

图1-8　胚胎住宅的生
成过程

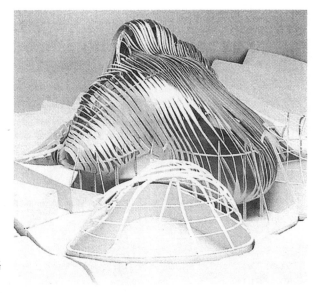

图1-9　胚胎住宅，格
雷格·林恩

伯克尔是另一位与德勒兹产生思想共鸣的建筑师，伯克尔的设计充分体现了他对德勒兹"抽象图解"的运用。伯克尔在设计作品中，通过大尺度的城市力和基础结构力之间的结合来激发"抽象图解"的出现，这些"抽象图解"也构成了伯克尔建筑作品的形式表达。在Co.Center设计中，伯克尔通过对放射状图解的应用获得了该建筑扭曲的整体形态，从而影响了建筑的结构系统，形成了建筑大面积的表皮及开窗。

图解作为抽象生成机器，与参数化相结合已经成为建筑形式创新的一种重要的设计手法，推动了一系列建筑实践。数字技术将图解转换为形体的可操控的生成过程，为建筑的参数化世界开辟了新的领域。"图解以满怀千禧年愿望和孤注一掷的表情出现在大家面前，图解似乎已经成为建筑创作和建筑理论的最后手段。"[①]实际上，近几年来，在建筑的创作过程中，与具体的建造技术相比，建筑师更加重视诸如图解等抽象或虚拟技术的应用，这已经成为世界范围内建筑创新的一种趋势。

（五）块茎

德勒兹的哲学是关于生成的本体论。而"块茎（rhizome）学说"就是用于说明德勒兹生成论的最重要的思想。"块茎"也是德勒兹生成论中最重要的概念之一。"块茎"是一种植物类别，与根状植物（树形植物）相对应。"块茎"的生成方式向我们诠释了物质世界中异质元素之间的动态生成，"块茎"的生长没有固定的某一地点，而是在地表上蔓延，扎下临时而非永久的根，

---

① Somol. "DummyText" //Eisenman, Peter. Dia-gram Diaries [M]. Universe Publishing. NY, 1999: 24.

并借此生成新的块茎，然后继续蔓延。如同马铃薯的根，就是由一个个"球状块茎"组成，通过不同"块茎"之间的链接来完成其蔓延的生长过程，这一过程也就是德勒兹所说的"生成"（becoming）。可以说，"生成"是一个运动过程，是"块茎"生长的过程。

"块茎"结构既是地下的，同时又是一个完全显露于地表的多元网格，由根茎和枝条所构成；它没有中轴，没有统一的源点（points of origin），没有固定的生长方向，而只有一个多产的、无序的、多样化的生长系统。当代建筑师将块茎思想引入建筑实践，为当代建筑创造在操作手法上拓展了可能性。

"块茎"的生成过程体现出异质性、增殖性和断裂的特点。"块茎"基于异质性，通过动态的生成过程把各种各样的领域、平面、维度、功能和目的归总起来。"块茎"基于繁殖，体现出非同一性重复的多产过程。"块茎"基于断裂，是指"块茎"结构中的每一个关系都可随时切断或割裂，从而创造新的"块茎"和关系。"块茎"基于图绘，不是追踪复制、制造模式或建构范式，而是制造地图或经验。"块茎"的上述特征绘制了一个动态关联的平滑网络，在这一网络关系中，"块茎"实际上导致了各种异质力的重新组合（re-assemblage）。在建筑创作中，不同的影响设计的因素通过"块茎"间各种力的关联组合的协同作用，形成了一种新的创作途径的统一。这种创作途径就体现了建筑非线性的生成逻辑与过程。

德勒兹的"块茎"思想不探讨潜在的或隐藏的深度，而注重实用的方面，创造新的关系。格雷格·林恩的泡状物理论及光滑与连续的原则是这一思想的反映，林恩用泡状物作为建筑生成的原点，注重建筑形态的生成过程而非固定的形式。它是动态的，虽然表现出单一的网格化，但形式上则会变化出"无限的层叠"。由空间实验室彼得·库克设计的格拉茨美术馆和未来系统设计的伯明翰Co-Department商场，这两座建筑正是泡状物理论的体现。这两座建筑呈现在人们眼前的是两团巨大的流块，以流动的方式溶解了建筑立面的概念（图1-10）。

　　块茎的参数化设计就是借助计算机运算技术，量化块茎之间的参数化设计逻辑，在设计参数的变化中，形态自主演化，最终自然浮现（图1-11）。这种计算机程序的参数化生成方式，可以帮助建筑师更有效地进行建筑形态的变形研究，并且计算机可以模拟"块茎"这一自然形态的生长过程，从而使形态自组织演化。

　　德勒兹的块茎思想中，块茎的生成过程以及块茎与参数化设计的结合，为建筑师基于形态动力和形态基因生成建筑的涌现理论提供了哲学依据。以"块茎"的思维模式代替传统哲学"树状"的思维模式，模糊了主客体之间的界限，打破了中心主义、二元体系和等级体系，从而带来了设计思维模式的多样性、差异性和增殖性的变化。同时，块茎的生长方式也给城市的发展带来了启示，正如亚历山大所认为的"城市并非树形"，它应该是一

（a）格拉茨美术馆，彼得·库克　　　　（b）伯明翰Co-Department商场，未来系统

图1-10　泡状物理论在建筑上的应用

个多元网状的结构，结构中的每一个关系都可以随时断裂而不影响整体组织（城市）（图1-12）。

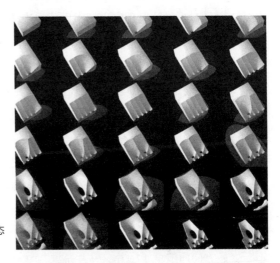

图1-11　基于参数设计的形态自主演化

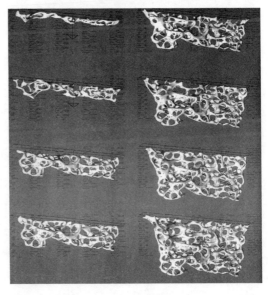

图1-12　形态的涌现过程，城市未来组织

（六）游牧

　　德勒兹的游牧观念，如生成、异质性、连续变体等，是基于对游牧民在大地上的生活及活动方式所呈现出的空间形式的思考。这也是对当代社会现实生活中出现的流动性现象深入思考的结果。这种游牧的空间形式又称"平滑空间"（向量的、投射的、拓扑的），与"条纹空间"（长度的）相对立。

　　"条纹空间"（striated space）是一种限定性的相对空间，而"平滑空间"（smooth space）是另一种无限的、包含各种"差异"的空间。"平滑空间"具有生成性、异质性与多元性相结合的特点：非长度的、无中心的、块状的多元性，它在不"计算"的情况下占据空间，正如游牧民在向四面八方侵蚀扩张的平滑空间里栖居，他们不离开那里并亲手扩展它们，他们造就荒漠就如同荒漠造就了他们一样，他们是解域的向量，通过一系列局部运作，不断变换方向而造就了一片又一片荒漠与草原的平滑空间。

　　德勒兹的游牧思想影响了人们的生存方式向流动性、复杂化、全面体验世界的方向的转变，进而影响了建筑的存在方式及建筑空间的一系列变化。生活方式的游牧是基于对人们生活现象层面的生活空间流动性的考察，这种空间流动性也是平滑空间的一种体现。受时间与空间的影响，人们游牧于不同的生活速度轨道中，带来不同的生活方式与状态。日本"新建筑"国际住宅竞赛的参赛作品——10m/s住宅探讨了极端高密度现代城市空间·速度·密度的理论模型。在方案中，用住宅移动的速度定义密度，直至定义整座城市。人们的生活空间在不同的轨道上运行，每条轨道的速度是恒定的，人可以自由选择轨道和生活状态（图1-13）。这一作品明显直接或间接地受到了德勒兹"游牧"思想的影响。

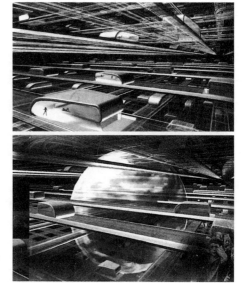

（a）不同生活轨道的交错

（b）住宅移动速度的意象表现

图1-13　10m/s住宅

三、德勒兹的哲学纲领及主体结构

对于德勒兹哲学而言，由于其思想具有开放性、异质性、多元性等特征，很难用几条原则概括出他的哲学纲领。但在其一生的哲学研究中，创造概念贯穿了其哲学发展的每一个阶段。德勒兹的哲学以创造概念为核心，通过不断地创造概念，来回答哲学是什么的问题。在德勒兹看来，各学科之间并不存在界限分明的学科分化，通过不同学科之间概念的开放性交织、关联、共振，实现新的"意义"的创生机制，进而构建概念的开放及流动的"内在性平面"，构成了无限交织衍生的"高原"。德勒兹认为，概念并不是哲学创造的起点而是哲学创造的成果。哲学创造的起点是来自概念"外部"的冲击所带来的"问题"的绵延不断的别样思考。这里的"问题"是来自概念外部的一种根本性的"界域"，作为思考成果的"概念"是对这种根本性"界域"的一种哲学上的回应。由于"界域"的不确定性和关联性使得作为成果的"概念"具有无限的跨越性，这种概念的创造过程，就成为可以穿越各个"界域"边界的运动，从这个意义上来说，概念就是一条运动中的"逃逸线"，充满着不同的可能状态。这样的概念创造过程，也反映出了德勒兹哲学与其他学科之间紧密的关联性及探索问题的适应性。

德勒兹的思想发展分为三个时期。第一，专题研究时期，即哲学史时期。体现为对传统哲学的继承与批判，他通过对重要哲学家的问题和概念创造的深入研究，为自己的"问题"和概念的提出提供基础和前提。1962—1968年，发表了这一时期的代表性著作《尼采与哲学》《康德的批判哲学》《普鲁斯特与符号》等。第二，新的哲学探索时期，也是德勒兹进行独立创作时期，对哲学进行了重新的定义，创造了其差异哲学和流变美学。主要著作有《差异与重复》(1968)，首次提出了自己的重要概念(事件、生成、表达等)并展开了自己的问题平面(如何使差异差异化)。这个阶段的另一部著作《意义逻辑》(1969)，其中的"意义"作为差异系列共振的基本思想贯穿了德勒兹思想之后的发展。德勒兹这一时期的哲学思想是在复杂科学逐步发展，后工业社会转型的背景下发展起来的有别于传统二元对立哲学的多元论的探讨，体现了西方哲学的非理性转向。其基于游牧学视角建立的平滑空间理论及以"块茎"学说为核心的动态生成论，渗透到建筑领域，为当代建筑师提供了分析、阐释、解读当代建筑的新视角，同时也为先锋建筑师的建筑创作提供了理论基础。当代先锋建筑师通过对德勒兹平滑空间论和生成论中"褶子""块茎"概念的借鉴创造了折叠的非线性建筑形式及建筑创作的泡状物理论。第三，艺术时期，通过对文学、绘画、电影等的精心思考，将文学艺术引入其哲学的视野，形成了他独特的哲学语言，确立了知觉、情感、哲学概念三位一体、密不可分的关系，最终将哲学与艺术融为一体，完成了对艺术的形而上思考。但是这个阶段并不是和前面的时期相分离的，而是对"差异"的生成的进一步反思（比如说《感觉的逻辑》中的"感觉"作为穿越不同身体层次的生成运动、《电影》中的"虚构"作为影像之间的开放的差异性的关联等）。这一时期，德勒兹从艺术视角审视哲学，将其哲学从自然领域的思考推向了人类社会精神层面的思考，其基于"感觉的逻辑"的"无器官身体理论"以及从电影中引申出的"时延电影理论"为后工业社会信息技术下的建筑创作提供了信息媒介下的身体感知和影像逻辑的思考（图1-14）。

从以上对德勒兹哲学的分析与总结，不难看出德勒兹哲学与传统哲学相比更具实用性，因为其产生的过程涉猎了对不同学科领域的哲学思索。由于其创造概念的开放性及与其他学科之间的无限衍生性，确立了德勒兹哲学庞大的辐射性网络体系，任何一

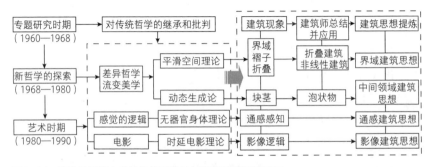

图1-14　德勒兹哲学主体结构划分及其与建筑思想关联图示

个学科领域都有可能与其发生关联，德勒兹哲学的理论结构就如
同地表上匍匐生长的植物的根茎，没有主干，但却可以随时覆盖
整个地表。因此，德勒兹的理论总体上体现的是"生成"，或者
说其思想体系的建立本身就是一种生成，一种千高原的生成，原
与原构织成四通八达、错综复杂的网络。德勒兹哲学创造的概念
及其思想体系的形成过程同样也辐射到建筑领域，为当代建筑的
发展方向及新的建筑思想的构建提供了哲学上的指导。

第三节　本书的写作框架

一、研究对象

本书研究对象的时间跨度为20世纪60年代至今，是现代主
义时期之后的建筑现象，包含两个大的方面。其一，研究20世
纪60年代以来后工业社会转向至今的当代建筑现象及当代建筑
的发展趋向。主要包括两个方面：首先，后工业社会以来建筑
在空间、形态、结构上表现出的趋于复杂的建筑现象，并且是
立足于这类建筑复杂特征本身而抛除以往的风格、主义、流派
的研究视阈。在20世纪上半叶工业化社会背景下的现代主义时
期，由于需要人操作机器进行批量化的生产，人造物都体现出
简约的风格。这种风格渗透到文化艺术领域，20世纪上半叶，
建筑都以简约精神为主，也就出现了密斯的"少即是多"原则。
20世纪60年代，进入到后工业社会，信息革命带来了计算机操
控机器的生产方式的转变，使建筑的复杂性形态的出现成为可

能，也就出现了当代建筑的复杂化发展趋向。其次，后工业社会信息文明与生态文明并存，并向生态文明转向的过程中表现在建筑创作中的现象。20世纪60年代，现代主义时期国际风格一统天下的局面被打破，建筑思潮出现了多元化的发展趋势。由于生态问题日益受到重视，生态建筑形式已经成为当今建筑创作中的热门话题，以哲学的视角探究其形式背后的建筑创作理念及思想，有助于我们重新审视建筑与自然的关系，使建筑更加适应时代的发展要求。

其二，由于本书是在吉尔·德勒兹的哲学思想下来探讨当代建筑创作的思想问题，因此本书研究的另一个方面为法国当代后结构主义哲学家吉尔·德勒兹与建筑创作相关的哲学思想及理论内容。在深入研究其思想框架、理论纲领及思想特质的基础上，以其哲学探讨的时间、空间、身体、生态问题四个基本理论为理论支撑，确立德勒兹哲学与建筑关注问题角度的相关性与相似性，进而建立起其哲学与建筑创作思想之间的对话关系，以德勒兹的哲学来澄清并阐释当代多元、复杂的建筑现象背后所隐含的建筑创作思想。

需要说明的是，本书所涉及的研究对象并非当代建筑创作复杂化趋向及生态转向的全貌，而是受吉尔·德勒兹哲学影响的与德勒兹哲学理论相关联的建筑现象。本书将德勒兹哲学梳理成以时间、空间、身体、生态为核心的四个基本理论，探讨当代建筑创作的现象，以此构建能够反映当代信息文明和生态文明特点、适应时代发展方向的建筑创作思想，以期为当代建筑创作提供有价值的参考。同时，由于体现本书所探讨的建筑现象的建筑作品大多来自于当代西方的建筑师及事务所，因此本书研究的建筑作品主要集中于当代西方的建筑和国内一些先锋建筑师的建筑实践。

二、研究框架（图1-15）

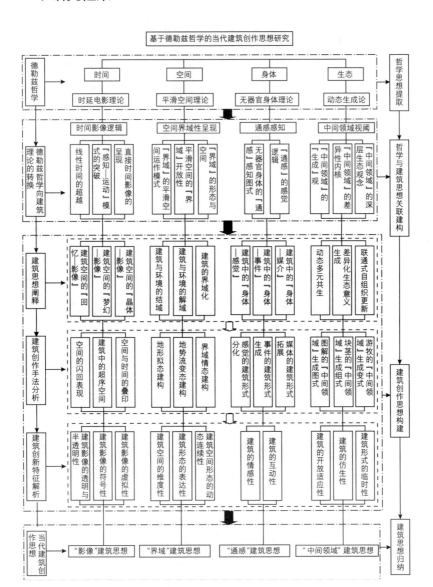

图1-15　研究框架

第二章

基于德勒兹哲学的
当代建筑创作理论建构

　　20世纪60年代以来，伴随着后工业社会的到来，科学领域兴起了模糊理论、混沌学、自组织现象与耗散结构等关于自然界复杂问题的研究，改变了人们对世界的认识，推翻了现代主义以来技术至上的工具理性思想，引发了人们对当今世界各种各样的不平衡、不稳定、无序、断裂、非连续现象的关注与思考，而那些决定论、有序性、线性因果逻辑逐渐失去效用，人们开始把目光从传统的理性原则转向长期被忽视的非理性方面。非理性主义逐渐在当代西方人本主义哲学中占据上风，当代哲学的非理性转向以及科学领域对自然界复杂问题的探索给当代建筑带来了形态上的复杂变化与创作视角上的更新。当代建筑不再仅仅依赖于理性主义建筑对抽象化和几何化的表达，转而呈现出复杂化、多元化、非理性的转变。而德勒兹的哲学思想正是在当代西方哲学非理性转向过程中成熟起来的，包含了对当今世界复杂性、多元性、差异性的哲学思考，同时也契合了当今建筑的转变方向，并且其许多概念和理论都为当代建筑现象提供了哲学上的总结，为适应当代建筑发展方向的建筑创作理论的构建奠定了哲学上的基础。

第一节　建筑创作与德勒兹哲学的相关性

　　德勒兹基于对自然现象及当代社会发展的各种现象的广泛而深刻的观察和对西方哲学史及重要哲学思想的研究，形成了独具一格的以"生成哲学"和"身体美学"为核心的思想体系。他不断地从文学、艺术、建筑等哲学以外的学科汲取灵感，不断创造新的概念，以新的视角阐释了关于时间、空间、身体、生态等问题的哲学思考。这些问题也正是长久以来建筑界所关注并不断探索的问题。历史证明，这些问题的相关哲学思想的转变，必然引发建筑创作思想的革命性变革，建筑创作思想与哲学的发展是相辅相成的。德勒兹关于时间、空间、身体、生态等问题的哲学思考及创新性概念，为当代建筑师思考建筑问题提供了新的哲学理论基础及思想原点，影响了当代众多先锋建筑师如彼得·埃森曼、林恩、卡尔·朱等的建筑思想及实践。

一、关注时间问题的同源性

时间作为一种物质存在的客观形式，是哲学理论探讨的基本问题和重要概念，同时也是建筑创作过程中不可规避的因素。从亚里士多德到康德、尼采、柏格森、德勒兹，时间一直是哲学存在论研究中的根本问题。随着时间在哲学层面研究的深入，时间在建筑创作中的呈现视角也随之发生了相应的变化，二者之间发展、演变的本身就是相辅相成、不可分割的整体，而德勒兹的时间观以及当代建筑创作中对于时间的诠释与思考，正是这一整体中处于同一平面相互关联的两个尖点，它们具有相同的时面。以下就将二者放在历史的语境中进行比较分析（表2-1）。

哲学界对于时间的探讨，当代以前经历了古代哲学、近代哲学和现代哲学三个阶段。古代哲学中，时间是以循环的形象出现的。时间作为运动（柏拉图）或运动的数目（亚里士多德）与天体运动一样循环往复，并且从属于自身所度量的内容，时间是一个受外力约束的循环。近代哲学中，康德将时间从它所度量的运动中分离出来，内化为人类感性直观的纯形式，即内感形式，因而也就成为一种属人的时间、主观的时间。但由于

历史语境中哲学与建筑关注时间的同源性　　　表2-1

发展阶段	哲学对时间的认知	代表性哲学家	时间在建筑中的体现	建筑观	代表性建筑实例
古代	时间从属于自身所度量的内容，是一个受外力约束的循环	柏拉图亚里士多德	只体现为建筑空间随视点转换，呈现在时间轴上的微妙变化	非时间性建筑观	米兰大教堂
近代	时间从它所度量的运动中分离出来，内化为人类感性直观的纯形式，是主观的时间，但依然限定在自然科学领域	康德	通过历史表意符号在建筑上的呈现，为时间在建筑上的表现注入了主观的表现形式	时间性的建筑观	红屋
现代	时间成为人之此在的重要构成部分，它不再是一种单纯的线性顺时时间，而是一种时间的螺旋。时间从自然科学领域转入人的生活情境，突出了"心理时间"绵延的作用	尼采柏格森	通过建筑中人的行为活动及个体体验来感受时间的变化	时间蕴含于空间的建筑观	范斯沃斯住宅
当代	"时间"是一条绵延不绝的内在精神之流，而运动只是时间的一个视角，自由的时间实际上就是异质不规则运动的连续	德勒兹	时间作为一个主要的参数介入建筑空间的表达	时空连续的四维空间观	台湾高雄歌剧院

康德将自己的研究限定在自然科学的领域，因此他所阐释的时间仍是一种自然时间。现代哲学中，尼采关于时间问题的探讨扭转了时间研究的唯自然科学取向，开始将时间置入人的生存情境之中。在尼采的永恒轮回说中，时间成为人之此在的重要构成部分，它不再是一种单纯的线性顺时时间，而是将一种垂直纬度给予了每一瞬间，形成了一种时间的螺旋，一种所有瞬间的强化重复。永恒（不再意味着非时间性）与瞬间被尼采视为时间的两个不可分割的部分：永恒是时间外在性的表现，瞬间是时间内在性的表现。随后，柏格森提出"纯粹的绵延时间"的概念，打破了以空间作为介质来计算时间的形式。柏格森通过"空间时间"和"心理时间"的划分把时间区分为两种："空间时间"是习惯上用钟表度量的时间；"心理时间"是通过直觉体验的时间。他将"心理时间"称之为"绵延"（duration），并将其看作是真正的时间。他认为："传统的时间观念是通过空间中各个时刻的依次延伸而形成的无限延长的同质的时间长链，这种时间观念是时间'空间化'的一种体现。在这一过程中体现的是人为的、根据使用目的（对时间的规定）而做的关于时间的抽象的拼合，它否定了我们心理状态对时间瞬间性东西的直接体验，柏格森将这种被否定的时间存在的多样性、异质性状态，称为'绵延'。绵延是我们每一个人心理时间的真实存在状态，为我们的直觉所感知，它是实在的而非抽象的，它好似流水，其中无一片刻失落，亦无一片刻逆转，每一瞬间携带着过去的全部水流，又是全新而不可重演的。"[1] 柏格森认为，纯粹

---

① 朱立元. 当代西方文艺理论 [M]. 上海: 华东师范大学出版社, 2005: 79.

绵延是"时间异质性变化的连续体，这些变化相互融合、渗透，相互间没有清晰的界限，并与数目没有任何亲缘关系：纯粹绵延是时间纯粹的异质性存在"。因此，真正的时间是连续不断的流，这个流是完全异质、不可分割的，不能被空间化。

与哲学界关于时间的认知相对应，当代以前建筑中时间的发展也大致经历了古代——非时间性建筑观，以古埃及、古希腊的神庙及中世纪的哥特式、巴洛克式教堂建筑为代表。此时，时间因素在建筑上的显现相对微弱，只体现为建筑空间随着视点的转换，呈现在时间轴上的微妙变化。近现代——时间性的建筑观，通过复古主义对历史表意符号如古希腊柱式、哥特尖券等在建筑上的呈现，赋予建筑存在的时间性。此时，时间在建筑上的表现已经脱离了其自然属性，而注入了主观的表现形式。现代——时间蕴含于空间的建筑观，工业革命引发了社会生产和生活的大变革，人们开始崇尚机器产品及技术美学，建筑界提出"房屋是居住的机器"的论断，空间成为建筑表达的主题，出现了流动空间、连续空间、移动空间等建筑设计表现手法，通过建筑中人的行为活动及个体体验来感受时间的变化。20世纪初期，著名建筑学史家吉迪翁（Sigfried Giedion）的《时间、空间与建筑》也明确地把时间因素引入到建筑设计中来。此时，时间因素蕴含在建筑空间的表达之中，并通过人在建筑中的生活情境来体验时间，这与时间在哲学领域的发展阶段相一致。

而当代后工业信息社会，网络技术、光电子媒介高度发达，信息传递速度不断加快、时间不断缩短，人们对时间的体验随之加强，空间距离相对逐渐缩小。人类社会的空间化特征逐渐向时间化转变，呈现出时间的空间化、时空压缩、时间断裂等特征。在这样的时空背景下，人与建筑的关系也在发生着潜移默化的改变。一方面，网络技术和光电子媒介的介入，突破了人通过身体的运动体验而捕获的建筑实体信息，转而向建筑影像信息延伸。影像的存在超越了物质实体，将不同时空的建筑信息挤压进我们当下的感知中，改变了以往以身体作为主体的空间知觉中心。另一方面，以时间作为一个主要的参数介入建筑空间的表达，形成了当代建筑——时空连续的四维空间观。叠合、断裂、非连续的时间共时性体验以及运动、连续的时间历时性体验在建筑空间中的表现，使当代建筑的形体与空间更趋于复杂。尤其是当代数字技术的不断成熟，也拓展了建筑师追求"时空同在"的综合体验的建筑空间表现手法。德勒兹对时间的认知正是基于当代这些复杂社会现象的思考及总结，并在继承柏格森的绵延时间的思想脉络基础上形成的，体现出极强的时代适应性。可以说，德勒兹的哲学是以崭新的时间哲学为基底的。德勒兹认为"时间"是一条绵延不绝的内在精神之流，而运动只是时间的一个视角，自由的时间实际上就是异质不规则运动的连续。德勒兹将这种对时间的认知应用于电影，建构了"时间电影"这一全新概念的剪辑形式，以时间为视角诠释了影像、感知及运动的关系。这与网络技术和光电子媒介下，建构人与建筑影像之间的感知关系，并将其运用于建筑创作具有相似性。德勒兹的时间观拒绝机械的、结构化的认知方式，而着眼于生命绵延、异质的本质，将其存在的可能性向无限的时间之流开敞。这与当代建筑创作中对时间的深刻思考与多样性、无限性的呈现是相一致的。因此，德勒兹的时间观与当代建筑的时间观相一致，对当代以时间为视角的建筑创作具有思想层面的借鉴意义。

二、关注空间问题的同源性

空间在建筑中的发展经历了由简单到复杂的发展过程。在这一进程中，一方面体现了人们世界观的转变及科学技术的发展，更为重要的是哲学在其中起到的引领思想的作用。哲学上对空间的认知历经柏拉图、亚里士多德、笛卡儿、海德格尔、德里达、德勒兹等哲学家，其内涵经历了从物质层面的绝对客观性向人的知觉层面的生动性的深化过程。尤其是现代建筑产生以来，空间问题一直是建筑学讨论的核心话题，19世纪末20世纪初，奥古斯特·施马索夫在名为"建筑创作的核心"的演讲中，首次明确提出以"空间"作为建筑设计的核心，随后"空间"逐渐成为建筑学讨论的中心话题。此时，哲学上空间观念的深化对建筑空间理论及创作的影响更为突出，建筑理论家诺伯格·舒尔茨在其《存在·建筑·空间》一书中就明确指出了海德格尔的存在哲学对其建筑空间理论研究的关键性影响。哲学领域对空间观念的探讨、笛卡尔科学体系以及工程技术领域钢筋混凝土框架的使用，共同促成了现代建筑空间概念的产生，主要包含两个层面的内容：其一，是建立在空间物质性基础上的空间"围合体"概念，在欧氏几何的主导下，这种围合体主要表现为建筑的盒式空间；其二，是从哲学、美学及心理学等角度对空间的理解，它区别于一般的物质空间，倾向于主体对空间内在精神性体验的"空间性"概念的阐释，弗兰克·劳埃德·赖特的"移动空间"就是对"空间性"概念的一种诠释。然而，伴随着爱因斯坦相对论以来的当代复杂科学的发展，包括量子科学、宇宙大爆炸理论、基因形态学、信息技术及拓扑学等，对传统的欧几里得几何影响下的空间观念提出了新的挑战。欧氏几何中孕育的抽象、理性的数理概念仅仅反映了物质实体的少量性质，不能将物质的时、空、形等观念系统、完整、准确地联系起来。欧氏几何中的平直空间只是空间存在的部分状态，与人们在现实生活中的视觉经验不符。人们的视觉空间的几何学并不是"平直"的欧氏平面，而是有着变化曲率的空间。因此，以正交体系和欧氏几何为主导的现代建筑盒式空间形态所体现出的抽象、理性、简洁、理想的数理关系已经不能满足复杂科学、信息技术背景下建筑空间的发展要求。当代的一些先锋建筑师由此开始研究更为复杂的建筑空间形态，同时伴随着数字化计算机操纵机器生产方式的出现，为建筑突破传统欧氏几何语法所建立的建筑空间体系，提供了技术手段上的支撑。

与此同时，当代的一些先锋思想家，诸如德里达、德勒兹等人，分别从新的角度对空间问题作出了批判和解释，使之对空间问题的认知远离绝对性的概念，转而呈现出一种相对性、多元性和差异性的发展趋向。这为当代的建筑空间理论及实践的发展方向提供了可借鉴的思想依据。尤其是德勒兹对空间问题的探讨，他的一系列关键性的概念及其中渗透的流动科学的思维方法，与当代建筑的复杂性形态和空间的生成方法相契合，与复杂性建筑空间所涉及的设计元素的多元性与差异化相一致，为当代建筑的参数化设计及演化过程提供了稳定的原型。

德勒兹是20世纪著名的空间哲学家，空间是其研究哲学的主要手段与媒介，他研究了大量的关于空间的概念。他认为一切事物都有其发生的内在性平面，这一平面就如同游牧民经常迁徙移动的广阔的沙漠空间。德勒兹研究空间的过程中所创造的诸如平滑与条纹、游牧与定居、解辖域化与辖域化、褶皱等概念都是对空间问题的创新性思考，尤其是德勒兹的平滑空间理论，就如同一个奇异的吸引体一样，融贯了拓扑学、形态学、地理学、生物学、复杂性科学这些在当前建筑界中被广泛关注的焦点学科的思想，成为继雅克·德里达的解构主义之后对建筑界影响最大的哲学思想（表2-2），使建筑的空间形态从解构转向了折叠，从解构主义的矛盾与冲突转向了连通性的流体逻辑，为当前建筑空间复杂性的发展趋向提供了思想之源。德勒兹关于空间的思想及其空间的运行机制，与当代建筑关注空间的视角及建筑与诸设计要素之间的内在逻辑，具有思想和操作方式上的连通性。

德勒兹与德里达的空间概念及其对建筑的影响　　表2-2

哲学家	空间概念	建筑空间逻辑	代表性建筑师
德里达	解构断裂	用概念的手段去瓦解感知的习惯，在结构设计与场地地形中制造冲突，或者在建筑物的轴线与空间的轴线上制造冲突	弗兰克·盖里伯纳德·屈米彼得·埃森曼
德勒兹	折叠平滑流体逻辑	将多元化的元素整合成一个连续的整体，并重新配置建筑中概念和感觉之间的关系。折叠建筑建立场地与结构之间的关联，注重概念设计与感知间的有机关联，注重内褶与外褶、身体与心理之间的有机联系	格雷格·林恩伯纳德·凯奇（Bernard Cache）

三、关注身体问题的相似性

身体之于建筑，具有与生俱来的亲缘关系。从古罗马时代的维特鲁威开始，身体问题一直是建筑学话语的核心论题。"身体"在建筑中应用视角的转变，直接影响着建筑学的发展方向。从《建筑十书》《走向新建筑》到《建筑的永恒之道》等，无不体现出身体对于建筑的重要意义及身体与建筑之间的密切关系。古典主义时期，身体作为一种完美的尺度及比例应用于建筑中，形成了崇高的建筑美学。现代主义建筑时期，工业革命引发了社会生产及生活的变革，使建筑体现出简约的精神。身体首先作为几何度量的工具被引入建筑学，柯布西耶将人的行为状态进行量化，创造了"人体模数"，建筑体现为以人体尺度为功能标准的体块组合。身体活动被高度地抽象、简化后作为空间资源合理分配的标准，建筑创作体现出数学计算和经济法则的工程师美学。此时，身体在建筑中的应用体现为工具的主体，而非真正的身体主体。现代主义大师密斯的范斯沃斯住宅是这一时期对身体工具理性和几何建筑学表达的巅峰之作。而与密斯同一时期的建筑大师阿尔瓦·阿尔托的建筑作品在强调建筑工业化的同时，更加注重建筑与人体的和谐关系，在建筑创作中，通过利用不同的材质来综合身体的感受。随后，现象学运动的兴起引领了建筑创作向身体主体的回归。建筑不再是坚实的客体，而是承载了具有现象感应能力的身体感官对于空间的异质化体验。日本建筑师安藤忠雄在建筑设计中运用的身体与世界"主客体互动"的"神体"理论及相应的建筑作品，六角鬼丈对传统"五感"在建筑设计中的应用研究，斯蒂文·霍尔以对建筑的亲身感受和具体经验与知觉作为建筑设计的源泉，赫尔佐格在建筑创作中表达的对建筑与材料的丰富感受……都是身体关怀在建筑创作中的探索。

从以上的梳理中我们不难看出，无论在什么样的社会背景下，身体在建筑创作中都具有重要的作用，只是建筑在不同时期、不同社会、不同技术背景下呈现出不同的身体姿态。概括而言，身体之于建筑经历了身体通过几何、比例直接体现在建筑上，身体作为建筑空间构筑的尺度，身体作为建筑创作的主体，突出身体的知觉与体验这种由物质形态投射到精神层面体现的深化过程。而在当代社会中，高科技、信息化主导了社会发展的一切领域，当代建筑呈现出多元、复杂、多重含义、双重译码等特征，多学科交叉在当代建筑学中表现得尤为明显。可以说，当代建筑作为综合性的艺术与当代哲学、信息化、参数化等高科技、社会学、文化艺术领域的关系愈发密切。但是，无论社会如何发展，建筑与身体的亲缘性关系都不会改变。一方面，科技的长足进步更加拓展了建筑师研究身体与建筑关系的方法，更多的建筑师开始借助高科技手段加强身体感知与建筑之间的互动性关系，开始关注身体结合科技产生的变异身体与建筑学的结合，并形成了崭新的设计理念及方法。例如美国建筑师迪勒与斯科菲迪奥（Diller+Scofidio），他们的作品以"身体"在社会中的境遇为思考的原点，把研究身体作为认知空间的基础，运用各种媒体技术创造身体的非常体验，进而建立了身体、媒体与建筑之间的密切关系。另一方面，身体也在空间知觉、行为体验等不同层面的多学科交叉上拓展了建筑学的领域。而德勒兹对身体的解读代表着当代哲学对身体的主要诠释，身体在当代所呈现出的姿态已经有别于古典时期的完美特征，身体同样作为哲学探讨的永恒话题承载着社会的特性。德勒兹突破了西方哲学长期以来的身体与意识的二元论关系，将身体从意识支配下的被动工具中解放出来，身体可以根据自身的"欲望"及各种欲望之间流动的力，对世界进行解释、透视和评价。德勒兹对身体问题的研究，一方面强调了身体在没有形成器官之前的原初状态，提出了"无器官的身体"的概念。身体在没有形成器官之前，对于外界的一切刺激只能感受到一股有强度的力，它是一个原始性的概念，在那里能够萌发、创作、生成一切的欲望。德勒兹眼中的身体就是"欲望的机器"，在永不停息地进行创造，永远是游牧的，永远要冲出自己的领域。这对当代建筑师更深层地理解身体与建筑的关系，避免高科技带来的"视觉霸权"的建筑形式，使身体能够真正地参与到建筑创造中，无疑提供了一个思考问题的新的视角。另一方面，德勒兹的"无器官的身体"表现出当代的社会属性及意义，它就如同一个有机体，摆脱了它的社会关联，它的受规诫的、符号化的以及主体化的状态，成为与社会不关联的、解离开的、解辖域化了的躯体，从而以新的方式重构个体与自然界及社会的真正关联，进而让欲望自由地流动，顺应身体本能自发的力量，摆脱人在现实社会中的异化状态。这为承载着对当代社会、政治、权利等问题的思考的建筑，提供了一个重构当代社会关系的崭新视角，当代社会所呈现出的异质、分裂、不确定、多元等特性，必将通过"无器官的身体"反映到建筑空间中。同时，建筑空间的创造又通过"无器官的身体"反作用于社会。"无器官的身体"作为建筑与当代社会的介质，深化了当代建筑学的多元化属性。

综上所述，对于身体问题的探索，无论是霍尔、安藤忠雄这样的建筑师，还是像德勒兹这样的哲学家，他们都是通过对身体问题的研究而拓展到对空间、社会规律等的探索，而这些探索所涉及的主题，如游牧、媒体、分裂、事件等又同样成为当代建筑学和哲学的属性。因此，身体一直是建筑师和哲学家共同关注的基本问题，建筑师通过身体研究空间与社会的适应性，哲学家通过身体的折射探讨社会的规律。尤其在当代后工业社会的背景下，德勒兹哲学对于身体的阐释及研究与当代建筑所呈现出的身体特性达到了空前的契合。

四、关注生态问题的相似性

　　生态问题是当代建筑界研究的一个重要课题。工业革命以来，一些现代主义建筑师的作品及理论学说就体现出了各种生态理念。赖特的"有机建筑"、柯布西耶建筑思想中对自然的充分接触，无不蕴含着关于环境哲理的思考。20世纪60年代，建筑师保罗·索勒里创建了"城市建筑生态学理论"，把生态学和建筑学合为一体。1960年东京国际设计会议上，以黑川纪章为首的建筑师提出的"新陈代谢"理论，将生物学理论引入建筑设计和城市设计领域，以生态学的视角审视建筑、人、环境之间的关系。1969年，美国景观建筑师麦克哈格所著《设计结合自然》的出版，标志着生态建筑学的正式诞生，将生态学延伸至建筑领域，确立了生态学基础上的建筑设计理论与方法。与此同时，西方各国也先后兴起了深层生态学理论、生物建筑运动和盖娅运动等一系列建筑领域的绿色运动，为生态建筑的进一步发展奠定了理论基础。进入90年代，伴随着可持续发展思想在建筑领域中的不断发展，关注生态问题，实现人、建筑、自然的和谐统一已经成为当代建筑共同的目标和使命。随着科技的进步，关于生态问题的理论也逐渐得到丰富和发展。尤其在当前后工业社会背景下，人们已经付出了工业社会机器文明所带来的地球生态失衡的惨痛代价，在运用高科技、信息技术解决建筑问题时，同时考虑建筑与环境的有机融合已经逐渐成为当代建筑师的自觉意识。当代一些著名建筑师如尼古拉斯·格雷姆肖、格雷格·林恩、扎哈·哈迪德、伦佐·皮亚诺等在自己的建筑作品中利用计算机参数化技术对建筑场地环境进行分析，建构了适应生态环境的、高效的建筑结构形式，并通过将建筑形态融入地形环境等方式不断地探索建筑与生态环境间的适应关系。德勒兹以哲学的视角对当今生态问题的关注与深入思考及其思想中体现的以非人类为中心的深层生态学意蕴和非理性的思维方式，给当代建筑师的生态建筑创作提供了思考的方向。

德勒兹哲学是一个关于"生成"的本体论，而其生成论中体现的核心思想就是基于对当今社会自然环境和生态问题的关注与思考。德勒兹把思考环境看作一个思考复杂性问题的过程，把生态看作一种平衡文化和自然力量的动态整合的运作方式。这种整合是无穷尽的，具有解决现实问题的实用性。德勒兹脱离了静止的文化构成理论及自然生物决定论的框架及思维方式，把广义的基于环境研究的生态学变成了一个解决具体问题的一般研究课题，而这一课题的研究通常需要横跨哲学、社会学、政治、艺术、历史、自然科学、城市研究等学科，并且在生态问题与这些学科之间建立了系统的关联。在德勒兹看来，生态系统不仅仅是一个简单的线性的动态系统，而是一个在生态范畴内连接各种研究领域的混沌、复杂理论，和具有微观结构稳定性及开放系统衍生逻辑的形态发生体系的系统整合。其生成论中"块茎"学说的运作方式就是对其生态观念的最具代表性的表达，这为生态建筑的环境适应性问题以及建筑以怎样的方式构筑与复杂性生态环境之间的宏观网络提供了可操作的途径。

我们可以借用德勒兹关于黄蜂和兰花的关系的阐述，来说明块茎的生成概念及组成块茎的群体与周围生态环境之间的关系。在黄蜂和兰花所组成的生物体"块茎"中，兰花通过黄蜂帮助自己授粉，黄蜂受到吸引，理所当然地"住"在兰花里。兰花发展出一种特定的（形态）属性吸引黄蜂，黄蜂也具有了一种服务于兰花的行为模式。黄蜂适应了兰花，兰花也适应了黄蜂。德勒兹指出，这是一种互相"生成"的形式。黄蜂生成为兰花，兰花生成为黄蜂。黄蜂和兰花的"组合"体现了一种生物体块茎中"不断运动变化的无中心多元性"[①]。正如格雷格·林恩（Greg Lynn）解释的那样："多元的兰花和黄蜂统一，形成一个独特的群体。这种衍生的统一体不是封闭的整体，而是一种多元体：黄蜂和兰花既是单一的，又是群体的。重要的是，这不是先前那种受性欲驱使的寄生关系形成的集合体，而是一些由与原来截然不同的个体错综复杂地联系在一起而形成的全新的稳定整体。不同的是，融为一体的多元体在互为生成的过程中结合了外界的进一步影响，形成了新的稳定体。"[②]"块茎说"思想中隐含的这种自然生态的无限性观念无疑为我们摆正人类在自然界中的地位、重新确立人与自然的关系提供了新的思考方向。同时，块茎组织的开放性与运行机制的多元性也为建筑适应环境的生成方式与运行机制带来了启示。适应生态的建筑应该适应场地生态环境的复杂性，并遵循与场地的生态圈互为"生成"的组织模式，具有无限性的生成变化的动态特征。

德勒兹的生态观念以非人类为中心的视角，建构了自然环境与文化、历史、艺术等诸要素之间的动态关联，并将自然生态构筑成了一个动态的连通性和多样性的系统。通过对文脉、生物甚至无机领域的连续性生成建构，确立了自然生态的"无限性"观念。这在宏观层面上为生态建筑的内涵注入了全新的思想观念。生态建筑不仅仅是通过能源利用、自然采光、自然通风、保温隔

---

① 欧几里得. 几何原本［M］. 燕晓东编译. 北京. 人民日报出版社，2005：23.

② Greg Lynn. Folds, Bodies&Blobs［M］. New York: Princeton Architecture Press, 1998: 139.

热、中水利用、生态建材、绿化等各种技术手段实现建筑与自然环境的基本联系，更为重要的是建筑自身应该是一个整体、开放、动态的适应性系统，与外部自然、环境、文脉诸要素之间具有广泛的联系。在微观层面上，德勒兹生成论中的块茎体与游牧等喻体的生成方式深刻总结了自然界中各种物质合规律的生成与变化过程，具有一定的图示性和可操作性，对于适应生态的建筑设计提供了可借鉴的手法。

第二节　德勒兹哲学在当代建筑创作思想中的转换

德勒兹哲学是建立在差异性元素之上的建构性哲学，包含了复杂多样的视角。德勒兹对电影、空间环境、感觉理论及生态等问题的探讨，均以"差异"为基调，以创造概念为核心，体现了多维度、非理性的思维方式，具有极强的创造力，在思考问题的视角及解决问题的方法上为信息时代、生命时代建筑的发展方向提供了可借鉴、可应用的理论及方法。德勒兹关于上述问题的一些原创性概念已经直接被当代建筑师转化为建筑思想及理论，应用于创作实践。

一、德勒兹哲学时延电影理论的引用

德勒兹的电影理论是一种思维内在性研究理论，通过感性思维在感知电影影像中的运用，确立了影像本位的理论视角，建立

了以"运动—影像"与"时间—影像"为主线的多维度、生成性的思维模式，通过时间因素在影像中的直接呈现，突破了电影影像线性的叙事逻辑，建立起来一种影像阅读及思维哲学，为数字技术、光电子时代的建筑提供了影像及思维层面的新思考。

（一）影像本位的理论视角

在影像媒介高度发达与信息化生活并存的今天，影像已经成为事物存在的客观方式，不断丰富和延伸着人们观察事物的渠道，并且在某种程度上，影像的存在及带给人们的信息已经超越了客观事物本身，影像的这种高频的传播方式正在潜移默化地改变着人们的认识及思维逻辑。建筑作为物质实体，同样处于光电子时代影像媒介的传播中。此时，建筑对于受众而言已经不只是工业时代的实体空间，同时建筑还作为一种影像符号被人们感知和消费。影像已经成为我们身体与建筑实体之间的一种介质，它延伸了人们感受建筑空间的媒介，突破了身体与建筑实体之间物理空间的局限。也就是说，建筑影像的存在超越了建筑实体的存在，使建筑可以跨越时空的在场，为受众提供建筑信息。在这个信息高度发达的后工业社会，在某种意义上，建筑的本质就是影像。因此，以往工业社会中基于建筑实体空间的物理逻辑已经不能满足对当今影像建筑的认知、解读和创作，影像逻辑已经逐渐成为认知当今光电子时代建筑不可或缺的思维方式。而在这种由物理逻辑向影像逻辑的思维转变过程中，德勒兹电影理论的影像本位视角无疑为我们提供了思维转变的基础。

传统的电影理论是以影像的叙事为核心，以叙事情节的展现、叙事结构的安排实现电影的意义，并对观众产生效应。这类电影研究需要借助其他学科将电影与社会、文化、心理等关联起来探求电影的意义，是基于影像外部的研究。而德勒兹的电影理论是以影像为本位的影像内部的研究，是基于电影概念的思维内在性的研究。这种思维内在性排除了思想的假设性和先在性，以感性思维为基础，在与电影的相遇中生成概念。同时，这种感性思维与电影的相遇中体现出的差异，又使得影像世界呈现出差异性、运动性与时间性，进而在与人类思维感性的相遇中创生了全新的电影概念。在这一过程中，影像表现出人类的感知与思维模式，德勒兹将其概括为"运动—影像"和"时间—影像"。德勒兹从思维的角度重新认识了电影、诠释了影像，其思考影像的过程无疑为我们解读后工业社会光电子时代的建筑现象及建筑创作提供了思想的基础与支持，为我们建立建筑的影像思维逻辑提供了可借鉴的思维过程及模式。

（二）运动与时间主线的多维度思维

德勒兹的电影理论以"二战"为时间节点，分为两种类型，即"运动—影像"和"时间—影像"，前者代表了经典电影的影像组成模式，后者代表了"二战"后的现代电影的影像组成模式。"运动—影像"体现的是传统经典电影中人们感知世界的线性因果的思维方式及以叙事为主的日常生活中的运动模式。此时，时间隶属于运动，客观事物的运动变化过程体现时间的变换。而"时间—影像"所代表的现代电影则表现为线性因果联系的叙事逻辑的断裂，这就使时间从运动的附属中脱离出来，电影影像通过表现运动空间的断裂与虚空而直接反映时间，影像之间的关系也就表现为一种间隔的、跳跃的、离散的非线性逻辑。

德勒兹的时延电影理论就是对于"时间—影像"模式的探讨与思考。柏格森的绵延时间观是德勒兹这一理论的哲学基石。哲学界关于时间的探讨，自亚里士多德建立了时间和运动的关联后，时间就一直被束缚在运动的模式下，并隶属于运动的框架。而柏格森则通过"绵延"的思想重新展现、阐释了时间，重新审视了时间和空间的关系。柏格森将宇宙世界看作是一个由运动事件组成的时间的流动过程，并且时间在流动的过程中呈现出的是绵延不息的特征，他将宇宙世界运动的连续性转变为时间绵延的流动性。由此，柏格森通过时间绵延的概念确定了崭新的时空观，这一时空观将真正的时间（绵延）确立为宇宙的基本运动形式，进而打破了西方传统思想中时间与空间的隶属关系。同时"绵延"又代表我们的意识状态的连绵过程。绵延与我们的意识及思维紧密相连，它是一种精神现象的体现。我们的意识及思维活动的相异性构成了我们感知不同瞬间的绵延连续的不可分割性。因此，我们说绵延的时间是异质的、多样性的、不断变化但又延续的生命时间，它是无法用数量来计算的时间。真正的绵延（或者说时间）就是这种异质的、多样性的、具有精神特征的绵延。

　　德勒兹时延电影理论中关于时间的生成与流变思想的阐释就是以柏格森的这一时间绵延的观念为基础的。德勒兹将电影影像与时间联系起来，确立了时间的绵延（时延）这一电影影像的核心命题。在德勒兹的时延电影理论中，影像是时延的、敞开的全体，德勒兹通过将"运动—影像"中对现实存在的感知模式的突破，建立了以"回忆—影像""梦幻—影像""晶体—影像"为核心内容的三种"时间—影像"符号，使时间脱离运动直接呈现出来。在"运动—影像"中，影像通过空间中运动的延伸来表现时间的延续。在"时间—影像"中，影像与动作之间的关联发生了断裂，影像不再通过在运动中的延伸来表现时间，而是通过对不受约束的引发观众各种感官关联的纯视听影像的思考、阅读与记忆来体现时间在影像中的价值与意义。因此，对德勒兹而言，影像不仅仅是现在的、运动的，更多的是潜在的、精神的、记忆的和思维的。对于影像的这种潜在与现在的关系，德勒兹引用了"时间晶体"的概念，阐释了影像在过去、当下、未来，潜在与现实，在时延的流变中的相互转换、相互共存的关系。"时间晶体"通过晶体双面的不可切分性形成了一个不可辨识的区域，这个区域将过去与未来融入一体，为人类提供了一个全新的感觉体验，并在感觉的过程中通过代表时间的视觉符号和听觉符号的晶体碎片，感知到时间的流变与绵延。此时，晶体成为一种符号，建立了感觉与时间在思维、精神层面的关联。时间成为直接的时间影像，同时也是一种承载着人类感知与思想的思维影像和阅读影像。

德勒兹通过"时间晶体"概念诠释了思维与时间的新维度，通过在直接时间影像中运动影像模式的突破，建立了"时间—影像"断裂的、间隔的、跳跃的关联，为我们提供了时间感觉与影像之间的全新的关联体系。这一体系颠覆了透视法的视觉中心主义和线性因果逻辑，为我们全面感知空间，突破笛卡儿以来建立的理性建构的空间逻辑提供了思维与精神感知层面的视角，为当代建筑突破现代主义建筑的工具理性，向知觉体验回归提供了思想基础。同时，"时间晶体"所呈现出的影像在不同时区、时层的共存和转换关系也为当代非线性建筑在非欧几何空间中的形态操作提供了可借鉴的手法。尤其在光电子时代，建筑的影像通过网络媒介超越了三维空间的限制，与人们集体的记忆影像及思维和阅读影像共同拓展了新的空间，这一空间使人类思维在拓扑空间中流动（图2-1）。

（a）"时间晶体"体验
的全新建筑形态

（b）晶体建筑形式的全
新空间感知

图2-1 "晶体"，里伯
斯金

二、德勒兹哲学平滑空间理论的引入

德勒兹平滑空间理论是基于空间生成与运动的创造性思维的
研究理论。通过游牧科学在平滑空间中的应用，确立了空间—地
理环境的游牧视角，建立了空间—地理环境的界域性呈现；通过
对空间运动状态的分析，展现了平滑空间运动的创造性思维；通
过空间中异质、差异元素的动态整合，突破了线性、固态的欧氏

几何空间逻辑，建立起一种异质、流动、开放、赋予创造性的空间运作模式与思维模式，这为当代建筑创作突破理性的王权科学，通向以体现创造性为核心的游牧科学提供了可转换的思维方法。同时，游牧科学所对应的平滑、折叠等创造性空间的运作模式为当代建筑突破欧氏空间实现非欧空间的复杂性操作提供了可借鉴的手法。

（一）空间—地理环境的游牧学视角

德勒兹的平滑空间是一个异质平滑的场，与一种极为特殊的多元体类型联结在一起：非度量的、无中心的、根茎式的多元体，这些多元体占据着空间，但却不"计算"空间，只有通过"实地采样才能探索它们"[①]。所以我们说，平滑空间是一种接触的空间，而非视觉的空间。这一空间形式体现出典型的游牧学视角，"平滑空间强调向量、方向、流动，这就类似于游牧民在沙漠中寻找水源和植被的空间轨迹，因此，平滑空间是一个通过事件、触觉、感知为依据进行计算的一个集中的空间。"[②]平滑空间与游牧空间相对应，游牧科学与高度理性秩序的王权科学相对应，以非理性、无等级、无拘束等异常方式发展，具有极强的创造性。由游牧科学所建构的空间也具有动态、开放、不受任何条件束缚的特征，它可以作用于空间中的所有的点，而不是被空间掌控于从一点到另一点的运动之中。因此，游牧空间中

---

① 吉尔·德勒兹. 资本主义与精神分裂(卷2): 千高原 [M]. 姜宇辉译. 上海: 上海书店出版社, 2010: 553.

② Annettew, Balkema and Henk Slager (eds.). Territorial Investigations [M]. University of Amsterdam Press, 1999: 10.

的运动是点与点之间的自由活动，就如同游牧民在草原上生活
的轨迹是开放、自由、不确定的，这与德勒兹的平滑空间所呈
现的空间—地理环境是相一致的，即变量永远处于变化的状态
之中。

平滑空间的上述特征及视角拓展了人们对空间样态的认知与
理解，进而也影响了当代建筑师思考建筑的视角，尤其是这种平
滑空间理论与当代参数化设计结合，拓展了建筑师关于建筑形态
和建筑空间的流动性的思考，使当代建筑突破了条纹空间、欧氏
几何空间的限定性，形成了崭新的建筑形象。德勒兹通过游牧民
的活动方式投射出的空间特点，诠释了空间—地理环境全然不同
的运作方式，拓展了人们生活现象层面和建筑形态及空间的流动
性与平滑性，空间成为人在时空中经历不同视点的直觉感知经验
所产生的连续图像，这为建筑挑战笛卡儿坐标体系的传统空间感
知奠定了基础。

（二）空间—地理环境的界域性呈现

界域性是德勒兹平滑空间中空间—地理环境多维度、无中心
运作方式的一种空间形态呈现，它是去掉了层化的平面和系统的
融贯性的表达。确切地说，当空间环境中的组分由方向性的变成
维度性的、由功能性的变成为表达性的，界域就产生了。界域
实际上是一种作用，它影响着环境和节奏，使它们"结域"。可
以说，界域是环境和节奏的某种结域的产物，并且这一节奏体
现出某种表达性。游牧民在空间环境中的生活、运动方式就是
一种界域性的呈现。游牧民因循着惯常的路径，在大地上从一
点到另一点，任何点都是中继的，到达一个取水点只是为了离
开它，这点与点之间就构成了游牧民的路径，这些点之间形成

的开放的、不确定的、非共通性的空间就构成了一个融贯性的平面，游牧民因此掌握了这一空间，而这一空间就是界域性的，它是由游牧民生活的路径与大地发生解域与结域作用关系的产物。在这种关系中体现的是大地对其自身的解域，由此使游牧民发现了一片界域。大地不再是大地，它趋向于变为仅仅是土地或支撑物。

平滑空间中这种空间—地理环境的界域性呈现使新一代建筑师从建筑与环境作用的关系这一宏观层面来思考建筑，拓展了建筑创作的视角。以往的建筑创作，我们都是在一个视角周围，在一个领域之中，根据一系列恒常关系来处理建筑与周围环境的结域关系，这是一个根据逻各斯建立起来的法的模型，是一个静止与固态的模型。而空间—地理环境的界域性特征则带给我们处理建筑与环境之间关系的一个流动的模型，并且这一模型在建筑与环境解域的过程中，构成并拓展着建筑作为界域自身的维度（图2-2）。相关建筑的这种"界域"创作思想在本书第四章将系统地论述。

图2-2 贝克欧整体
规划，哈迪德

（三）平滑空间运作机制的创造性思维体现

平滑空间作为一个开放的、无中心的、根茎的能量场，其中蕴含了各种异质元素，以游牧的方式作用于空间，形成了富有表达性的空间变化节奏，这一节奏又构成了平滑空间中的一个个界域。平滑空间的运动使向量的、拓扑的空间模式与可度量的层化空间形成对比。德勒兹以象棋和围棋为例来阐释"平滑空间"与"条纹空间"之间的区别。象棋棋子是被编码的，它们具有一种内在的本性或固有的特性，由此产生它们的走法、位置和对抗关系。象棋的每一个棋子都被赋予了一种相对的权利；而围棋的棋子则正相反，它们是基本的算数单位，只有一种匿名的、集体性的或第三人称的功能。围棋的棋子不具有内在属性，只具有情境性的属性。因此，这两种棋戏组成的空间也完全不同，象棋是在一片封闭的空间内进行部署，而围棋是在一个开放的空间中进行列阵。象棋对空间进行编码和解码，而围棋对空间进行结域与解域。从平滑空间的运动特征中我们可以看出，平滑空间汇聚了各种被解域的力和一条条开放的解域化之线。它表征了事物创生和发展的一种普遍力量与主要机制，其表达的空间体现了拓扑学的特征，同时也展现出有别于传统认知的思维方式和创新方法，蕴含了丰富的创造学理念，丰富了建筑师的创作思维。主要包括以下几个方面：

（1）平滑空间从层化的空间到界域化的配置再到解域化配置的开放中蕴含了偶然性的因素，这种偶然性有助于触发人们的创造机智。众所周知，科学的思维方法以必然性和理性为思维基石，而忽视了客观世界无序、混沌、偶然、模糊等原初的、自发的行为与力量。德勒兹认为："偶然性才是自然的存在，必然性

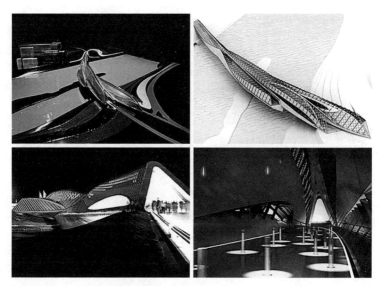

图2-3　萨拉戈萨桥平滑的空间形态，哈迪德

是人为的结果，偶然性中蕴含了世界真实的结构，我们的创造潜能需要偶然性的刺激。"①因此，平滑空间中蕴含的空间变化的偶然性才是空间的一种真实存在，对于这种空间形态的瞬时定格取形为建筑创作提供了丰富的空间形态（图2-3）。

（2）平滑空间与周围环境的联通互动为建筑师发挥创造性提供了契机。创造性是多种因素结合的复杂系统的产物，其中任何一个单一因素都无法实现创造性。平滑空间是由无限异质元素组成的界域之间的开放运动，其中每一个界域都与其周围的环境相协调或协同，并且在与外部环境的协调过程中界域内部

---

① 韩桂玲. 后现代主义创造观：德勒兹的"褶子论"及其述评 [J]. 晋阳学刊，2009，6：76.

元素之间各种力的组合也会发生相应的改变，甚至改变了原有的配置与体系，进而实现了创造性的空间突破。德勒兹的平滑空间反对线性的、固定的、单一的因果关系，强调通过与环境的结域与解域寻找创造之因，这就为建筑师以场域、地形、地势的宏观视角进行新形式的建筑创作提供了思维的原点，尤其在计算机技术的支撑下，建筑师通过对场地环境各种因素的分析，实现了建筑与环境之间的增殖逻辑（图2-4）。

三、德勒兹哲学"无器官的身体"理论的借鉴

德勒兹的"身体"理论是贯穿德勒兹哲学的一个基本主题，并将德勒兹的核心概念——"经验""意义""感觉""事件""生成"等关联在一起，形成了关于"身体"概念运动的开放空间，拓展了人在身体经验及感觉层次上对建筑空间及环境意义的理解，也为建筑在"身体"经验层次的创造提供了新的思

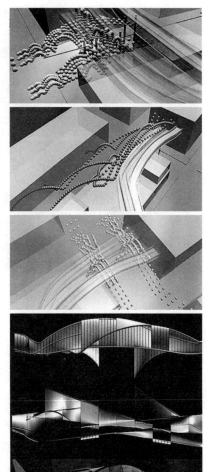

图2-4　曼哈顿港务局大门与环境的作用关系，林恩

考方向。"无器官的身体"是德勒兹关于"身体"理论的最核心概念，它突破了现象学的"身体图式"的观念，建立了身体经验层次各感知器官包括视觉、触觉、味觉、嗅觉、听觉及运动感之间的开放的结构关系，为建筑创作新的"意义"的创生及表现提供了依据。

（一）"无器官的身体"的感觉之内涵

根据前文对"无器官的身体"的概念的阐释和分析，无器官的身体是一个未对器官进行组织的、开放的、强度的身体。在这个身体中，通过外在的穿越身体的力的广度和强度的不同而划出身体的层次和界限，所以身体没有器官的分化，只有身体的各个层次和界限。其中的感觉也不是质的、质量化的，而只是表现为一种强度的现实，一种再现元素的震颤和异形变化。它体现的是一种贯穿于无器官的身体力量的强度和生成。在感觉中，德勒兹抽掉了身体的具体内容，将身体抽象为一种生产性的力量和欲望。就如同身体在有机再现之前的蛋卵状态，身体整个体现的都是活生生的无机的生命。所以，"当感觉穿过有机组织而到达身体时，它带有一种过度的、狂热的样子，它会打破有机活动的界限。在肉体之中，它直接诉诸神经之波或生命的激动。"①当代非线性建筑的复杂形态就是一种强烈的无机生命的写照，由它所产生的感觉力量和强度也直接诉诸"无器官的身体"。非线性建筑的复杂形态不以表现任何形态为目的，与现代建筑的可抽象的几何形体相比，非线性建筑表述的是一种不再附属于实质性和永

---

① 吉尔·德勒兹. 弗兰西斯·培根:感觉的逻辑 [M]. 董强译. 桂林: 广西师范大学出版社, 2007: 48.

恒的几何，是为决定或影响形态生成的"问题"和"事件"服务的几何。所以，非线性的建筑形态是不断改变方向的自由曲线及形态，被打碎、折断、转弯、回到自身，或者延续到建筑空间之外。所以，这是一种深层的、具有生命力的几何或形态，其存在的前提条件体现了对身体有机组织的突破，同时也将机械的力量上升为可感知的直觉，以感觉的强度力量贯穿整个感知主体的无器官的身体。所以，无器官身体之感觉以自己的不同强度占用空间，没有形或不定形，就像老子的道生万物一样，无器官身体是生成感觉强度的多样体和母体，生成的感觉又以不确定的、多值的关联强度作用于无器官的身体，将其引向开放的体验空间。

　　因此，"无器官的身体"之感觉是不确定的，同时又是多值的。其不确定性是指随着感觉自身所处的身体层次的改变，感觉的功能和界定会发生相应变化，并且随着穿越身体的外在的力的强度和大小的改变，感觉所表现的功能及层次也会发生相应的变化。感觉的多值性是指由于"无器官的身体"各感官之间存在着开放的可变的联系，从而使同一感官具有多元的功能，进而形成了感觉之间互相渗透的多值性变化。所以，基于"无器官的身体"理论的建筑创作就在于建筑师根据身体感觉场的整体性运动来营造建筑的形体及空间体验，而不是仅靠视觉和大脑的思考以及一种精神的内省来完成。在建筑创作中，如果不能从整体上考虑身体的运动，而是将其孤立为五种感觉的感官活动，"感官之间就会成为相互之间丧失了内在的活生生联系的、分立的感觉的'领域'和'层次'。不同感觉之间的那种本应是开放和异质性的关联也被心理官能（记忆、想象、联想）所建立起的那种外在的机械所取代。"①建筑也会进入机械的、失去与身体整体感知开放性关联的、异化于人的发展误区。

（二）"无器官的身体"通感状态的创造力潜能借鉴

根据德勒兹的"无器官的身体"对身体感觉内涵的释析告诉我们，身体各感官之间明确的功能划分只是科学研究的理想化状态，是科学主义的一厢情愿。事实上，"身体始终作为感知器官未分化的整体在共同发挥着作用，这一过程构成了身体作为各感知器官相互关联、相互协调的一个完整的系统。可以说，身体自身的特征就在于它是一个运动的并且是在感知行为中主观运动着的感知的身体。"②这就是说，我们的每一种感觉都是作用于身体各器官之间的共通感基础之上的整体感受。这种"通感"表达了在某种刺激之下的身体的整体生成运动过程中感觉的交融。"正是这种身体的整体生成运动和存在状态构成了各类艺术创作的形象。正是发生在身体感觉层次上的具体的活生生的体验与行动变成人的创造潜能，构成各种科学发现、技术发明和理论创新的力量。"③因此，德勒兹的"无器官的身体"的开放性运动过程，蕴含了各感官之间处于通感之上的创造性思维过程的凝聚与升华；它打破了科学理性主义将创造力归功于人类精神的凝思和理性逻辑，突出了释放、诱发身体感觉在激发创造潜能中的作用。

---

① 韩桂玲. 吉尔·德勒兹身体创造学的一个视角 [J]. 学术论坛理论月刊, 2010 (2): 51.

② 胡塞尔. 生活世界的现象学 [M]. 上海: 上海译文出版社, 2005: 57-58.

③ 韩桂玲. 吉尔·德勒兹身体创造学的一个视角 [J]. 学术论坛理论月刊, 2010 (2): 52-53.

德勒兹通过对培根画作的解读向我们揭示了建立在"无器官的身体"之上的身体通感的创造性潜能与丰富内涵。培根的绘画表现了对客观世界主观、精神层面的理解，体现出了现代艺术的强烈特征。他在创作作品时以身体感觉各个层次间的关联作为捕捉绘画形象的手段，他认为，在绘画过程中，"在一种色彩、一种味道、一种触觉、一种气味、一种声音、一种重量之间，应该有一种存在意义上的交流。"①也就是说，绘画的"形象"并不是对世界的一种单纯的"表象"，而是在身体各个层次上相互联系、共振后的"多感觉形象"在视觉上的一种"意象"表现，并且这种肉体最原初的整体活动及身体各层次感觉之间在交合过程中达到了感觉的增殖，激发了艺术创作中的创造潜能。反之，如果严格地区分身体各感官之间的界限就会大大削弱人们的创造潜能，德勒兹的"无器官的身体"理论正是对这一问题的诠释与解答。

因此，德勒兹的"无器官的身体"理论中对身体感觉之间交融关系的诠释，为建筑师建筑创造潜能的激发提供了可借鉴的依据。在建筑创新过程中，我们同样可以通过拓展身体不同感觉层次和客观世界不同领域间的关联与共振来表达一种全新的建筑意象，这种能够激发身体"通感"感觉共振的建筑形式将与单一感官为主导的建筑形式形成鲜明的反差（图2-5）。世界建筑大师中也有许多大师对于身体体验在建筑设计中的运用进行了深入的研究并进行了大量的实践，这为本书的研究提供了大量的例证，如日本建筑师安藤忠雄关于身体与世界"主客体互动"的"神体"

---

① 吉尔·德勒兹. 弗兰西斯·培根:感觉的逻辑［M］. 董强译. 桂林：广西师范大学出版社，2007：51.

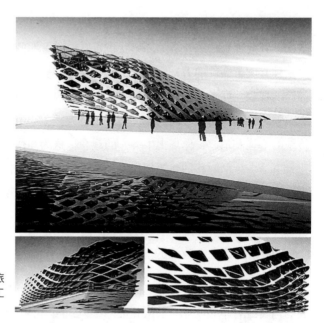

图2-5　武汉汤逊湖旅
馆建筑形式，徐卫国工
作室

理论及相应的建筑作品，六角鬼丈对传统"五感"在建筑设计中
的应用研究，印度建筑师查尔斯·柯里亚对传统运动感在建筑设
计中的应用研究……都是基于对身体经验层面的建筑创新的探
索，相关内容将在本书第五章详细论述。

四、德勒兹哲学动态生成论的衍生

生成论是德勒兹哲学的本体论，贯穿于德勒兹的全部思想，
它的核心内容是在差异与流变思想基础上的动态的生成哲学观，
动态与流变是其核心特征。德勒兹生成论通过"块茎"这一核心
概念诠释了碎片式、蔓延式、去中心化、裂变式增殖的动态生成

过程。它将生成置于存在之上，利用"块茎"的反中心系统、无
结构、开放性与传统哲学的"树状逻辑"形成鲜明的对比，体现
出一种充满革命性的力量，创造出一个与传统思维模式迥异的非
理性的视阈。同时，生成论的反中心、非等级、一切皆生成的系
统破除了以人类为中心的观念，实现了对人类中心主义和逻各斯
传统的解构和消解，体现出生态学的观念。这为当代后工业社会
背景下适应生命时代的建筑创作提供了可借鉴的思维模式，并且
生成论中图解、块茎、游牧等概念的操作模式也为生态建筑创作
提供了可借鉴的创作手法。

（一）德勒兹动态生成论的非理性思维模式

动态生成论作为一种动态的、非二元对立的、异质的思维方
式，与传统哲学系统化、层级化的思维模式相对，体现出极大的
非理性特征，带给德勒兹哲学以无穷的生命力，延伸了人们思维
的发展方向，同时也为当代的建筑创作提供了不断创新的工具
箱。动态生成论以"块茎说"的思维特征为代表，体现出异质混
合、无意指断裂、解辖域化的非理性思维的生成模式。

1. 异质混合的非理性思维模式

异质混合的思维模式有别于传统层级明确的树形思维模式，
它不存在规律性与目的性，具有多元化、无中心等特征。就如同
"块茎"的生长特点，一个块茎总包含异质性的构成要素，并与
其他块茎相连形成一个庞大的网络，在这个网络中每一个块茎都
可以与其他任一块茎结成新的联结，创造新的关系。这就如同德
勒兹在《千高原》中绘出的一幅装配和生成的地图，13个原，相
互独立又四通八达，可以从任何一个入口进入，形成一个仿佛生
出了千条路的高原网络，起伏间隐含着"众多新颖的概念和千万

条思路"，"千高原"在互为关联的运动中构成一个个异质性的平台，异质性的因素在这些平台中通过对差异的非逻辑合并，互相生成、变形，黏合在一起，从而引起多元性的质变。这种多元性的综合构成一种AND结构，通过类似…+y+z+a+…的开放的表达式重造了关于"多"而非"一"的哲学思想，给人展示了一个充满差异和联系的大千世界，让人的思想在消解了固有的封闭、单一的秩序中纵情游牧驰骋。

2. 无意指断裂的非理性思维模式

无意指断裂的思维模式是与线性的思维模式相对的一种思维模式，是指在思维的过程中可以不按照思维线性逻辑的发展方向前进，而随时任意地切断思路，并且思路切断以后可以重新随意连接形成无数新的思路。这就如同一群蚂蚁组成的块茎，当大部分蚂蚁由于环境原因或其他原因被毁灭之后，其余的蚂蚁仍然可以重新集聚起来形成和以前一样庞大的群体适应新的生存条件。因此，无意指断裂的思维模式中，每一组思维团块都包含着思路的无数种分割路线和逃逸路线。思维通过这些分割路线而被分层、分域，又在这些逃逸路线中不断地制造断裂、复生。可以说，无意指断裂的思维模式通过不同思路间的横向交流而打破了树状思维的谱系与逻辑，进而形成了对旧有树状思维系统的挑衅和颠覆，它是反系统、反逻辑、反谱系的思维模式。

3. 解辖域化的非理性思维模式

"辖域化"（territorialize）一词最早来自拉康的过程分析理论，是指将人的欲望与某种器官或对象的关系加以稳定或固化的过程，"辖域化"代表了传统西方文化中存在着的对人的思维的限定性的模式，它又被引申为一种既定的、现存的、固化的、有着明确边界的疆域。德勒兹在其理论体系中用辖域化指

涉等级制的社会体系和思想结构及其统治下的中心主义的静止
时空，而从这种时空体系中逃逸出来的过程就是"解辖域化"
（deterritorialize）。

"解辖域化"用在思维模式中则表现为对封闭、等级的思维
模式及专制的符号系统的逃离。通过对既定思想辖域束缚的摆
脱，"解辖域化"的思维模式为新思想的创造及生成提供了可能
性。其思维模式中包含了新思想及新的思维方式的多元化生成，
体现出充满活力的差异、流变、逃逸、生成、多元的后结构主义
思维方式。

德勒兹动态生成论中呈现的异质混合、无意指断裂、解辖域
化等的思维模式均是对传统树形思维模式的颠覆，体现出多元
化、差异化、非中心、增殖性、无等级的非理性特征及联通式的
动态生成特点。这类思维模式的运作及生成过程也为建筑创作提
供了创新思维的借鉴，使建筑创作摒弃了以建筑为本体的单一的
创作视角，通过与建筑以外的其他领域包括文化、艺术、经济、
政治、环境等的关联，衍生了建筑的"中间领域"的创作视角，
拓展了建筑创作思想。特别是这些非理性思维模式中蕴含的"块
茎"的生成方式，运用在生态建筑的创作中，使生态建筑的表达
形式焕然一新（图2-6）。

（二）德勒兹动态生成论的中间领域视阈衍生

德勒兹通过对"块茎"概念的诠释及块茎生长方式的阐述，
向我们展示了自然界及人的精神世界无结构、开放性、碎片式、
动态、流变的生成方式。"块茎"作为由异质性元素构成的处于
运动和流变中的增殖体，体现出多元性的特征及维度。它既非主
体也非客体，既无中心也无整体，可以以最快的速度与其所处的

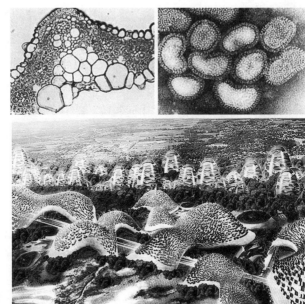

（a）建筑的块茎式生成
方式

（b）块茎式的生态建筑
形态

图2-6　土地脚本，文
森特·卡尔伯特

环境交汇、融通，是调和异质、对立元素的"中间领域"的一种
体现。

　　黑川纪章在新陈代谢空间论（1960年）中提出"中间领域"
的概念。所谓中间领域，就是假设性地在两者之间、对立双方之
间设定的共通的东西。中间领域是无法强行划分到任何一方或被
排除的领域和要素。这个中间领域包含着暧昧性、双重性和多义
性，是流动的、变化着的。黑川纪章论述空间的"中间领域"概
念与德勒兹动态生成论中的"块茎"学说在思考生命时代的建筑
发展方向上具有理论上的契合意义。以此作为理论基础，我们可
以指出建筑作为连接自然生态与人类社会、文化、历史、艺术、

心理等多样性环境的关联体，通过形态、技术及功能的生态表达成为人类感受自然、理解生态的"中间领域"媒介。德勒兹生成论中对人类中心主义的破除及关于人类与自然界相互依存、彼此链接的无中心的和谐生态圈的构筑都蕴含了比深层生态学更为深刻的生态哲学观，这为"中间领域"思想在建筑创作中的进一步深化提供了理论契机。本书将在第六章对这一问题进行详细的论述。

第三节　本章小结

时至今日，建筑已不仅是由内部规律而规定的独立个体，建筑创作也不再只是纯粹的工程设计，仅从建筑发展自身来看待、观照建筑问题已经脱离了时代对建筑发展的要求。建筑创作应该如同德勒兹哲学一样，通过打破各学科之间的界限不断地引入和创造新概念，结合复杂科学技术的发展选择建筑操作的新方法，不断地从哲学、电影、心理学、生态学等多个外部学科来反观建筑，并在此基础上建立一套适应时代发展需求的、独特的建筑创作理论体系，德勒兹的哲学正为这一理论体系的建立奠定了思想的基础。

本章通过对德勒兹哲学的差异性与生成性特质的阐释及从建筑学角度对其哲学基本概念和纲领的解读，提取了德勒兹哲学与建筑共同关注的时间、空间、身体、生态问题的视角，建立了德勒兹哲学与当代建筑创作思想的关联性。通过以时间为维度的德勒兹哲学时延电影理论在建筑创作上的转换应用，构建了信息时代建筑以影像为本位的视角及建筑空间由物理逻辑向影像逻辑转变的新的思维方式，并将以运动与时间为主线的多维度思维引入当代的建筑创作中；通过以空间为维度的平滑空间理论在建筑上的引入应用，构建了当代建筑创作的游牧学视角及界域化的创新形式，同时平滑空间运行机制中蕴含的创造学理念，也丰富了当代建筑师的创作思维；通过以身体为视角的无器官身体理论的借鉴，激发了建立在身体通感之上的创造性潜能，为当代建筑激发身体不同层次感觉关联的崭新建筑意象的创作奠定了理论平台；通过以生态为视角的动态生成论在建筑上的转换应用，衍生出以"块茎"生成方式为代表的"异质混合""无意指断裂""解辖域化"的非理性思维模式以及"中间领域"的建筑创作视角，为生命时代的生态建筑创作提供了新思维的借鉴。

第三章

基于德勒兹时延电影理论的

影像建筑思想

后工业社会、光电子时代，伴随着电影电视、互联网等大众传播媒介的广泛应用，影像成为建筑存在的一种客观方式，参与着建筑实体空间和虚拟空间的创造。与此同时，建筑影像的大量存在，使建筑突破了单纯的物质实体空间，除了被人们使用外，还作为一种影像符号被人们感知和消费。在某种意义上，信息时代建筑的本质就是影像，它已经成为这个时代建筑创作不可或缺的因素和语言。正如努维尔所说："既然我们生活在一个视觉文化不断增加的时代，那么电影电视以及互联网的语言对于今天的建筑来说就是合适的。"①如同工业时代的建筑通过实体空间的物理逻辑适应了工业化社会生存及机器化大生产一样，信息时代的建筑也需要通过影像逻辑和影像的思维方式来适应今天的信息化生存和媒体、网络环境。而德勒兹时延电影理论这一思维的内在性理论及影像本位的视角无疑为我们提供了思维逻辑转变的基础。本章将通过对德勒兹时延电影理论的核心内容"时间—影像"的研究，构建体现时代特点、适应社会发展进程的"影像"建筑思想，并对其表现手法和建筑特征进行分析。

第一节　影像建筑思想的时延电影理论基础解析

德勒兹的时延电影理论是在柏格森"绵延"的时空观基础

---

① 大师系列丛书编辑部. 让·努维尔的作品与思想 [M]. 北京：中国电力出版社，2006：8.

上，对"时间—影像"模式的探讨。以时间的异质性的、多样性的、不断变化的流动过程，建立了时间与影像的关系，通过在时间绵延的流动过程中，引进时间本身延续的间隙，确立了多维度的时空，并建立了时间绵延与人的意识和思维活动的内在关联。建筑影像在不同时空中的非线性运动，超越了线性的时间进程，并突破了影像的"感知—运动"模式，呈现出直接的"时间—影像"。这为我们提供了有别于线性因果逻辑的全新感知空间，为建筑突破理性建构的空间逻辑，向知觉体验回归提供了理论基础。建筑影像在真实、异质时间中的差异化的非线性生成过程，影像内部运动感知链条的解体以及回忆、梦幻、晶体影像等纯视听情境的呈现，都使建筑影像与思维之间形成了系统的开放性关联，为以影像为媒介的建筑创造及以影像为逻辑的建筑思想的构建提供了理论基础。

一、线性时间的超越

根据柏格森的观点，在我们传统认知的四维空间中，时间表现为空间中散布的各个节点组成的一个线性的秩序排列，体现出物理时间的特征。这是一种纯粹介质的时间，与数量、空间相对应，是空间存在的一种理想化状态。在这样的空间中，影像表现为空间的固定化切面的影像。而在现实存在中，真正意义上的时间则表现为异质性、多样性时空"绵延"的连续体的相互渗透，其时空转换没有明确的分界线，与性质和强度相对应。在这样的时空关系中，影像汇聚成多样性影像的绵延之流，显现强度的绵延是影像的直接材料，影像在时间的绵延之流中呈现出真正的连续性运动。在此基础上，柏格森又将"绵延"与我们的意识和思

维联系起来，它代表着我们的意识形
态感知不同瞬间的连绵过程。因此，
柏格森的"绵延时空观"为我们超越
传统的线性时间模式，确立崭新的异
质、多样的非线性时间模式提供了理
论前提，而柏格森创造的倒圆锥时间
模型（图3-1）为线性时间模式的超
越提供了进一步的论证。

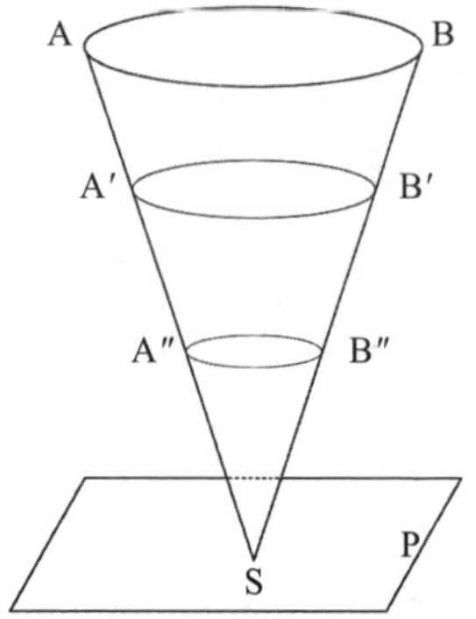

图3-1　倒圆锥时间模型

柏格森的倒圆锥时间模型形象地
为我们呈现出了时间的非线性循环
往复的关系。在这一循环中，代表我们身处的现时现在（actual）
的点S处于不断向未来延展的物质平面P中，而整个倒圆锥代表
了这个物质平面过去的整体集合的一种呈现。锥面AB代表最遥
远的过去切面，A′B′与A″B″代表不断靠近现时物质平面P的过
去切面。点S代表感知主体的现时状态，其随着物质平面P的延
展不断地向不可预见的未来延伸，点S处的感知主体在这个过程
中不断地创造着新的过去切面，成为包含现在的过去。

基于以上阐述，处在最深潜在层代表纯粹过去的切面AB与
现在尖点S间包含了循环往复的非线性时间的流动。时间在这一
过程中通过不断的差异的重复，实现了自身的非线性时间的绵延
运动，而非只是从一个节点移动到另一个节点的线性的空间运
动。也就是说，在这个通往过去的倒圆锥中，过去的某个节点并
不包含于某一个切面，它显示的是不断重复的整体的过去，其区
别在于不同切面的状态是相对靠近现在尖点S，还是相对靠近纯
粹过去时面AB。由此我们可以得出，在真正意义的时空关系中，
影像世界中包含了共生共处着的全部的过去与可见的现在，它就

如同一个发光晶体的不同切面之间的相互映照与折射。影像通过时空的绵延流动，将自身的潜在差异状态不断地在现时的可视层面表现出来，体现出了非线性时间流动的特点。

德勒兹在继承柏格森"绵延时间观"的基础上，将影像与真实的时间联系在一起。通过绵延不绝的个体内在经验来把握电影运动切面的时间，这种内在经验不再切分运动，也不再错失掉影像运动的微小区间，而是直接将其作为不可分割的整体——德勒兹将其称为"具体时延"，即不可计算只可经验的"时延"，这就是他所说的真正的时间。在德勒兹"具体时延"的时间与影像的关系中，影像中的每一瞬间都体现了时间差异运动的非线性的"生成"过程，而不再仅仅是静止的固定切面，时延的影像在绵延不断的内在精神之流中生成。此时，影像是时延的、敞开的全体，蕴含着无限的可能性、创造性。德勒兹通过建立真正的时间感知与影像之间的开放性关联，推翻了线性时间影像的传统理性思维逻辑和空间化、层级化的影像思维模式，并将线性的时间维度延伸至非线性的、异质的心理感知的精神维度，同时也将传统的空间固定化切面的影像拓展至不同时空切面（回忆、梦幻、晶体）影像的非线性异质生成，最终形成了思维内在性的影像逻辑。

基于以上分析，线性时间模式在四维空间中的超越以及回忆、梦幻、晶体影像的非线性生成与内在经验的时间感知之间的开放性关联，为我们在光电子时代思考建筑提供了多维度的思维方式，为影像建筑思想及建筑影像逻辑的构建奠定了最基本的理论基础。光电子时代，建筑的本质就是影像。影像作为建筑实体空间与人之间的介质，已经改变了人与建筑之间的关系。一方面，影像的每一瞬间差异运动的生成过程所建立的非线性时间模式，丰富了受众对建筑承载信息的感知，此时影像之于建筑是一个携带复杂流变信息的最佳媒介。复杂流变的建筑影像不断将自身潜在差异状态的过去在现时的可视层面予以呈现，成就了受众对建筑空间的共时性体验以及建筑承载时间多样性的在场，并且在这种体验中，建筑影像所呈现的视觉信息是对动态影像所构成的情感空间（而非均质空间）叙述的隐喻。这种情感空间不同于视觉的欧几里得空间，它是一种场，是非均质的，和影像或时间的某种多样性结合在一起，无法量化，也没有中心，只能通过身体和心灵去感受。

　　法国建筑师让·努维尔的作品——1986年建成的"阿拉伯世界文化中心"（图3-2）为我们认知影像建筑的非线性时间表达及影像逻辑在建筑中的应用提供了例证。这是一座关于精确空间中

（a）电梯组的多层影像

（b）南立面

（c）图书馆光线复杂流动的内部空间

图3-2　阿拉伯世界文化中心

光线的组织和变化的建筑，在设计上，努维尔围绕光的主题创作出一个由多层影像叠合变幻而形成的复杂流动的空间。运用一系列照相机光圈的易变控光装置组成建筑的南立面，在不同的空间和不同的光线层次之间，通过折射、反射、透射，使之产生交错叠合的影像，使观者在差异运动影像的变幻叙述中感受时间流变的整体。

在加拿大魁北克国家美术馆的设计中，库哈斯利用夹层空间将休息室、商店、连接通道、公共散步区等与画廊空间开放混合设置，使参观者能够共时性地体验到多个空间，并通过围合整个画廊的反射玻璃建立了美术馆与城市的关联，实现了人们对建筑内部空间与外部空间的共时性体验（图3-3）。

（a）建筑形态
（b）共时性体验的内部空间
图3-3 加拿大魁北克国家美术馆

另一方面，线性时间的超越带来了空间中散布的固定化切面的影像所组成的线性秩序的断裂。根据柏格森的倒圆锥时间模型不难看出，那些接近过去时面的时空影像碎片被不断地压缩到我们当下的空间界面中，并且这种压缩是不可还原和分解的，作为现时现在的整体影像而客观存在着。由此我们可以得出，由于空间和时间的线性关系的破碎，导致了空间和时间距离对建筑的遮蔽的消失，而使得建筑以影像的方式作为远程在场的建筑而存在。此时，建筑影像超越了时间和空间距离的障碍，进入人们所知觉的与建筑实体共时却不共地的现实空间中，建筑影像在受众的心理感知上变为透明。光电子时代，我们在日常生活中感知到的世界各地的标志性建筑形象大都来自于远程在场的建筑影像。巴黎的埃菲尔铁塔、英国的大本钟、华盛顿纪念碑、罗马的斗兽场、迪拜的帆船酒店……这些能够脱口而出的地标式建筑，人们大多未曾亲身经历，即便亲临现场也很难看到其全貌，而人们关于这些建筑的完整感知大都来源于超越了时空距离的异质影像片断叠合在一起形成的完整的建筑影像。另外，一些关于历史建筑复原的纪录片以及虚拟技术在建筑三维数字模型中的应用，也都是我们对于消除了线性的时空差距与障碍后的建筑影像（或者说是远程在场建筑）的现实感知。

综上所述，线性时间模式的超越使得建筑影像成为承载差异状态的过去与现实现在复杂、流变、异质信息的媒介，这丰富了受众对建筑空间的共时性与多样性的情感体验，带来了建筑创作的思维内在性的影像逻辑；同时，时间进程中线性秩序的断裂，使得过去时面的建筑影像碎片被不断压缩到当下的空间界面中，这使以影像为媒介的建筑超越了时空距离的障碍而成为远程在场的建筑被受众全面感知。然而在超越线性时间，时间表现为多样性时空影像"绵延"的连续体的相互渗透的过程中，当建筑影像的碎片破碎到一定程度并且其连续体的绵延连续运动也发生断裂时，我们便无法从影像碎片由过去到现在的相互渗透中感知到某现实存在的建筑影像。此时，影像所指涉的建筑已经超越了现实，更超越了时空，它更多地指向未来，这就使建筑影像延伸至梦幻般的非现实虚拟状态，作为现实的指涉而存在。

二、感知—运动模式的突破

关于感知（perception），柏格森认为："我们身体对宇宙的感知，实际上就是一个影像系统，其中某个特定影像的细微变化都能作用于我们的身体，并相应地产生感知上的变化。"[①]柏格森把这种宇宙影像中与身体发生关系的影像叫作感知。感知是影像同身体发生了关联后被身体过滤出来的影像。从无穷尽的外部影像（物质）中选取出那些对感知主体有用的影像，并过滤掉那些与身体无关的影像就是感知的根本功能。身体在感知的作用下进入运动这一身体存在的基本状态后，便会形成一种与外界沟通的"感知—运动"模式。通过"感知—运动"模式中运动的身体，我们获得了对周围空间、环境、事物、事件的持续性感知，并形成特定的影像。德勒兹的电影理论在继承柏格森影像哲学的基础上，提出了"运动—影像"的"感知—运动"模式。这一模式下，影像更多地展现了影像的现实维度，并依照理性思维展开叙事，影像表现出了线性时间的特征。建筑影像的"感知—运动"

---

① 柏格森. 材料与记忆 [M]. 肖聿译. 北京：华夏出版社，1999：50.

模式中所呈现的也是德勒兹的"运动—影像"中感知主体与影像之间的理性思维模式。

在建筑影像的"感知—运动"模式中，我们将其分为关于静态建筑实体空间中呈现的运动影像的感知以及以视频媒体为媒介的动态建筑影像的感知两个方面。关于静态建筑实体空间的运动影像感知，建筑影像隶属于为叙述情节服务的思维体系，并由以建筑的空间组织和线性时间维度为载体的事件组成中心清晰、因果有序的叙述结构。2004年首届中国国际建筑艺术双年展作品"蚂蚁漫游"（图3-4），以一只蚂蚁的旅游路线为线索，用日记的方式表达它在建筑空间环境中的所见所想。随着时间的变化，静态的建筑空间中呈现出不同的影像效果。屈米的玻璃影像画廊（图3-5），一个单纯以玻璃为材料的非常简单的矩形盒子，用于展现抽象的没有实体的电子影像。这个建筑是建筑师关于穿行这个建筑的运动，关于完全由玻璃、垂直支撑和水平向的桁条组成的闭合结构的讨论。建筑内部的显示器构成了变幻多端的立面，通过玻璃反射出各种影像，使人们在穿越这个建筑空间时感受到影像所带来的虚幻世界。努维尔设计的法国国家技术科学信息研究所办公楼（INIST）（图3-6），一个科幻小说般庞大的单独体量，以组成电影连续镜头的方式将建筑场地内的各个元素（铬合金材料、计算机屏幕、全自动控制）连接起来，形成一个总体一致的有根据的整体，又保证各要素处理手法的不同。建筑间有屋顶的连接通道就如同一系列的电影镜头，使人们在运动中感受到从一个场景到另一个场景的影像变换。

在动态的建筑视频影像中，这种"感知—运动"模式通过线性的时间、理性的剪辑和镜头运动构建出因果有序的充满虚幻的建筑影像世界。2003年奈森尼尔·康的《我的建筑师》以线性时

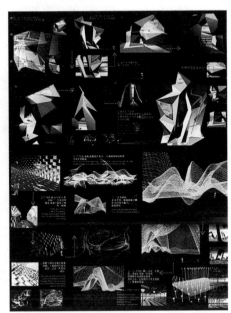

图3-4 蚂蚁
漫游，线性时
间维度的动态
影像

图3-5 玻璃影像画廊，静态空间的动态影像

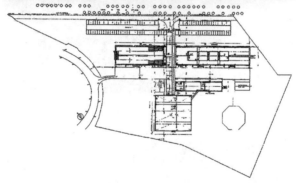

（a）屋顶俯视图表示了场
域内不同元素间的连接

（b）总平面图

图3-6　法国国家技术科
学信息研究所办公楼

间的叙述逻辑，通过镜头的运动展现了路易斯·康的建筑作品影像，使我们身临其境。在这种富于时空逻辑的动态建筑影像中，人们获得了超越其自身视角局限的建筑影像，影像通过对人眼机能的延伸表现了强大的呈现建筑发展全貌的运动能力，从而使人们更加自如地感受到真实完整的建筑信息。

根据上述我们对建筑影像的"感知—运动"模式的分析不难看出，当我们从运动的角度来审视建筑空间的时候，建筑空间不仅仅是一个物理意义上的概念，还成为一系列事件的组合，而且每个事件是从一种状态向另外一个状态的跨越。这种状态如果体现为线性时间和空间的跨越，则是一种狭义的"运动"，是影像"感知—运动"模式的一种体现；如果在跨越的过程中以非线性时间、空间为维度，运动影像内部的叙述结构就会发生断裂，"感知—运动"模式也会出现解体，影像无法再对具有叙述性结构的感知情境作出回应，而是处于一种纯粹的声（听觉符号）与光（视觉符号）的情景之内，这时就突破了影像的"感知—运动"模式，进入了德勒兹所称的纯视听情境。此时，影像的叙事模式被影像的视觉符号与听觉符号所取代。当人们处于这种纯粹由光色（视觉符号）与声音（听觉符号）组成的情景中时，影像除了表现为叙事结构的断裂与解体，更有情感和价值观的改变，体现出思想的维度。建筑空间中的纯视听情境也表现为由纯粹的光色（视觉符号）和声音（听觉符号）组成的时空断裂的异质空间影像。此时，刻意识别中的视觉和听觉影像不在运动中延伸，而是与它唤起的关于建筑空间承载信息的"回忆—影像"发生关系，而当这种回忆链条断裂，影像就会在感知主体的思维层面呈现出诸多影像混合发展、识别混乱的"梦幻—影像"。"回忆—影像"和"梦幻—影像"通过无限衍生并与现时现在的纯视听情境发生关联，最终生成折射多维度时空的"晶体—影像"。这三种类型的影像构成了建筑空间纯视听情境在感知主体思维层面的无限循环，这一过程使建筑空间的影像脱离了理性的叙事逻辑和透视法的视觉中心主义，而完全通过阅读、思考与记忆对其进行感知体验，改变了建筑空间传统的组织方式和构图法则，延伸了建筑的时空维度，同时也为基于影像逻辑的建筑创作提供了新的视角。

蓝天组的德累斯顿UFA电影院建筑设计（图3-7）就是从电

影影像中孕育出来的。电影纯视听情境的感性特征是这个建筑的精神特色，利用电影纯视听情境断裂、异质的表现手法将该建筑的内部空间处理成相互冲突、分裂、变异、片断、偏移、错位、裂变、多系统、不规则、不稳定、动态与持续变化的建筑空间组织方式。而电影中激烈的元素也通过外形的变化与突破显现出来，给这个城市在线性轮廓上增添了电影的紧张、压迫与激变。伊东丰雄的"视觉下的日本"（图3-8），通过电子控制设备将东京的影像片断描述性地投射到"媒体墙"或是参观者的衣服上，通过传感器与参观者进行有关东京城市内容的互动与交流。通过卫星将视觉和听觉符号不断地从东京城市传出来，混乱无序、紧急或安静地漂浮，这些纯粹的光色和声音使人进入一种关于东京城市记忆的美妙体验，通过参观者的阅读与思考延伸了整个建筑装置的时空维度。

　　建筑影像的"感知—运动"模式的突破，使建筑空间中依靠感

（a）建筑空间组织

（b）建筑形态

图3-7　德累斯顿UFA电影院

（a）时空断裂的异质空间影像表现

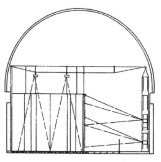

（b）剖面图

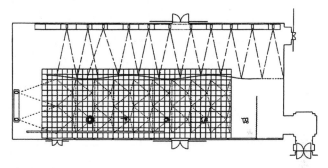

（c）一层平面图

图3-8　视觉下的日本

知主体的运动而形成的空间叙述结构解体，空间中影像的叙事链
条断裂，随之进入到了由纯粹的视觉符号和听觉符号所组成的影
像情境。在这一情境中，感知主体的内在性思维成为感知空间的
主导，这为建筑影像在与人类思维的感性相遇中创生表达思维内
在性的潜在影像与现实影像共时共存的影像建筑思想提供了前提
条件。

三、直接时间影像的呈现

在影像的这种纯视听情境中，情境不在运动中延伸，而是脱离了"感知—运动"模式。运动影像内部链条的解体、理性叙述逻辑的断裂，使人们无法再用原有的理性思维模式来理解影像，而只能用心灵去体会影像所呈现的内容。在这种影像类型中，一种能够引发人们主动思考的更大自由度被释放出来，突破了人们理解影像的单一的理性维度。德勒兹将这种影像类型称为"直接的时间影像"。

直接的时间影像并不会取缔运动影像中所有的叙事，而是通过潜在时间维度的呈现把叙事维度与现时运动系统分离开来。德勒兹指出，在时间影像中，"运动影像并不会消失，而是作为会不断增加维度的某种影像的一个维度存在着"①。也就是说，运动影像脱离了线性叙事情节后不在"感知—运动"影像中被感知，而是通过非线性剪辑在另一种影像类型中被思考，并且在思考的过程中获得超越空间的维度和力量。因此，在直接的时间影像中仍需要镜头的切换及蒙太奇的剪辑方式。只不过，此时蒙太奇的功能发生了变化，由"感知—运动"影像中建立事件之间合理有序的叙事逻辑，影像成为一个完整的叙事整体，变为直接时间影像中表述事件无秩序、无时序的关系。这使影像的理性逻辑认知断裂，进而赋予影像以透彻直觉的力量，并将时间影像中与线性叙事相脱节的无中心、无叙事、无意义状态下事件的"不可辨识性"直接呈现出来。德勒兹把影像的这种不可辨识

---

① 吉尔·德勒兹. 时间—影像 [M]. 谢强，蔡若明，马月译. 长沙：湖南美术出版社，2004：34.

性看作事件的解放，在时间影像中，事件从线性的叙事逻辑中逃逸出来，超越了线性的时间逻辑，将事件的过去时面与现在尖点共时性地呈现在受众面前，由于在影像的现在尖点上存在着由过去时面的潜在影像（"回忆—影像""梦幻—影像"）向现时现在的影像（"晶体—影像"）生成的无数可能，随着时间在面向未来与追溯过去的不断分岔中，事件会随着现时影像层面的变化而生成无数可能的发展方向，在这一过程中，事件的意义也就变得不确定，从而极大地拓展了视觉的想象力和思维的空间。

　　直接时间影像无限衍生的思维逻辑无疑与当代的建筑思想形成类比，其非线性、跳跃、错位、无序的蒙太奇剪辑方式为当代建筑的时空本质提供了可供参考的实例。屈米的《曼哈顿手稿》（图3-9）中阐述的建筑主导思想就是将空间、活动、事件独立出来，将建筑的用途、形式和社会价值分离，让存在和意义、运动与空间不再重合，站在一个新的角度审视它们之间的关系，从而实现新的各元素关系的无限衍生，这与德勒兹的直接时间影像的思维逻辑是相契合的。屈米的拉·维莱特公园的设计中运用的点、线、面三个系统的随机叠合、冲突与畸变的设计手法与直接时间影像的蒙太奇剪辑手法也是相一致的。随着电影艺术中时间影像的直接呈现，组成影像片段的事件也不断地在建筑影像中展现出不同的时间性特征与思维逻辑。这就使得不断在重复中差异运动的事件直接在建筑影像中呈现，并被人们直接感知，进而将人们带入到对影像非线性绵延之流的感知体验中。可以说，这种基于时间影像的创造性思维的探索已经成为当今建筑创造所无法规避的重要问题。

　　综上所述，由纯视听情境带来的直接的"时间—影像"突破

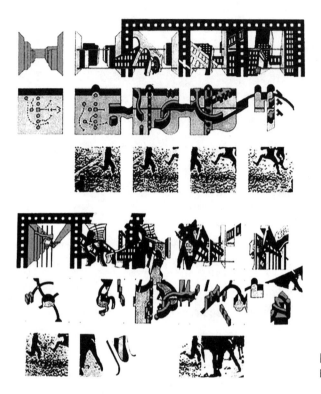

图3-9 曼哈顿手稿中
的非线性思维

了建筑运动影像的"感知—运动"模式,超越了线性时间的序
列,带来了当代建筑全新的思维体系的变革。根据德勒兹时延电
影理论,概括为三个方面(图3-10):

第一,"感知—运动"模式下形成的运动影像,由于其隶属
于蒙太奇的有机剪辑,所以只能产生间接的时间影像。而由视觉
符号与听觉符号构成的影像的纯视听情境则是一种直接的"时
间—影像",它具有全新的概念和崭新的剪辑方式,为建筑的空
间组织提供了崭新的影像视角。在影像的纯视听情境中,时间不

再是运动的测量尺度，而是直接生成于影像中，此时运动只是时间的一个视角。在此基础上就会产生一种表现时间非线性、多维度切面混合，包含"回忆、梦幻、晶体"影像的全新建筑时空观。

第二，在纯视听情境中，建筑影像由于失去运动的链接而转变为影像断裂的异质时空，将建筑影像的光色与声音情境带入到一种全新的非线性、共时共存的关系之中。此时，运动着的影像画面不再仅是单纯的空间的转移，而是通过影像对外部物质世界的表达将感知主体的精神世界融入影像，从而拓展了人之于建筑的思维空间，影像也表现出了预见未来的能力。

第三，现代电影中的直接时间影像断裂的、异质的、描述性的生成逻辑为解读光电子时代的建筑影像及影像建筑创作提供了新的角度，使建筑在直接时间影像的表达中，将影像的现实层面与思维的潜在层面融为一体，从而呈现出现实与潜在影像多维共生的"不可分辨性"，这种"不可分辨性"将影像在空间中的非线性链接带入到了时间与思维的层面，进而拓展了建筑的时空维

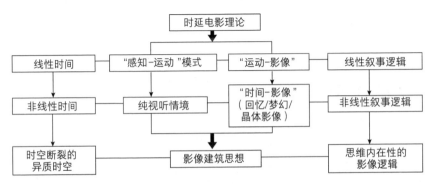

图3-10　时延电影理论与"影像"建筑思想对应关系图示

度，最终形成了"时间—影像"为本位的思维内在性的影像建筑
思想。

第二节　影像建筑创作思想阐释

"回忆—影像""梦幻—影像""晶体—影像"是德勒兹以
影像的纯视听情境"时间—影像"为核心的时延电影理论的核
心内容，体现了德勒兹以影像为本位的感性思维视角和开放
性、多样性时间带来的多维度思维，同时也为光电子时代建筑的
影像存在方式和由此引发的创造思维的改变提供了思想上的借
鉴。建筑的影像存在方式引发了人们对各种感官关联的回忆、梦
幻、晶体影像的思考、阅读与记忆，这体现了时间在建筑中的
价值与意义。在光电子时代，建筑的生命在于对其空间中影像
的创造，通过对其已知的物理逻辑下的僵化思维模式及对建筑
的物质实体空间框架的突破，来实现建筑影像逻辑的转变。因
此，我们就是要通过对德勒兹这一崭新的、纯视听情境的"时
间—影像"理论的思考，构建出适应这个时代的"影像"建筑
思想。

一、建筑空间的回忆—影像

"回忆—影像"是指与纯视听情境描述的现实影像相对应
的、潜在的但又不断地被现实化的影像。影像的纯视听情境由于
脱离了"感知—运动"模式，使得影像不在运动中延伸，而是

与一个潜在的影像相连接，形成了一个影像的循环。柏格森将这一具有潜在影像作用的影像称之为"回忆—影像"。这里我们将借用柏格森关于记忆的循环与反射的图示（图3-11）来进一步说明作为纯视听情境的现实影像与"回忆—影像"的关系。O表示对象，A表示最接近于直接知觉的精神作用，B、C、D……表示逐渐膨胀伸展的精神的诸作用，B′、C′、D′……表示对应于 B、C、D……由其"描写"出来的诸轮廓特征。当我们第一次走进一栋研究已久和期盼已久的

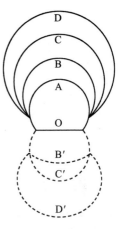

图3-11 记忆的循环与反射图示

建筑大师的建筑作品时，就会唤起我们精神的高度注意和精神活动全面启动的刻意识别。此时，一方面我们过去研究这位建筑师的建筑作品的各种各样的回忆幡然涌动（B、C、D……），一方面对应于这诸般回忆，眼前的这个建筑作品显现出诸种我们记忆中的轮廓特征（B′、C′、D′……），这诸种轮廓特征融合了我们回忆的情感与膨胀的精神作用，作用于我们对现实现在建筑的感知。因此，这种刻意识别在这里形成了由精神活动（回忆）和对象轮廓特征组成的若干重回路。对象的诸种轮廓特征通过精神的作用，经过一次次的"出现—消失—再一次浮现"实现情感的增殖，最终延伸了影像与时空的维度。因此，纯视听情境描述的现实影像与"回忆—影像"之间的关系，是一个从现在到过去，再把我们带回到现在的无限封闭循环。这一过程在电影中通常通过闪回镜头来表现："我们看到面前出现的这个对象，唤起了我们过去的记忆，我们从记忆中又回到这个对象，观察它某个特征；

又引起回想，又回到对象，发现新的特征……"①因此我们说，"回
忆—影像"不是潜在的，它会将某种潜在性现实化（柏格森称之
为纯回忆）。"回忆—影像"不给我们提供过去，而只是表现这个
过去曾经"经历"的过去的现在。它是一种被现实化的或是正在
被现实化的影像。

"回忆—影像"这种作为普遍先在的过去和无限缩小的过去
的现在之间所有影像的循环往复的过程，体现了我们的一种存
在。影像在记忆中所呈现的在无数个被延展或被缩小的时区、时
层、时面的游移过程构成了我们思想的一种世界。也正是因为我
们思想中这种回忆的存在，赋予了时间独特的内容与维度。我们
需要在事物呈现的空间中感知事物，在它们经历的时间中回忆它
们，并且这些影像的相貌并存于我们的记忆中，对我们心智中建
筑空间的构筑与创造有着深刻的影响。

1. 回忆—影像创造了形而上的建筑

在记忆的思维活动中，过去与现在影像的交织、重叠与共
存，构筑成人们对时间的真实认知。通过回忆，人们把时间的不
同时区、时层、时面的影像压缩到当下的现时现在，并在过去的
无限循环影像与现时现在的压缩影像中建构了自己对现实空间的
感知体验。在这一体验中，回忆与现实并没有绝对的界限，共同
赋予人们以真实的时空感受。这种真实感与纯视听情境的影像共
同影响了心智中建筑、场所和空间的构思和创造。人们通过回忆
的刻意识别唤起潜藏在记忆中对建筑、场所和空间的描述，通过
将过去时面的回忆影像加入到现时现在的空间和氛围中，在思想

---

① 应雄. 德勒兹《电影2》读解：时间影像与结晶 [J]. 电影艺术，2010（6）：102.

和意识中重建对当下空间的体验，实现建筑空间创造的形而上的思考，进而真实和具体地把握建筑之本质。在纯粹意识中，最本质的建筑内容就是结合体验、记忆、想象和视像所呈现的建筑影像。因此，正是"回忆—影像"的现实尝试营造了那种形而上的建筑、场所和空间的精神，那种被诺伯格-舒尔茨称作"场所精神"，被卒姆托称之为"气氛"的东西。建筑师巴拉干的许多建筑作品中就融入了他对墨西哥乡村生活的回忆，巴拉干在回忆童年自家乡舍时说，乡村"散发出一种如同童话般的气氛。不，那里没有照片，只有对它的记忆。"①巴拉干以想象的视角将童年的回忆影像压缩到现时现在，并将其真实地融入建筑空间氛围的营造中，人们看到他的作品时就能感受到他童年的生活经历。

2. 回忆—影像延伸了建筑的时空

"回忆—影像"在无限延展的过去与无限缩小的过去的现在之间存在着无数的"回忆—影像"的循环，在每个影像循环上都存在着不同的时区、时层和时面的影像，这些影像的共时性存在就拓展了人们心理上和意识中的时空维度。同样，在不同时层上的建筑影像和由此衍生的各种回忆以及由回忆又回到现实的影像所形成的时间流动与表现，和在此基础上形成的空间张力，产生并延伸了建筑的时空单元。我们可以在丹尼尔·里伯斯金的"记忆机器"中体会到德勒兹关于影像、回忆、现实这三者的关系以及它们共同作用所带来的时空的延伸。1985年，里伯斯金根据他对历史、记忆、建筑的思考为威尼斯双年竞赛分别建造了阅

---

① 沈克宁. 建筑现象学 [M]. 北京：中国建筑工业出版社，2008：61.

读、写作、记忆这三台机器。其中记忆机器是最为复杂的，它是
思维的舞台、话语的舞台，它通过纸张、抽屉等装置使建筑成为
某种形式的艺术，可以永恒地、不断地再现。正是回忆的影像将
建筑带入现实，现实的建筑又通过回忆的片断确立了现时现在
的意义。这种由"回忆—影像"所带来的建筑时空的延伸还体
现在纪念性建筑的设计表达中。以里伯斯金设计的柏林犹太人
博物馆中的霍夫曼花园为例，这是一条通向逃亡者花园的通道，
花园里倾斜的柱子之间的间距只有1m，组成如迷宫的路径（图
3-12）。建筑师通过对空间的压缩将时间引入建筑中，引起观者
的回忆与想象，从观者对狭窄空间感到不适的那一刻起，犹太人
逃亡那一时刻的影像就已经被带到参观者的眼前。费利克斯·努
斯鲍姆美术馆中狭长的努斯鲍姆通道（图3-13）也运用了这种空
间压缩使观者产生"回忆—影像"的方法，这一通道用于陈列死
于大屠杀的犹太画家费利克斯·努斯鲍姆"二战"时期的绘画作
品。建筑师通过狭窄的空间体验将画家作画时的情境引入观者的
回忆中。

二、建筑空间的梦幻—影像

当由"回忆—影像"构成的刻意识别失败，人们无法回忆
时，"感知—运动"的延伸就会被悬置，而作为现在视觉感知的
现实影像既不会与运动影像连接，也不会与"回忆—影像"重
新建立连接，从而产生记忆的混乱和识别的失败时形成的视听
影像的确切对应物，德勒兹称其为"梦幻—影像"。同"回忆—
影像"一样，"梦幻—影像"也是一个循环，只是它们在循环的
过程中体现了不同的时间节点。"回忆—影像"立足于现在，构

图3-12　霍夫曼花园

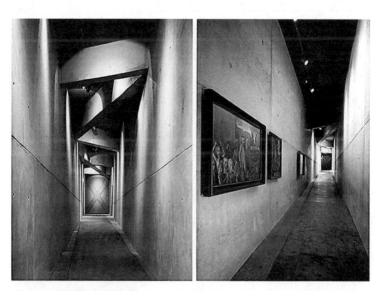

图3-13　努斯鲍姆通道

成"现在—过去—现在"的封闭循环，而"梦幻—影像"立足
于现实与过去的"不可辨识点"，其中每一个影像在现实与过去
的不可辨识性中实现上一个影像，并且在下一个影像被现实化。
也就是说，被现实化的潜在影像不能直接呈现，而要出现在另
一种影像中，而这个影像本身又发挥着正在下一个影像中现实
化的潜在影像的作用，以此类推，直至无穷，形成一个大的循
环。电影《盗梦空间》就是通过多层梦幻影像构筑了一个巨大的
影像网络。所以，梦幻通过一系列的隐喻的变形，形成了一个
超级影像循环的生成过程，构成了影像之间的一种无限发展的
生成。

　　"梦幻—影像"同"回忆—影像"一样仍然不是纯粹的时间
影像，而是潜在影像现时化运动的变体，其特点是诸多影像潜在
层面的混合发展。因此，建筑空间中的"梦幻—影像"通常是通
过营造一种纯视听情境的影像，使观者面对一个"无意义"或抽
象的画面，通过摧毁影像的逻辑关系使观者陷入一个影像不可辨
识的状态。与"回忆—影像"通过将潜在性的影像现时化来延伸
观者的思维时空不同，"梦幻—影像"通过将正在被现实化的潜
在影像进行变形、抽象，从而在观者的思想和意识层面创造出了
一个有别于现实的信息影像流动的时空。"梦幻—影像"对于建
筑的意义就在于它创造了建筑的这个时空。尤其在当下的光电子
社会，在某些时候，建筑自身就是快速变更的影像。建筑中"梦
幻—影像"的生成与存在，使影像能随着信息的节奏和人的物质
和精神需求一起变化，由此创造了在人的意识中流动和变化的建
筑超序空间。

　　2005年本·范·伯克尔和卡罗琳·博斯合作设计的度假屋·费
城当代艺术馆（图3-14）中，梦幻般的影像变化为参观者创造了

图3-14 度假屋·费城当代艺术馆的虚幻空间

一个背离常规生活的建筑时空。度假屋是一个试验性的装置，这个建筑通过将原型建筑的直交曲面挤压、歪斜，创造了真实与虚幻相互影响的空间。未加装饰的建筑使人们的注意力转移到螺旋形结构上，参观者在装置中移动，拥有意想不到的影像变化，并且当他们的视线落到室内空间细小的表面上时，投射的多向阴影创造了参观者不可预知的视觉感受。该建筑通过运用灯光调节装置，使灯光条件可根据不同大气状况进行细微的调节产生不同的光影效果，带给参观者关于季节和时间更加抽象的视觉感知。时间在光影上的抽象变化使参观者进入了一种梦幻的情境和有别于现实的时间韵律，从而为参观者创造了一个挣脱了平常生活和住所模式束缚的度假空间。

2004年由HOV工作室设计的时尚画廊（图3-15），也诠释了"梦幻—影像"在创造建筑时空时的作用。这个项目运用非寻常几何体变形而设计的形状，使得所激起的影像不能立刻与平常的经验联系

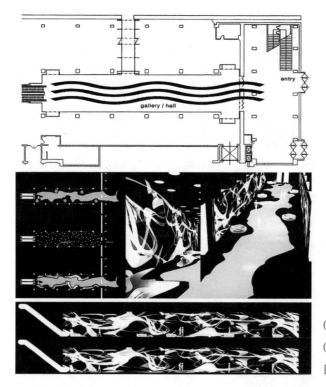

（a）平面图

（b）声音梦幻影像场景

图3-15　时尚画廊

在一起，而使参观者进入了一种梦幻的、抽象的、无意义的纯视听情境，并且这种梦幻的影像场景在它一出现的时候就会影响参观者的行为，支配了他们一个又一个的行动，给参观者带来不一样的时空感受。该建筑空间中的影像既不是光学或全息的成像，也不是三维投影，而是和声音有关的影像。这里的影像是一种循环的"声音场景"，体现了一种抽象的、梦幻的元素，这个空间为参观者在穿过画廊本身的那段短短的时间内创造了一种远离生活现实的另一种现实的存在。

三、建筑空间的晶体—影像

根据柏格森关于记忆的循环与反射的图示，最小环路AO表示知觉与回忆同时出现，直接从这一最小环路中生成的影像，也就是从现时影像与潜在影像的直接关联中生成的影像，德勒兹称之为"晶体—影像"。我们可以通过德勒兹的关于演员的例子对"晶体—影像"进一步地认知。某个演员P的存在至少包含两个方面，即P本人和他所扮演的角色P'。当他在舞台上扮演角色的时候，他是P，同时也是他扮演的角色P'，P和P'同时构成了他的存在，形成了一个结晶体。在舞台上，角色P'构成了他闪闪发光的面，是其显在，而P则是他潜在的面。同样，在现实生活中，P则是他的现在和显在，而角色P'则构成了他的过去和潜在。我们可以看到，作为演员的P和他的角色P'构成了一个过去和现在、潜在和显在同时性存在的完美的结晶体。过去与现在、潜在与显在的这种同时存在就构成了我们所说的最小环路AO，其中生成的影像就是"晶体—影像"。可以说，"晶体—影像"是整个感知平面与整个记忆圆锥能量的聚合，它永不停息地聚合着潜在与现实、过去与现在、记忆与感知，并结晶出崭新的影像。"晶体—影像"的这种不断差异重复的绵延生成过程改变了传统线性的时间观念，也带来了对建筑与时间关系的新观念与新思考。

1. 晶体—影像中时间的折射关系生成了非时序的建筑空间

"晶体—影像"中，时间与影像的关系就如同发光晶体的两个面，映照、折射出两个不对称的流程，一个让整个现在成为过去，一个保存整个过去，时间在它停顿或者流逝的每一刻都处于这种永不停息的分叉状态，晶体中折射的就是时间的这种分解。虽然"晶体—影像"不是时间，但人们可以在晶体中看到这种非时序时间的永恒呈现。在建筑空间中，透过呈现出晶体特征的建筑影像，我们同样可以看到这种分体的、分解的时间的涌现。建筑以影像为媒介，通过不断变换构成晶体的两种不同的影像，即过去的现在的现实影像和保存过去的潜在影像，生成了非时序的建筑空间。就如同我们在晶体中看到的影像伴随着时间的分叉不断围绕自身的恒久的分体活动，并且这种分体总是即时形成、重复体现过去与现在不同的时间界限，并不断地循环。这一过程也体现了非时序的建筑空间的生成过程。建筑通过信息虚拟或空间环境及事件投射的影像在不同时面的成像及其任意转换来分割空间，进而形成了影像不断流动变化而又无法确定的非时序的建筑空间形式，实现了建筑空间中物质与非物质世界的共存。让·努维尔的拉斐特百货公司（图3-16）的空间设计就体现出了"晶体—影像"中呈现的时间分体活动所生成的流动的、非时序的建

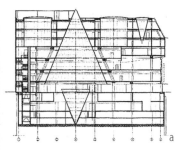

（a）建筑外观及剖面图

（b）玻璃采光井

（c）采光井非时序体验

图3-16　拉斐特百货公司

筑空间形式。这个建筑室内的圆锥形的向上开口的玻璃采光井穿过办公部分的楼层一直到达建筑底层。这个采光井作为一个投射屏，使投射在上面的影像被其曲线形的表面弯曲折射成影像的漩涡。透过它，购物者可以看到商店的其他层的影像，给购物者一种非时序共时性的时间体验。同时，圆锥体作为采光井在商店区以一种相反的形式被重复，为购物者和参观者提供了透过建筑的一定范围的视角，室内的商店标识和商标等的投射影像与外界的影像共时性地呈现在观者的面前，同样塑造了观者非时序共时性的时间体验。

2. 晶体—影像的无限衍生性生成了多样性时间运动的建筑空间

当影像围绕过去与现在时面的不可辨识点发生不断循环时，最小环路 AO 在潜在、现时的不断映射中展示出潜在过去所蕴藏的能量。影像过去的整体集合都能在此处通过与现时现在的结晶聚合，以"晶体—影像"的形态得到映现。此时，环路 AO 就相当于一个最微小但却可以不断地完整保存全部过去的胚胎，它可以融合一切可以结晶的环境和力量，并且可以通过各个环路的无限循环衍生出记忆、梦幻乃至压缩其中的整个宇宙。这就如同一个永远处在形成、扩散中的晶体，具有无限的增长能力。由于晶体本身的无限结晶的能力和在结晶过程中所折射的潜在与现时的不可切分性，使"晶体—影像"折射出多样性的时间。因此，在建筑空间中，影像通过过去与现在、记忆与感知、潜在与现时、真实与虚假等不同时区、时面、时层的结晶聚合，必然衍生出多样性时间运动的建筑空间。

本·范·伯克尔的韩国首尔 Galleria 百货公司的建筑外观设计及室内空间设计都体现了不同时间影像的结晶作用生成的多样

性时间运动的建筑空间。该建筑的外立面上装饰有4330块玻璃，
并且这些玻璃片由一种特殊彩虹箔组成（图3-17），这就相当于
形成了一种具有折射能力的晶体，它使建筑表面在不同时段和不
同季节根据天气及周围环境的变化在行人的面前呈现出变幻莫测
的外观。尤其在夜晚，通过对每片玻璃后面放置的LED灯源进行
数字化的控制，建筑正面外观的灯光开始与玻璃片相互作用，相
映生辉。将一天不同时段的天气影像共时性地展现在建筑表面，
制造出一个不断变化的、多样性的循环视觉外观体验（图3-18）。
建筑室内通过透明影像的垂直循环空间设计，创造出了"晶体—
影像"的无限衍生性，进而生成了时间多样性运动的建筑空间
（图3-19）。建筑内部，围绕扶梯空间的墙壁设计成了一系列垂直

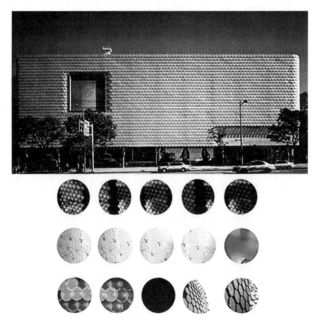

图3-17　Galleria百
货公司外观

图3-18 Galleria共时性外观体验

图3-19 Galleria时间多样性运动的建筑空间

的IPE光束，光束的每个面都是由玻璃覆盖的，面朝扶梯内部的玻璃是由部分透明反光的箔打磨而成的，就如同一个发光晶体，使在扶梯上的顾客能够注意到此空间与其他楼层的关系。在扶梯对面，面朝商店的玻璃也是半透明的，将走廊以及公共休闲区域的长椅后面的主要流通空间的情况共时性地呈现在观者面前。在垂直的墙壁内，大型的展示区域的影像被结合入其中，并且这个垂直围栏和展示的空间一直延续到顶棚。时间的现在与过去在这种垂直循环的空间中形成的影像体现出非线性的时序特点，这一垂直循环的空间就相当于一个发光晶体，映照、折射出不同时面、时层影像的不可切分的共时共存关系，并形成了多样性时间运动的空间。

通过以上对"晶体—影像"以及建筑空间中的"晶体—影像"的分析，我们可知"晶体—影像"使时间从无形变为可视。与"回忆—影像"和"梦幻—影像"相比，"晶体—影像"更具有时间的纯粹性。

它是现时与潜在不断差异重复的纯粹的绵延，是已经流逝的时间的最具体化身。时间永无静止地流动，使建筑空间中所呈现的"晶体—影像"不断地扩展，形成了影像在时间中的结晶，这一结晶的过程又推动了其影像环路的生成，令时间成为具有无限容量的影像积体，从而丰富了建筑空间中的时间维度，同时使建筑空间中的影像通过结晶聚合生成了物质与精神的无限交汇。

综上所述，在信息媒介高度发达的光电子时代，影像已经改变了建筑的时空逻辑，尤其是那些离散的、跳跃的纯粹表现时间的影像，通过人们的情感和联想在思维层面产生的视觉效应和感受而唤起的精神上的建筑空间构想及对空间的理解，比任何有意识创造的建筑实体空间更具有生命力，更易于令人产生深刻的印象。正如伊东丰雄所认为的，在信息时代，人具备两个层面，即作为自然体的现实层面的自然人和作为被媒体浸透假象层面的渴求信息媒体的人。面对人的这两个层面的需求，信息时代的建筑创作更应突破实体空间，在人的观念空间中寻找创作的契机，而基于德勒兹"时间—影像"理论的建筑空间中的回忆、梦幻、晶体这三种影像的生成过程及衍生、创造的空间形式正满足了渴求信息媒体的人的精神需求，同时也建构了真正的时间（绵延）、人的意识状态的绵延与建筑影像及时空的系统关系。

第三节　影像建筑思想的创作手法分析

根据"影像"建筑思想的三个核心内容即"回忆—影像""梦幻—影像""晶体—影像"中关于建筑、影像与时空关系的阐述以及三种影像建筑思想中的建筑空间形式和空间影像特征解析，从空间的闪回表现、建筑中的超序空间、空间与时间的叠印三个方面分别对三种建筑思想对应的建筑创作手法进行分析。

一、空间的闪回表现

　　"闪回"（Flashback）是电影中"回忆—影像"的一种表现手法，是回忆参与现实的具体方式。如前所述，在某种空间环境中，"回忆—影像"与现时现在形成一个从现在到过去，再把我们带回到现在的封闭的循环，不断影响着人们对空间的感知与体验。在具体的空间氛围营造中，要进入这一循环，就必须有一个能够指引我们进入这种空间和"回忆—影像"的具体的情节或事件，也就是"回忆—影像"产生的一个锚固点。在由纯视听情境带来的时间影像中，通常表现为闪回镜头所组成的时间断裂或空间错置的事件或情节的片断，通过这些片断的不断闪回穿插，将记忆空间的影像片断融合在当下的空间体验中，从而将物理时间转化为心理时间。心理时间代替物理时间，作为一种无形的控制，支配着事件、情节和空间的序列组织，使现实空间在过去与现在的时间分叉中被充满变化又循环往复的闪回影像描述出来，延伸了观者时空体验的维度。

　　这种空间的闪回表现在当代建筑创作中并不鲜见，以下我们就以两个实例对其进行分析。英国建筑师乔纳森·希尔的"天气建筑"（图3-20）就是通过影像的闪回表现了新巴塞罗那德国馆"电影式"的概念建筑实践。建筑师把天气作为建筑表现的一个情节，通过影像闪回的方式将1929年在柏林建造巴塞罗那馆时的

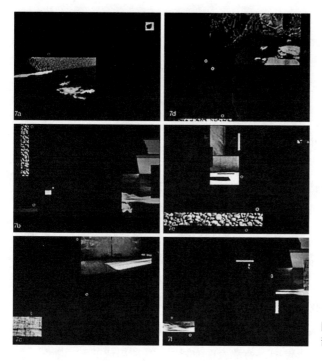

图3-20　天气建筑内
部空间的影像闪回表现

天气和时间放回建筑空间中，建立起建筑和时间的关联。过去和
现在两种时间交叠在一起形成一个封闭的时间回环影像，无数个
闪回空间与当下的情境对接，引发了观者丰富的感知和多元的时
空体验。奥尔多·罗西在基耶蒂的学生公寓的有限竞赛设计（图
3-21）中同样运用了闪回的表现手法。"（建筑）某些视图中的
组合、分开、断裂、变形及重叠的不仅是建筑材料，而且还是表
达童年、爱情以及生活的媒介。"[①]可以说，这个建筑是在对过去

---

① 贾尼·布拉费瑞. 奥尔多·罗西［M］. 王莹译. 沈阳：辽宁科学技术出版社，
2005：16.

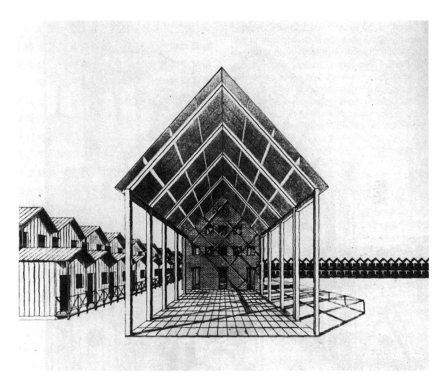

图3-21 基耶蒂学生公寓影像闪回的设计手法

回忆的不断闪回中构建的空间场所。

空间的闪回表现就是要在建立现在与过去的时间关联的基础上，实现人们的心理时间与空间体验的情感增值。通过无数个闪现的过去与现在的情境对接并融入现在的过程中，将过去的潜在影像引入现在更深刻的状态，在这种"现在—过去—情感增值的现在"的影像回环的过程中推进现时空间结构的建立。需要我们注意的是，这种空间结构建立的稳定性取决于闪回影像之间的关联度。如果每个闪回影像之间断裂的时区、时层、时

面相距比较远，并且体现出不同的叙事维度，那么由这些闪回
影像所构建的时空结构的稳定性就相对较弱，就会呈现出"回
忆—影像"的非线性叙事空间结构（图3-22），这种叙事结构已
经向"梦幻—影像"的联想逻辑和时空结构接近。罗西在基耶蒂
的学生公寓设计就体现了这一结构。与之相反，如果每个闪回
影像所在的时区、时层、时面比较接近或相同，并且描述的是
同一个叙事维度，那么在此基础上建立的时空结构的稳定性就
较强，呈现出"回忆—影像"的线性叙事逻辑和时空结构（图
3-23）。乔纳森·希尔的"天气建筑"就是这一结构的典范。这
种手法在里伯斯金的一些纪念性建筑的设计中表现得也比较突
出。我们可以从里伯斯金精心设计的闪回场景中感知、体验到过
去与现在之间的系统必然关联，这就如同本雅明的意象集《单行
道》中所运用的蒙太奇的叙事手法，将关于历史、梦幻、未来的
种种片断的瞬间意象串联在一条现实的、被不断向前推进的单行
道上。

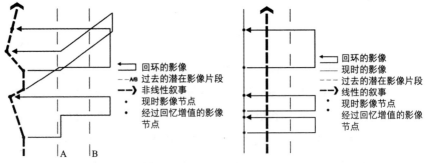

图3-22　回忆—影像的非线性叙事空间结构　　图3-23　回忆—影像的线性叙事空间
结构

二、建筑中超序的空间

超序的空间是电影中运用生成"梦幻—影像"的技术手段所产生的一种由时间分叉而链接起来的空间结构。这种空间结构不再通过线性序列建立人与空间的稳定联系，而是由无数跳闪在相异时空片断上的多向运动的影像共同作用于人的感知而建构出的人与空间的超序关系（图3-24）。超序空间中形成的影像就是"梦幻—影像"。表现超序的空间结构的技术手段一般包括两个方面：一种是采用丰富的、超载的手段，如淡出淡入、叠印、错格、摄影机的复杂运动、特效、后期加工直至抽象和抽象化。反之，另一种十分简单，采用简单切换，只进行经常性的脱节处理，用以"造成"梦幻，但这一切都是在具体的客体之间进行的。影像技术总是反映某种想象的形而上学：就像两种看待影像过渡的方式。对于这一点，梦幻状态之于真实，有点像语言的"不规则"状态之于日常用语：有时是超载的、复杂化的、超饱和的；有时反过来，是消减的、省略的、断裂的、分割的、脱节的。

建筑中的超序空间表现手法与"梦幻—影像"的超序空间结构及其特征是相一致的，同样包含复杂连续和简单脱节两个方面的特征。建筑中复杂连续的超序空间结构是指由不同方向、各自独立的时空界面通过拼贴、破碎、层叠、扭曲、碰撞等相异的组合方式限定的空间，为观者在意识与思维层面创造一个有别于现实的信息影像流动的异质性时空。这种空间设计手法在扎哈·哈迪德的建筑作品中表现得尤为突出，在此，我们就以哈迪德的几个代表性作品为例对这一手法进行分析。在中国香港山顶俱乐部设计方案（图3-25）中，哈迪德有意识地运用并置、破裂、叠加和错动等处理手法，创造出非理性的建筑形式和错综复杂的超序

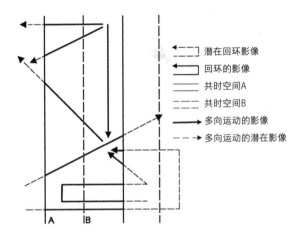

图3-24　空间的超序关系示意图

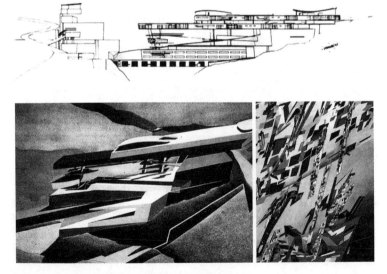

图3-25　中国香港山顶俱乐部复杂连续的超序空间

的建筑空间。这一设计也体现了哈迪德对空间中时间的深刻思考，通过动态的、充满构成意味的形体和层叠的空间强调了空间界面破裂、交叉和错列的片段性和抽象性带给人的时空同在的综合体验，以及对于抽象空间影像梦幻般的感知所带来的意识和思维层面对空间的创造。辛辛那提当代艺术中心（图3-26）也是哈迪德体现复杂连续的超序空间表现手法的一个作品。通过悬浮于中庭上空的由不同材质、不同标高构成的长方体块构成了艺术中心的展厅空间，每个展厅空间都与中庭相连通，使参观者在建筑

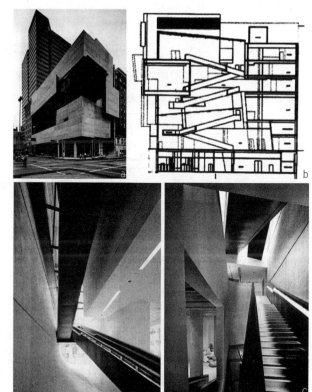

（a）建筑外观

（b）剖面

（c）连接不同标高展厅的扶梯空间

图3-26　辛辛那提当代艺术中心

中的任意位置上都能感受到位于不同标高上的各空间单元之间的
连通与渗透。中庭内之字形布置的扶梯连接了各个标高的展厅，
同活动的人流一同强化了空间的流动性和连续性，空间的复杂连
续体验伴随着各功能空间的层叠、错动而得以展开，使人们在同
一时刻感受到多个层次空间的存在及复杂、超序的时空。海牙螺
旋住宅的设计也体现了复杂的超序空间的设计手法，并将时空连
续体验发挥到了极致。整个建筑就是一个置于立方体之内的连续
螺旋体，通过盘旋而上的坡道串联起建筑内部的主体空间（图
3-27）。坡道随着曲率和宽度的变化向上螺旋升起，融功能性空
间与交通空间于一体，将处于不同标高的空间平滑地串联起来，
形成形态单纯但视觉体验丰富的超序空间，实现了空间和时间在
不同维度的连续与交融，带给参观者异于平常的视觉体验。

　　影像建筑中简单脱节的超序空间结构是指通过在空间界面中
造成断裂、分割、脱节等影像的处理手法，延长处于相同或相异

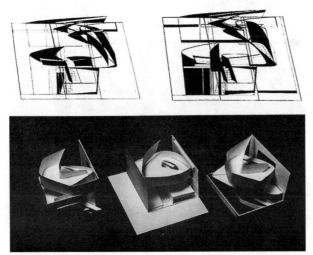

图3-27　海牙螺旋住
宅的连续螺旋体

空间中时间片断影像之间的距离，使观者无法与回忆相连接，造成记忆的混乱与识别的失败，使之进入一种梦幻的、抽象的空间的纯视听情境。让·努维尔的卢塞恩旅馆（图3-28）在室内空间的营造上就体现了运用相异时空影像片断的拼贴，而带给人们抽象的、梦幻般的超序空间体验。在该旅馆的室内空间中，建筑师通过不同电影场景片断组成的各不相同的顶棚设计，融合当下的时间体验，引发了人们的自由想象空间，创造出了一个从未体验过的时空感受。夜晚，从外面看整栋建筑，精心设计的顶棚上的图案使建筑立面呈现出马赛克式的色块和一种神奇的光影效果，镜面技术的使用使建筑内部和外部的屏障消失，模糊了人们对内外空间的感知与识别，将人们带入梦幻空间影像的纯视听情境中。尼古拉斯·格雷姆肖设计的Cemex计算机中心（图3-29）也是一个典型的把电影中的梦幻场景与现实生活相结合的作品。这个中心的外观和名字都出自科幻电影《2001：太空漫游》。整个建筑内部最突出的元素就是地板上淡蓝色玻璃透镜射出的灯光，它制造了一种"冰屋"的气氛，将人们带入梦幻、抽象的空间，形象地表述了这个空间的高度控制性。

三、空间与时间的叠印

空间与时间的叠印是"晶体—影像"的表现手法。当不同时空的影像片断被挤压到现实与潜在影像的不可辨识区时，就会发生不同时空影像的叠印和互渗。在建筑空间中，叠印互渗的时空是"晶体—影像"片段化空间压缩的必然结果。主要包括两个层面：时间与空间的叠印以及不同时间维度空间的彼此叠印。时间与空间的叠印实际上就是将时间空间化、将时间显形的过程，并

（a）建筑外立面　　　　　　　（b）相异时空影像拼贴的超序空间

图3-28　卢塞恩旅馆

图3-29　Cemex计
算机中心的梦幻空间

且时空叠印使得时间脱离了四维空间中线性的行进方向，时间在
不断分叉的过程中与空间相互叠合渗透，形成了人们在思维层面
上的多维度时空感受。我们可以借用一个图示对时空叠印带来的
时空维度的改变进行分析（图3-30）。图中T轴代表传统的物理时
间（Physical Time），S_a、S_b、S_c、S_d分别是T轴上的四个连续的空
间，L_{a-b}、L_{b-c}、L_{c-d}分别代表这四个连续空间在时间上的链接，S
（abcd）是这四个空间连续链接后形成的空间序列。T'是脱离了
线性时间行进方向后分叉出来的时间轴，S_a、S_b、S_d、S_c分别是与
T轴相对应的时间节点上排列的四个空间，但由于时间分叉而使其
空间次序发生了变化，由此，物理时间不连贯的S_b和S_d之间就形
成了超链接HL_{b-d}，从而产生了由感知主体在意识和思维层面，以
直觉实现各空间（影像）识别的"晶体—影像"。因此，我们可
以得出，倘若感知主体要对T′时间轴上的空间序列S′（abdc）进
行感知，就必须建立各个空间影像的超链接，形成一个共时性的
"晶体—影像"。在建筑空间中，要运用时空叠印的表现手法，就
是要建立空间中彼此不连贯的各个要素之间的瞬间链接，突出其
链接的时间属性，弱化各要素自身所在的空间维度，使其成为一
个"晶体—影像"作用于感知主体的意识层面，进而实现其对
多维度时空的叠印感知。正如丹麦电影导演德赖尔在他的《创
作笔记》中所说的："应该消除第三维，消除景深，拍一些平面
的画面，以使它们直接与第四维和第五维，即时间与精神建立
关系。"通过时间画面的转换实现与观者心理空间的连接。可以
说，建筑空间时空叠印的表现手法更多时候实际上是产生于物理
空间之上的心理空间与多维度时间的相互叠印、渗透的过程。

当代建筑中体现时空叠印设计手法的作品也并不鲜见。例如
扎哈·哈迪德在伦敦千年穹思维区（图3-31）的设计中，通过将

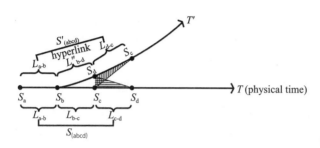

图3-30　时间与空间
的叠印示意图

（a）多维度时空影像的
叠印

（b）开放的装置形态

图3-31　伦敦千年穹
思维区

时间分叉出的过去、现在与未来的影像链接在现时现在,来表现多维度时间的存在。在这个开放、流动的展览装置中,参观者在凝视当下的作品时,既能看到将要参观的,也能同时回顾之前所看到的,使空间具有了一种晶体般的共时性的折射力。而多层次的空间又为参观者提供了历时性的体验。时间被哈迪德凝结在空间之中,体现了时空叠印的表现手法,同时也展现了她对过去、现在与未来的思考。

　　由法国Van Alen工作室组织设计的位于华尔街东边的一个临时建筑文化信息交流中心(图3-32)体现了虚拟建筑中时空叠印的表现手法。这个建筑就像是一团物体和信息流过的空间。设计元素是场地上的吸引体。来访者、信息和交流则是粒子。一旦粒子被吸引,它们就会形成不同的密集程度。一轮轮粒子随着时间的进程飘浮过场地,形成最终的建筑空间。就像天空上的一朵云,粒子云形成一个虚拟的建筑——互相联系的空间场。这些星云将时间和空间叠合渗透在一起,结晶成一个新的当代文化信息交流中心。

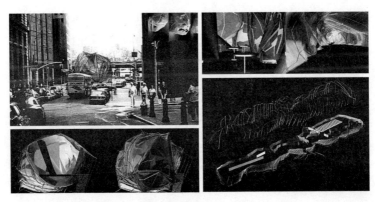

图3-32　文化信息交流中心的空间形式

　　不同时间维度下空间的彼此叠印是将空间时间化的过程，通过多重空间序列的叠合渗透，将不同时区、时面、时层的时间，共时性地呈现于一个时间晶体中，延伸体验主体对不同层次时间的感知。我们同样可以借用一个图示对其进行分析。如图3-33所示，由S_a、S_b……S_g等连续空间组成了处于物理时间T轴上的传统的物理空间序列S_t。通过超链接$HL_{a\text{-}c}$和$HL_{e\text{-}g}$，组成了另一个时层的时间轴T_1上的超序的空间序列S_{t1}，并且空间序列S_t和S_{t1}相互渗透被主体共时性地体验。以此类推，感知主体可以通过超链接体验不同时层的时间轴T_n上的超序的空间序列S_{tn}，并与之前的无数个空间序列相互叠印，最终结晶成多重空间系列相互渗透的结晶影像。

　　库哈斯的一些建筑实验就体现了这种多重空间的相互渗透。在他为伦敦泰德美术馆设计的名为"变速博物馆"的方案中，库哈斯通过设置连接空间单元的机械传输设备，赋予贯穿博物馆各空间的运动的多样性，同时带给个体以共时性的多重空间体验。对于这个方案的构思，他这样解释："博物馆体验运用一种检阅陈列品的强制的步行方式，以此激发个体的新发现。许多机械传输设备的同步运行，极大地拓展了有关潜在运动的指令系统，因此在博物馆中成倍地增加了时间往复的回环，以此超越了这种类型几个世纪以来的限制。"[1]哈迪德设计的沙特阿拉伯利雅得阿卜杜拉国王金融区地铁站（图3-34）也体现了这一设计手法。在这个建筑中，哈迪德运用了超链接的方式将整个建筑中水平和垂直方向的交通连接成一个共时性存在的开放的空间系统，使人们能够同时感受到不同维度的空间存在。

① Rem Koolhaas. Content [M]. Hohenzollernring: Taschen, 2003: 82.

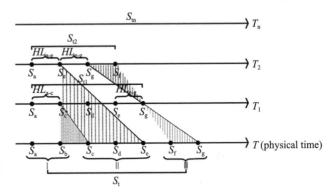

图3-33　不同时间维度空间的叠印示意图

图3-34　利雅得阿卜杜拉国王金融区地铁站的共时性空间系统

第四节　影像建筑思想的建筑创新特征解析

以德勒兹的三种"时间—影像"为核心内容的影像建筑思想，诠释了光电子时代建筑以影像为媒介向人们传播建筑信息的存在方式。在这一过程中，建筑经历了从"物"到"像"的转化过程。建筑影像通过与人的思维意识层面建立关联，延伸了建筑存在的时空。因此，在影像的媒介下，建筑的创新性在很大程度上表现为由影像的属性所带来的建筑形式上的创新。根据建筑空间的"回忆—影像""梦幻—影像""晶体—影像"三种建筑思想中建筑与影像、时间和人的思维关系的阐述，以及对建筑影像自身特点的分析，"影像"建筑的创新特征表现为建筑影像的透明与半透明性，建筑影像的符号性和建筑影像的虚拟性。

一、建筑影像的透明与半透明性

在本书所论述的影像建筑思想中，三种建筑影像所呈现出的时间与空间的共时性特征以及时空互渗、交叠的现象无不体现出建筑影像的透明与半透明性特征。关于透明性，我们都会想到戈尔杰·凯普斯在《视觉语言》中的一段阐释："如果一个人看到两个或更多的图形叠合在一起，每一个图形都试图把公共的部分据为己有，那这个人就遇到了一种空间维度上的两难。为了解决这种矛盾，他必须假设一种新的视觉性质的存在。这些图形被认为是透明的；也就是说，它们通过互相渗透来保证彼此在视觉上的完整感知。然而，除了视觉特征之外，透明性还暗示着更多的含义，它还拓展了空间的秩序。透明性意味着感知主体同时对一系列不同的空间位置进行感知。随着感知主体的运动，空间也会发生相应的变化。透明的图形的位置是模棱两可的，人们同时看到一组交叠图形中的每一个，对于近处的图形如此，远处的也是如此。"①这一定义包含了透明性两个方面的内容：一个是透明性的视觉特征，另一个是透明性所主导的物体的空间秩序的变化。透明性的视觉特征指向视觉感知层面，而透明性带来的空间秩序的变化则隐喻了空间层次的复杂性和交错流变的动态特征。柯林·罗也曾经把透明性区分为两类，即物理的透明性，如玻璃幕墙，以及现象的透明性，它表述了一种组织关系的本来属性。凯普斯和罗的论述都为我们理解建筑影像的透明与半透明性提供了理论依据。"透明与半透明性"对于建筑影像而言，也包含两个方面的内容，即材料的透明与半透明性和影像所承载信息的透明与半透明性。

（1）材料的透明与半透明性。材料的透明与半透明性是建筑影像存在的基本物质媒介。材质的透明创造了建筑影像，并且使其透射出复杂的视觉信息和难以确定的空间层次的共时性呈现，当作用于人的感知时，便产生了观者视觉及意识层面的多元影像。同时还确立了建筑、场所和时间的相关程度，使由透明材料建构的物理空间向主体感知的心理时间与空间过渡，拓宽了时空的维度。因此，透明性在物质材料意义之上，具有表述时间与空间的多样性、复杂性组织结构的意义。影像建筑的大量作品都表现出由玻璃等材料的透明性所带来的影像与影像之间的叠印与渗透的空间关系。建筑通过玻璃的透射、反射，使处于不同层次的

---

① 柯林·罗，罗伯特·斯拉茨基. 透明性 [M]. 金秋野，王又佳译. 北京：中国建筑工业出版社，2008：25.

玻璃表面的影像相互叠加和运动变化，共同构成了通过不断阅读
而被感知的建筑空间的阅读影像与思维影像。材料的透明性经过
影像这一介质，实现了空间信息的透明。努维尔的卡蒂埃基金会
（图3-35）是体现建筑材质透明性的一个典型的案例。这座建筑
在材料运用上最大限度地使用了玻璃，并通过与光线的结合，将
朴素的玻璃转化为一系列影像叠合的透明层，创造了一个几乎完
全透明的建筑。努维尔通过对时间、空间、光线与透明材质的结
合运用，将建筑与场所和时间交融在一起，形成了不断运动、变
化的复杂影像。

　　材料的半透明性对于建筑影像而言，则创造了影像模糊的光
影效果。由于材质的半透明使光线和影像不能完全渗透和反射，
而形成了一种影像折射的视觉效果。如果一束光线的折射被看作
一个影像的生成过程，那么多束光线的折射所产生的就是不同时
间进程和方向的影像，这些影像通过半透明材质的漫射将观者带

图3-35　卡蒂埃基金会建筑外观及室内空间的叠合影像

到"梦幻—影像"的感知层面，即不同时间进程的模糊影像片断之间无法进入与潜在影像相对应的记忆回环，从而进入了影像的联想逻辑，拓展了观者无限想象的时空感受。伊东丰雄在建筑设计中对半透明的材质和影像带给人们的多层次的空间感受尤为偏爱，尤其是透过金属板所见到的半透明性影像。水晶式的半透明体、被抽象的光是伊东丰雄建筑设计的常用要素。他认为半透明的物质会给人以层次感，如果将透明的墙壁再次遮挡，则会创造多层次的感觉。因此，他在设计中有意识地营造了"幕膜"的意境，即在建筑立面中的一面贴玻璃，而其余的三面做成墙壁，从而使幕膜更为突出。他从"中目黑T大厦"开始使用了这种方法，并结合透明条纹，创造了多层次的空间效果，给人以强烈的视觉冲击。"P旅馆"以及"八代市保寿疗养护老人公寓""东永谷地区中心，地域老人日托中心"，还有"野津原町市政厅"，也都实践了半透明性在建筑中的运用。半透明的材料使建筑外部和内部空间的分界变得暧昧的同时，反而使内部各功能空间的相互关系变得更为严密。努维尔的斯特拉斯堡酒馆（图3-36）通过半反射的玻璃创造了室内夸张的空间效果。酒馆内长长的墙面被包上半反射的玻璃，形成了室内外空间影像的临界面，室内外的影像共同作用于半反射的玻璃，折射出的影像构成了这个空间的特色。影像的折射模糊了室内的墙面，从而打破了对称的空间界限。同样的手法在地下室被颠倒过来，一个长长的半反射玻璃被平行放置，将人们带入梦幻般的触不可及的空间。

（2）影像所承载信息的透明性。建筑影像信息的透明性来源于电影中时间影像的透明性传播，它是超越了物质实体存在的远程建筑信息的在场。一方面表现为多重空间序列的共时性感知所带来的建筑影像的透明性，另一方面表现为虚拟技术下建

图3-36　斯特拉斯堡酒馆室内空间反射的影像

筑影像远距离传播，失去了时间和空间的双重遮蔽而显现的影像及信息的全透明状态。前者表现为建筑实体影像承载信息的透明性，后者表现为以建筑影像为媒介的建筑信息大众传播的透明性。

如果说"梦幻—影像"通过半透明的材质实现了其感知的联想逻辑，那么建筑中的"回忆—影像"与"晶体—影像"所传达的就是不同时间、空间维度共时性存在的影像所承载信息的透明。回忆与晶体这两类时间影像赋予建筑实体空间以共时性的空间组织结构，或者说是连续性、流动性和透明性的空间组织结构，使空间本身成为承载过去、现在、未来信息的透明性晶体。如哈迪德运用复杂的空间表现手法所表现的流动、不确定、混杂的空间，库哈斯的超建筑都是建筑实体空间透明性组织结构的一种呈现。正如柯林·罗所阐释的，透明性在空间组织结构的表达中鼓励多层次、多元化的解读，也提倡个性化的解释，它激活思考，包容差异，使人们不再是"空间外部的旁观者"，而是通过亲身参与成为空间整体的一部分。渡边诚于2010年设计的阿斯塔纳国史博物馆竞标项目"K-Z历史博物馆"（图3-37）的构思就体现了影像信息的透明性在建筑空间组织结构中的表达。该建筑在空间结构上分为三个部分，分别是地下的球状体部分、地面上呈放射状的环形广场、从椭圆体中直升入长空的纺锤体。这三个部分由螺旋上升的通道组织在一起，参观者从地下部分代表国家历史起源的远古时期开始，经过螺旋通道逐渐步入地面上的现代时期的展览空间，伴随着空间内倾斜的直指长空的地板，将人们带入未来。这个建筑在空间轴上的上与下，就如同时间轴上的过去、现在与未来，并且建筑内展览空间的螺旋通道并没有强制性地限定参观者的路线，参观者可以通过自动扶梯自由地跳跃时空。该建筑充分地体现了空间组织结构穿插形成的空间影像所承载信息的透明性。

对于虚拟技术控制下的远程在场的建筑而言，其透明性更多地表现为借用电影蒙太奇的成像手段和回忆、晶体影像的表现手法所传播的超越时间界限、跨越空间距离的全透明的影像信息。数字媒介的虚拟影像可以借助电影中时间影像的剪辑方法将各个

图3-37　K-Z历史博物馆的空间组织结构

时面、时层和空间的建筑影像通过超链接的方式不断压缩到我们当下的空间界面中，共时性地呈现在人们面前，创造出一个信息远超先前的新的空间。在这个空间中，影像所承载的信息就会毫无遮蔽地被人们感知、接收，呈现出建筑影像信息的透明性。同时，这种影像信息的透明性也构成了人们意识和思维层面的透明的非物质世界，实现了与光电子时代人们的生存方式以及影像信息的流动和传播方式等的最大化的契合。

二、建筑影像的符号性

后工业社会，以影像为媒介的信息传播方式已经改变了人们感知事物的渠道。影像信息的传播在很大程度上已经超越了物质实体在物理空间上的移动。人们对客观事物的认知正被纳入到一个庞大的符号消费系统中。此时，符号比以往任何时候都更加成为事物的本质性要素。正如鲍德里亚所说，今天的社会，我们正集体经历着一个符号化的过程。这一过程改变了建筑的存在方式及人与建筑的关系。今天，建筑已经成为一种影像符号被人们感知和消费。我们与建筑的关系除了通过建筑实体实现其物质性的使用价值以外，更多地包含了通过对建筑影像的感知所实现的非物质性的符号价值。建筑的物质实体已经被大规模地复制成影像符号，弥漫在现代城市的消费环境中，当建筑的使用价值在有限个体的消费中实现时，建筑影像的符号价值则是在所有人的消费中实现。因此，在后工业社会信息化传播的背景下，建筑影像所呈现的符号性特征已经毋庸置疑。而德勒兹电影理论中的时间符号、阅读符号和精神符号为我们分析建筑的回忆、梦幻、晶体影像的符号性及特征提供了理论基础，这丰富了当代建筑影像的符号理论，同时也突破了建立在索绪尔语言学符号论基础上的建筑符号和影像符号的研究。

德勒兹关于影像符号的研究是建立在皮尔斯非语言学的多元符号理论的基础之上的。皮尔斯的符号理论的主要内容是"符号媒介"（表现物）、"指称对象"（客体）以及"符号意义"（诠释）三者的结合，包含图像、指示和象征三种符号类型，它们的相互补充和有机结合产生了符号的丰富性。与索绪尔的语言学符号理论相比，皮尔斯更为关注符号与思想、符号与物质世界的关系，并对极其丰富的符号进行了赋予逻辑的相对解辖域化的分类，这对影像传播具有重大的影响，是超越语言而重视形象的多元符号论。德勒兹在皮尔斯符号学的基础上对电影影像与符号进行分类研究，在阐释皮尔斯符号理论时指出："符号是一种影像，但它作用于另一种影像（它的客体），同时又关系到构成其'诠释'成分的第三种影像，后者还会成为一个符号，依此类推，直至无穷。"①也就是说，作为影像表现物的符号，由于其具有认知功能，有助于人们对它的客体的认知，同时符号作为一种"诠释"成分又为人们带来新的认知，依次循环往复，确立了影像与符号之间的内在逻辑关系。德勒兹在此基础上，根据影像的不同表现类型创造出了时间、阅读、精神三种符号，这对建筑影像符号的深入思考以及建筑影像符号与物质世界和受众思维层面关系的思考也提供了有意义的借鉴。

（1）建筑影像的时间符号。时间符号指涉客观存在的建筑物质表象的时间性特征，它是影像脱离运动的时间性的呈现，是在突破物理时间的基础上通过人们的感知而实现的心理时间价值的一种体现。在建筑的回忆、梦幻、晶体影像中，都在不同层次上呈现了时间潜在多样性的运动，从前面的论述中，我们可以总结出，建筑师把多样性的时间凝固在时间的影像痕迹或符号中，人们可以通过对符号意义的感知来理解这些痕迹，体验建筑影像。这些凝固于时间的建筑影像符号，一方面表现为建筑师对建筑表皮的材质、纹理及光照形成的光影明暗关系的处理；另一方面表现为以建筑的非线性时间为媒介的空间布局，以此为载体形成的时间符号存在于物质环境中的同时，也存在于任意空间中，就是说通过真实、具体、可感知的建筑形象或形式，在一个尚未表现为真实环境的空间里构建了影像的时间痕迹。如人们在进入柏林犹太人博物馆时对不同时区、时层、时面的时间的心理感受，就是通过真实、可感知的建筑形式，在思想意识中和尚未表现为真实环境的假想的空间里，感知了建筑师建构的那段历史影像的时

① 吉尔·德勒兹. 时间—影像［M］谢强，蔡若明，马月译. 长沙：湖南美术出版社，2004：48.

间的符号，并通过对其意义的理解，作用于意识中的建筑影像，从而使影像符号的时间性在意识中延伸。

（2）建筑影像的阅读符号。阅读符号是对建筑影像基本感知的继续理解。当人的视觉与思维结合在一起时，肉眼就会发挥一种超凡的视力功能，建筑的声音以及影像的视觉因素便即刻进入内在关系之中。这意味着必须像看那样去"读"整个建筑影像，把建筑的视听影像当作可读的东西来处理，这就使人们进入了建筑影像的阅读符号中。阅读符号是建筑影像所从属的内在因素和关系的表征，这些因素和关系将取代影像所描述的客体，将其从表象意义引向深入的内在。这种内在不仅包括影像的视觉和听觉，还有现在与过去，此处与彼处，它们都构成可以破译但只能在类似阅读过程中被理解的元素和内在关系。

在建筑的回忆、梦幻、晶体影像中，作为建筑表现物的纯视听情境，通过与影像的过去时面与现在尖点的非线性时间、空间的所有潜在影像建立潜在关系，并形成一种话语和情境，当人们通过主观意识进入这种话语和情境时，就赋予了影像以阅读符号的无限生成性。同时阅读符号本身会表明这些建筑影像质料的特征，并用一个个符号构成它的形式。以建筑中的"晶体—影像"为例，晶体的每个折射面中所呈现的不同时空的建筑影像符号及其之间不可切分的潜在关系，共同组成了建筑的影像整体，人们通过在意识层面的阅读，建立了各个影像符号的内在关系，并形成了整体影像的情境特征，这一情境特征是处于不同时空维度的影像符号在人们思维层面交融的结果。哈迪德设计的中国澳门新濠天地度假酒店中庭空间的不规则三角体的复杂镂空结构（图3-38）将建筑外部的自然光线透射到内部空间中，形成斑驳的光影变化，与复杂的三角体结构共同组成了一种形体的符号，通过

图3-38　中国澳门新濠天地度假酒店三角体的影像阅读符号

光线的叠加与反射产生了虚幻的味道。人们对这虚幻味道的感知，就是通过对"三角体"符号元素的阅读，在意识层面建立了影像与建筑的内在关系，完成了对建筑整体话语情境的理解。建筑影像的阅读符号静态或动态地存在于各种媒介中，它可以是反映真实世界的建筑实体影像，也可以是与真实性无关的建筑的虚拟影像。但是，这些符号表明建筑影像的质料特征，并最终构成了人们解读建筑的话语和情境。

（3）建筑影像的精神符号。精神符号是直接体现思维功能的符号，通过人的视觉感知不断完成对建筑影像的重新取景，在思维层面重新构思影像画面，并把重新构思当作思想功能，用精神符号表达连续、结果甚至意图的逻辑关系。精神符号是对人们所感知到或想象中的建筑意象在思维层面的再塑造。此时，建筑影像作为无形的意象存在于人们的思想意识中，这种思维中的建筑影像可能是主体感知现实环境或媒介中的影像后产生的记忆或印象，如"回忆—影像"，也可能是先于客观事实而存在或永远不涉及真实存在的梦境、幻觉或想象的"梦幻—影像"，还可能是一切时空中存在的影像的思维层面的综合关系影像，如"晶体—影像"。这些影像把对空间的描写从属于思想的功能，从不同的时空及心理维度上共同构筑了建筑影像的精神符号。

影像在思维功能上表现的主观与客观、真实与想象之间的不可区分性及形成的精神符号，在思维层面赋予影像以无数新的功能，产生了关于影像和重新构思影像的新概念。因此，精神符号是影像在思维层面的增殖，是对影像承载信息的再创造。从荷兰MVRDV建筑设计事务所的天津滨海新区文化中心图书馆（图3-39）的建筑设计中，我们便可以解读出影像所承载的精神符号对人们认知影像及在诠释建筑意义中的作用。图书馆中规则排列的金属百叶和玻璃组成的通透表皮，将图书馆内以"书山""路径"的意象形态划分出的各区域空间的影像共时性地呈现出来并与城市融为一体，唤醒并组成了影像的精神符号，作用于人们的思维功能，使其浩瀚于书的海洋，产生无限的遐想。中庭空间球形多功能报告厅的反光金属表面，如同一个晶体，将图书馆空间内部多维度的影像共时性地呈现在球体表面，建筑空间内不同层高的交通流线在光洁的白色表皮上穿梭，连同从天窗进入室内的光线，形成了建筑空间内部与众不同的光影效果，同时也实现了影像的思维功能和精神符号功能，赋予了置身其中的人们以别样的时空感受，满足了人们对建筑奇观及幻象的渴求。

建筑影像的时间、阅读、精神符号，共同诠释了影像脱离

图3-39　天津滨海新
区文化中心图书馆

运动后的纯视听情境的"时间—影像"（"回忆—影像""梦幻—
影像""晶体—影像"）对人们意识和思维层面的影响及形成
的思维痕迹，从中也蕴含了建筑的可读影像和思维影像在形成
认知时的作用及由此形成的符号形式。影像与符号就如同透明
玻璃球体的内外两个面，它们相互透叠，相互折射，并在一个
作用于另一个的过程中相互生成，相互诠释，以此类推，直至
无穷。

三、建筑影像的虚拟性

虚拟不是与真实相对立，而是与实际相对立。虚拟仅就虚拟性而言完全是真实的。尤其在当今的光电子时代，虚拟的影像无处不在，它已经成为真实物体的组成部分。对于信息时代的建筑而言，仿佛建筑自身的一部分就处于虚拟之中，建筑影像的虚拟性已经成为信息时代建筑的本质特征。虚拟性（virtuality）源自于拉丁语"virtus""virtualis"，本意为具有可产生某种效果的内在力量、功能、品德等。虚拟的含义存在双重特征，一方面是"虚构的"，非实体的；而另一方面又具有实际功效，对实体和存在产生影响。这种双重的含义确立了建筑影像与虚拟性的两个层面上的关联。第一个层面可以描述为建筑影像传播媒介的虚拟性，或者说建筑影像的非物质化存在。伴随着数字技术在影像传播中的应用以及影像技术的自身发展，利用计算机模拟和非线性编辑而生成的影像的虚拟性传播媒介，已经成为当代建筑承载信息的一种主要手段。第二个层面是建筑影像的存在方式在哲学上的探讨，描述为建筑影像生成空间环境的虚拟性，这一层次的虚拟性与德勒兹的电影理论相结合，确立了与人的思维层面的关联，对当代建筑空间虚拟环境的营造及虚拟建筑的形式设计创新产生了深远的影响。

（1）建筑影像传播媒介的虚拟性。大众媒体的出现，经由影像复制技术，使得众多的建筑复制影像摹本取代了建筑实体真本的独一无二的存在，建筑物经历了从"物"到"像"的转移过程。在这一过程中，建筑脱离了它原有的历史环境，它不再具有原来的"真实性"（authenticity），并脱离了原来的空间限制，而进入了使更多的大众可以在自己特定的环境中感知体验的虚拟环境。建筑通过影像的复制传播媒介，实现了由原来的实体化、物质化的"真实性"空间环境向非实体化、非物质化的"虚拟性"空间的过渡，并且虚拟空间通过影像传播中的真实性复制可以承载更多的人感知的事件信息，创造新的未知环境，同时也增加了自身存在的真实性。

以互联网和数字技术组成的虚拟性的大众传播媒介，使人类社会有关时间和空间观念发生了巨大的变化。同时，这些虚拟性的影像传播媒介也改变了建筑设计的观念，信息时代的建筑正融合了影像传播媒介和数字影像技术，进化为现实空间与虚拟环境的技术综合体。虚拟性的影像媒介已经成为建筑的组成要素，营造了信息时代流动的、影像化的、虚拟性的建筑空间。如数字设计的先锋性人物史蒂芬·佩雷拉（Stephen Perella）提出的"超表皮"，就体现了虚拟性的影像媒介与建筑设计的结合。建筑影像传播媒介的虚拟性，一方面改变了建筑的存在方式，实现了建筑的远程在场，通过数字影像的编辑将人们带入不同的时空；另一方面，虚拟性的影像传播媒介与建筑实体相结合，形成了可视化的空间影像，并作用于人的感知，实现了建筑虚拟影像媒介承载信息的直观化。

（2）建筑影像生成空间环境的虚拟性。以建筑的回忆、梦幻、晶体影像为媒介生成的虚拟性的空间环境是依靠人们的感觉或思想意识而存在的空间，是现实时空的一种延伸，诠释了一种崭新的思考与存在的方式。这一方式是对虚拟世界和想象世界的关系的探讨，主要包括两个方面：一种是以视频媒体为传播媒介创造的纯粹的虚拟空间环境，这一空间是通过视频影像的镜头剪辑而形成的远程在场的拟态环境；另一种是以物质实体空间为主，结合视频虚拟影像而营造的虚拟性的空间环境，这种虚拟空间需要挖掘建筑影像与人的感知、行为的潜在关联，通过视觉、听觉和触觉等作用于人的感知，创造观者意识层面的拟态空间环境，这样的空间环境由于启动了人的感知体验，所以能够启发人们主动地将虚拟影像与现实存在或现实经历相结合，帮助人们解读、构思或者创造影像与空间信息，达到身临其境的感觉。如东京的MORI建筑数字艺术博物馆（图3-40）通过虚拟影像将真实的建筑空间与虚拟的信息空间连接起来，营造了一个虚拟的没有界限的艺术空间，让处于现实社会中的人们通过对虚拟影像构筑的信息艺术空间的感知与整个环境形成互动，带给人们愉悦、兴奋的精神感受。人与艺术品相互交融、互为生成，人的感官界限在这里变得无界，得到延伸。

建筑影像生成的虚拟性的空间环境，创造并延伸了人们的感知体验，同时，人们的感知经验又影响并创造了虚拟世界的信息传达，二者之间永远处于一种不断重复而又不断产生差异的变化过程中。在这一过程中，建筑的影像形式包裹和塑造了空间，同时也改变了时间相对空间的隶属关系，影像中所传达的潜在的变化和事件，经由我们的意识和思维的相异性，构成了我们感受虚拟与现实世界相互折叠和转译的绵延连续的时间进程。影像中所体现的时间的异质性及多样性运动，将我们引向精神层面对物质化和非物质化现实背后的虚拟世界的感知。正如马科斯·诺瓦克在他的《建设思维的边界》中呼唤的"超建筑"所表现的虚拟空间已经成为20世纪科学时空观、宇宙观完整表达的媒介，而影像是实现这一虚拟空间环境的有效中介，同时也是人们对虚拟空间感知体验的有效媒介。

图3-40 MORI 建筑数
字艺术博物馆室内空间

第五节　本章小结

　　本章通过对德勒兹时延电影理论中"时间—影像"的呈现过程进行分析、阐释，厘清了异质、多样、非线性流动的时间与人的思维和意识层面的关联，确立了"影像"建筑思想的时延电影理论基础，即通过线性时间的超越，推翻了层级化、线性的传统影像的思维模式，建立了建筑影像在非线性时间和异质精神维度的影像创作逻辑，通过"感知—运动"模式的突破，影像的叙事逻辑断裂，带来了影像的纯视听情境，这使建筑影像脱离了理性的叙事逻辑和透视法的视觉中心主义，改变了建筑空间传统的组织方式和构图法则，延伸了建筑的时空维度。最终，通过直接时间影像的呈现，建筑影像的理性逻辑认知彻底断裂，进射出透彻直觉的力量，形成了建筑影像无限衍生的思维逻辑。在此基础上，随着纯粹时间影像在人的思维意识层面表现的深入，根据"时间—影像"的核心内容以及绵延时间与人的感知、体验等精神层面的内在关联，分别论述了建筑空间中的回忆、梦幻、晶体这三种影像的生成过程及衍生、创造的空间形式，建构了"影像"建筑思想，将建筑创作从实体空间的物理逻辑推向了非物质空间的影像逻辑，唤起了人们在精神上对建筑空间的构想理解。与此同时，分别对三种影像建筑思想的创作手法进行了分析总结，概括为：建筑空间"回忆—影像"的空间闪回表现；建筑空间"梦幻—影像"的超序空间表现；建筑空间"晶体—影像"的空间与时间的叠印表现。最后，本章根据光电子时代建筑以影像为媒介经历的从"物"到"像"的转化过程中，建筑的三种影像与时空、人的认知及传播媒介之间关系的思

考，概括总结出了"影像"建筑思想下，建筑影像的透明与半
透明性、建筑影像的符号性、建筑影像的虚拟性三方面的创新
特征。

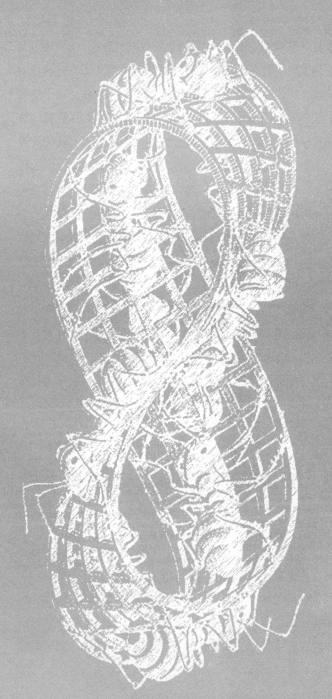

第四章

基于德勒兹平滑空间理论的界域建筑思想

当今复杂科学的发展及其在建筑设计中的应用，使得建筑空间、形态都发生了复杂、异质的转变，同时也改变了建筑与环境之间的关系。现代主义建筑无视环境、场所而孤立地存在于空间环境中的设计理念无疑已经不适应时代对建筑的发展要求。然而，复杂科学虽然为当代建筑与环境之间的关系由封闭转向开放提供了技术上的支持，但是当代的建筑创作中组成建筑空间的各种异质元素，包括环境、社会、城市、历史、文脉、行为、心理等，将以怎样的方式融入建筑空间，建筑将以怎样的节奏融入空间环境，仍然是当今建筑界面临的问题。而德勒兹平滑空间理论的提出及其对"界域"运行模式的阐述，为上述建筑与环境关系问题的解决提供了可借鉴的模型。本章将通过对德勒兹平滑空间理论的核心内容"空间界域性"的研究，构建体现时代特点、适应建筑与空间环境关系发展需求的"界域"建筑思想，并对其表现手法和建筑创新性特征进行分析。"界域"建筑思想是对建筑与环境的差异性元素之间各种力量的协调与重组，是赋予当代建筑与环境之间增殖的创造性逻辑的思想体现。

第一节　界域建筑思想的平滑空间理论基础解析

平滑空间理论是德勒兹关于空间生成与运动的创造性理论。德勒兹通过对平滑空间中异质元素无中心、多维度、不确定、平滑等空间特征的分析，建立了一种与线性机械空间相对的流动、异质、非线性的空间运作模式与思维体系，为当代非线性建筑自由形态的形式连续变化与发展提供了思想及理论基础。而平滑空间的界域性空间形态以游牧的平滑空间视角，通过与环境结域与解域的连续运作过程建立了与环境相互渗透、延伸的动态性强度关联，为建筑与整体环境的关系提供了一个开放、动态流动的模型。德勒兹平滑空间理论从空间—地理环境的宏观角度拓展了建筑界域性的空间形态，使建筑在与环境的结域与解域过程中实现了建筑与环境界域化的增殖逻辑，确立了建筑与环境关系的一种外部思维，为建筑在空间上的创造性突破奠定了思想的基础，同时也拓展了建筑的界域维度。

一、界域的平滑空间运作模式

界域是环境与其具有表达性的变化的节奏进行的某种结域的产物，它由环境的不同方面或部分构成，包含着一个外部环境（作为其领域的外部区域），一个内部环境（一个居住或庇护的内部区域），一个居间环境（或多或少可自由伸缩的边界或膜，居间的区域）以及一个附属环境（储备或附加能量的区域）。这与建筑建立居所的形式是相一致的。界域是去掉了层化的平面和系统的融贯性的表达，它是一个异质平滑的场，以平滑空间的模式运作。它从外部在空间之中形成一个界域，然后又通过对自身进行解域不断地与环境发生一种作用，不断地获得自身的增长，在这一过程中体现出以下三种运作模式：

（1）流体模式。所谓流体，就是在承受剪应力时将会发生连续变形的物体。流体没有一定的形状，几乎可以任意改变形态或者分裂。流体最典型的例子是水流的运动。水从高处向低处流动的过程中，水珠受到重力往低凹处流动的某一个时刻，通常越靠近最低点的水珠速度越快，越远的越慢。这些速度的变化不是突然的，而是渐变的。用物理来解释的话，就是重力势能转化成动能的程度不一样。只要产生受力不平衡的状态，水面就会开始流动直到再次平衡为止。这就是流体的两个最大特征：不稳定性与连续渐变性。界域所形成的平滑空间就体现了流体的这种运动模式："它与将流体作为一种特殊情形的固体理论形成鲜明的差异和对比。流体永远处于变量的流变之中，整个宇宙就仿佛一汪物质的池塘，它里面有着各式各样的波浪和水纹。"①山峦、草原、沙漠、大海……都以流体的样态运动变化着，并依据节奏与环境结域。遵循流体模式的界域形成的空间地理环境的意义也截然不同。根据王权科学下的理性的、法的模型，我们不断地在一个视角周围，在一个领域之中，根据一系列恒常关系再结域；而根据流体流动的模型，则是在对环境进行解域的过程中，构成并拓展着界域自身。

　　界域的这种流体运作模式体现在建筑上，则表现为建筑形体在空间环境中依据某一节奏连续运动的变形形态。法国建筑师伯兰德·凯奇（Bernard Cache）在德勒兹平滑空间理论的基础上，将建筑看成是大地运动画面的分类器，体现出建筑作为一种"界域"的流体运作模式。凯奇将建筑看作是"画面影像的艺术"，他探索的核心问题是如何在建筑的内部和外部构建一个连续折叠的画面，而非坚硬的边界，所以通过折叠画面的运动遍布整个建筑的结构，其整个过程遵循变异的逻辑，当有新的事物或关系出现时，除了制造间隔与差异外，还要创造一种新的关联。折叠的动态画面在一个不稳定的动态世界里被计算，它不再由内部和外部固定的分类而规定，并且这种分类自身会产生移动和变化，随

---

① 吉尔·德勒兹. 福柯·褶子 [M]. 于奇智，杨洁译. 长沙：湖南文艺出版社，2001：153.

着外部的力引起内部的变奏和变化，或者作为内部的变更创造一种与外部的新的关系。凯奇认为："建筑就是为了构建可能的画面在领土中引入间隔的艺术。"①这一理论的基础就直接源于德勒兹关于平滑空间中界域的思想，界域的变奏是解释其理论的前提。

（2）异质性生成模式。根据德勒兹的平滑空间理论，平滑空间是一个与一种极为特殊的多元体类型联结在一起的异质平滑的场，其中布满了多维度异质元素的无中心、无等级的平滑运动。而其中根据某种节奏而形成的界域也遵循着异质性生成的运动模式。这一模式是指界域所处的内部与外部的空间地理环境中，各种多元性的异质因素在相互作用、聚合的过程中生成新的事物与关系，这些新事物的产生是通过异质元素的差异性重复而实现的。一个环境要通过一种周期性重复而存在，但是，这种重复的唯一效应就是产生一种差异，正是通过后者，它才从一个环境过渡到另一个环境。差异——而非产生差异的重复——才是节奏性的。这种节奏性构成了界域运作的基本要素，界域是异质性元素按照一定节奏生成的聚合物，与稳定、永恒、同一、持续相对立，通过异质性元素以不同节奏韵律间隔的连续的叠加而实现其物质属性。

界域的异质性生成模式体现在建筑上则表现为建筑根据所在场域的各个要素，动态、开放地生成。这与传统的静态的、封闭的、机械的设计观念形成鲜明的对比。就如同异质元素以不同韵律的间隔连续地叠加形成了界域一样，不同向量的弯曲曲面通过连续动态的画面生成了富于节奏的建筑形体，此时的建筑除了具

① Bernard Cache. Earth Moves: The Furnishing of Territories [M]. Anne Boyman. The MIT Press, 1995: 5.

有功能性以外，还具有建筑对所处场域的表达性，因此，建筑也
是一种界域的呈现。任何一个建筑实体空间都标志着与其所在环
境的一种空间分隔，但是界域建筑根据环境某种节奏的渗透性而
生成的形体打破了与环境之间的强硬的边界，形成了一个开放的
间隔。界域建筑标记着对空间的整理与排列而不是传统建筑对空
间的包围。当代先锋建筑师在复杂科学与数字技术的介入下，将
建筑内外的异质元素融合在一起，实现了界域建筑的异质性生
成及富于曲率变化的与环境开放间隔的建筑形体。埃森曼提出
的"弱化"（weaking）策略以一种连续的方式将异质元素整合在
同一系统之中并保持元素的差异性，使建筑形态呈现出柔性、平
滑、混合的特征，蕴含了异质性生成模式的特点。1999 年埃森
曼设计的加利西亚文化城（图4-1），将规则网格、中世纪圣地亚
哥市中心的平面、基地等高线、贝壳状的曲线等多层次的图形
和符号等多元的、异质性的信息叠加在基地上（图4-2、图4-3），
体现了建筑在场域内与界域运作方式相同的异质性生成。该建筑

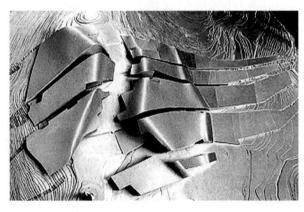

图4-1　加利西亚文化城
具有表达性的建筑形体

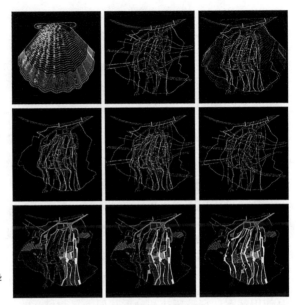

图4-2　加利西亚文化城异
质信息的叠加

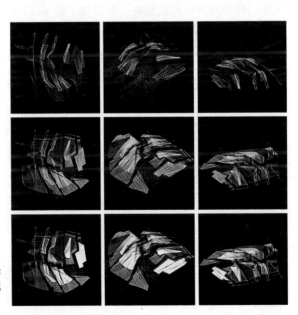

图4-3　加利西亚文化城异
质信息叠加后的基地地貌
变形

通过由北向南运动的变形线和由东向西运动的曲线相互叠加的向量系统，构成了一个地质板块隆起状的平滑的动态矩阵，生成了一个富于节奏变化、与空间地理环境相互渗透的开放的建筑形体。

（3）非线性运动模式。德勒兹的平滑空间是一个向量的、投影的或拓扑的非线性运动的空间，其中界域的运动所表现的不是从直线到平行线的层状的或分层的空间模式，而是呈现出从曲线的倾斜到一个倾斜的平面之上的螺旋和涡流形成的开放空间。这一螺旋和涡流的模式运作的开放空间，与线性和固态之物划定的封闭空间相对，与层化的度量空间形成差异。平滑空间中，空间被占据，但未被计算，而层化空间中，空间被计算，以便被占据。界域的非线性模式中，组成界域的诸多因素处于非线性的相互作用状态，它是拓扑和分形几何等复杂科学的一种体现，与当代非线性建筑设计直接相关，并引发了建筑设计的新观念、新形态。可以说，当代的很多非线性建筑都是对平滑空间中界域非线性运动的瞬时定格取形。例如扎哈·哈迪德设计的阿布扎比表演艺术中心（图4-4）就体现了建筑作为一个空间地理环境中的界域的开放性及在造型形态上的平滑空间的非线性特征。该建筑打破了传统建筑的层化空间的封闭格局，设计师通过对海浪节奏的表达以及海洋生物有机体的模仿形成了建筑的基本曲线设计，使建筑不仅具有功能性，也具有表达性。整体建筑与周围空间地理环境之间没有明显的界限，建筑就是其周围环境的延续，建筑与环境之间形成了一个具有表达性的界域和一个开放性、流动性的空间。哈迪德设计的长沙梅溪湖国际文化艺术中心（图4-5）的建筑形态也体现了与所在空间地理环境的关系。该建筑以芙蓉花瓣落入梅溪湖激起的涟漪的形态与整个城市文脉以及空间肌理融

（a）平滑的内部空间　　　　　（b）表达性的建筑界域形态

图4-4　阿布扎比表演艺术中心

图4-5　长沙梅溪湖
国际文化艺术中心表
达性的建筑界域形态

为一体，体现了建筑融合地理环境后对地域文化的表达，整个建筑呈现出的柔软、流动的开放空间形态是对地面某种节奏形成界域的一种定格取形。

界域的平滑空间运作模式，诠释了德勒兹平滑空间理论中空间异质、多维度的生成样态和富于表达性的变化节奏，为界域建筑思想的形成提供了建筑与环境结域与解域，最终呈现界域化空间形态的思维原点，同时也为建筑突破欧氏几何空间和层化空间提供了一个丰富的空间形态模型。

二、平滑空间的界域开放性

平滑空间的"界域"开放性与界域的运作方式和自身的形成过程是紧密相关的。从我们对界域运作方式的分析中，可以得出，界域分布于一个开放的平滑空间之中，并且遵循平滑空间而非层化空间的运作模式，形成一个异质平滑的场域。平滑空间的开放性决定了界域的开放性，并且界域自身的形成过程也进一步证明了其开放性的特征。一个界域的形成必备的前提条件是某一节奏与环境的结域，同时界域还要具备至少一个出口与环境相连通。也就是说，每个界域在形成时都存在着无数条"逃逸线"，并且逃逸线没有源头，它总是在界域外开始，在与环境结域的同时还要对其进行解域，在结域与解域的循环往复过程中不断创造着自身的节奏。就如同围棋的运作方式体现了一个个界域在形成过程中的结域与解域。围棋从外部在空间之中形成一个界域，又通过构建起第二个邻近的界域的方式来对第一个界域进行加固；对对手进行解域，从其内部瓦解它的界域；通过"弃"、转投别处而对自身进行解域……围棋通过"弃"和转投形成自身的一条条逃逸线，对自身进行解域，形成一个开放的平滑空间。结域是解域存在的前提和基础，而解域是界域发展和增殖的保障。正如保罗·克利在《现代艺术理论》中指出的："我们已经从层化的环境进入到被界域化的配置；同时，从混沌之力进入到被汇聚于配置之中的大地之力。然后，我们从界域的配置进入到交互—配置，进入到沿着解域化之线而进行的配置的开放；同时，我们从大地所汇聚的力进入到一个被解域的（或毋宁说是进行解域化的）宇宙之力。"保罗·克利借用宇宙之力，表述了我们所处的界域化配置环境的动态开放性。当一个界域形成后，必然存在一条"逃逸线"实现对其进行解域。界域自身形成过程中的这种与环境的结域与解域，形象地说明了界域与空间地理环境的连通开放性，并且这种开放性体现出多元的特征，逃逸线的多重性和路线的能动性就引发了界域多元的开放性特征。

界域自身的形成和运作的过程中，与周围环境的开放性联通互动，为建筑师通过建立建筑与场域、地形、地势的关系进行新形式的建筑创作提供了思维的原点，并且界域在与外部环境结域与解域等相互协调的过程中，其内部元素各种力之间的组合也会发生相应的变化，从而产生内部空间组织的创造性突破。这为建筑师处理建筑与地形（环境）的关系提供了一个开放、迭代、流动的模型。我们也可以借用莫比乌斯环（图4-6）的模型来解释建筑与地形（环境）的这种开放迭代的关系。建筑与地形就如同莫比乌斯环的内外两个部分，它们之间并没有真正的内外界限，当它被从中间一分为二时，它依然能保持其整体性（图4-7）。同样，对于建筑和它所在的地形（环境）而言，二者也是一个内外不分、开放迭代的有机整体。当我们从外部的地

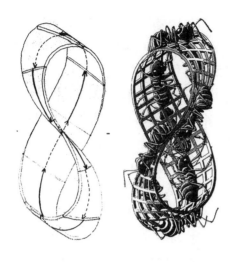

图4-6 莫比乌斯环

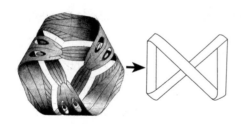

图4-7 莫比乌斯环的迭代
关系

形（环境）进入内部的建筑时，实际上我们仍然保持着外部环境的因素。此时，建筑生成于地形表面或形体的连续变换，具有拓扑操作的功能。建筑与地形（环境）这一开放、迭代的互相生成的关系，拓展了建筑师关于建筑形态和空间流动性、开放性的思考，在此基础上，当代的建筑师结合拓扑学、形态发生学、分形几何等复杂科学及数字技术，创造了诸多新的建筑形式。马西米亚·福克萨斯设计的新米兰贸易展览中心中央的

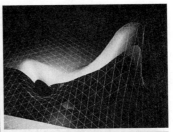
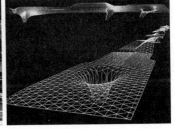

图4-8　新米兰贸易展览中心玻璃通道

玻璃通道（图4-8）的形态设计就体现了建筑与自然的开放性思考，该形态来源于米兰的沙丘等自然形体连续变换生成的非欧几何曲面造型，形成了一个开放流动的空间形态，保持了建筑与环境关系的整体性。蓝天组的"开放建筑"所表达的"边缘性"也体现了一种灵活、开放、包容的临界建筑与环境的自组织状态，它涵盖了建筑设计过程中的各种不受限制、可充分发挥的可能性，它在向外界开放并与外界动态交往的过程中维持活力。

三、界域的形态与空间

界域整体上的平滑空间运作模式及其在环境中结域与解域的

循环生成过程，包含了界域无限异质元素的开放性运动，构成了界域富于表达性的空间变化节奏，使界域表现为褶皱形态及平滑与纹理混合多变的空间，这为建筑复杂空间形态的创造提供了思想基础。

（1）界域的褶皱形态。界域作为两种环境之间的一种节奏与过渡，其形态不仅仅是某种物质现象，同时还蕴含着一种生成机制，它是一首没有固定形态，根据各种力量的关系不断变化的"迭奏曲"。比如，对于每个家庭来说，广播或电视机就像是声音墙，以每个家庭特有的音频和声响标划出界域。这一界域就是由声音的节奏所组建起来的空间，通过不同声音的异质性元素维护着内部空间的创生性力量，将各种混沌的力量尽可能地维持在界域的外部。但这个创生性的内部空间又存在着向外部敞开的区域与外部的环境相融合，由此形成了一种内部与外部各种节奏变化的迭奏曲和生成机制。而经过德勒兹从哲学高度抽象和升华了的"褶子"形态及在其生成过程中所体现出的创生性、多样性和变异性等特征与界域的生成机制中蕴含的节奏性、过程性以及界域的各种力量的变化过程相一致，并且褶子的打褶与解褶的无限循环与界域的结域与解域的无限循环相一致。因此，褶皱的物质样态及生成过程中的诸特征就构成了界域的形态。界域的形态是褶皱的，引用德勒兹在《褶子：莱布尼茨与巴洛克风格》中提出的一个多样连续的褶子的世界来表达界域的形态："在空间地理环境中时间和空间随着界域的折叠、展开和再折叠而生成，界域是在由内向外及由外向内的双向折叠中形成的，因此界域在本质上没有内外之分，空间与时间共同存在于界域的折叠之中，外观就是界域自身内部组织

的呈现。"[①]褶子以其自身的丰富样态构成了界域的形态。也就是
说，构成物质的无限微小的褶子是构成界域的内在本源。褶子
是通过某种折叠机制或褶皱力量将作用对象折成或搓成某种皱
纹状的事物或现象。它包含有机褶子和无机褶子，有机褶子属
于内生性褶子，它的生成受到内部创造力的影响，无机褶子则
是在外部力的作用下表现的折叠与弯曲，如自然条件下地势的
起伏、山岩的褶皱等。界域是有机褶子与无机褶子的融合和相
互作用的结果（表4-1），它一方面体现为根据界域内部的某种独
特规则，折叠组织成相异元素无穷变异的各种力量关系的有机
褶子，一方面表现为与外部空间地理环境的各种作用力相适应
并产生折叠、弯曲、褶皱、叠加、累积等变化的无机褶子。中
国长城形态的变化与发展是界域作为有机褶子与无机褶子相互
作用的最好例证。长城的形成一方面结合了空间地理环境中山
脉起伏的作用力，通过所形成的褶皱脊线表达了中原领土的界
域性识别；更为重要的是，从这条线的历史变更中我们会发现，
它体现了蒙古游牧民族的活动和进攻中原的轨迹。长城这一褶
皱脊线是外部的自然力（无机褶子）和自身内部组织的创造力
（有机褶子）共同作用的结果。因此，褶子作为界域存在的一种
普遍形式，作为表征界域创生和发展的一种普遍力量与主要机
制，体现出了重要的创造学价值。就是构成界域的无数个褶子
把外面的环境内"折"进来，同时内在于界域的褶子也将界域
的信息外"褶"到环境中去，在这折褶的过程中就构成了界域

---

① Gilles Deleuze. The Fold-Leibniz and the Baroque [M]. Minnesota Press, 1992:
19.

界域的形态分析   表4-1

	分类	特征	建筑中的应用方向（案例）	
界域的形态	有机褶子	内在性的、复杂的、间接的	侧重于思维方法的折叠，是一种哲学意义的延伸，一种对复杂性关联的挖掘	埃森曼的莱伯斯托克园利用德勒兹的折叠概念打破了传统观念中垂直/水平、图形/场地、内/外结构之间的关系，并改变了传统的空间观	有机褶子与无机褶子相互作用
	无机褶子	外援性的，由外部环境所规定，简单的、直接的	由外部环境或力量所引发的折叠在建筑的外部形态及内部空间建构中的应用	阿耶比姆艺术技术博物馆	

（褶皱栏位于分类两行左侧，标注"褶皱"）

的微观世界同复杂的外部宏观世界的奇妙交错，并使其在相互折叠中连接在一起。每个界域都是由无数个这样在各个方向上不断自生又不断消亡的褶子（弯曲）所构成的，其中构成界域的每一个褶皱都会受控于周围与之相协调或协同的环境，褶子的生成机制印证了界域的运动。因此，褶皱形态是界域的固有本性与内在本源，它的创生性、多样性、变异性、过程性是界域产生和发展的根本性动力，没有褶子和引发褶子的内部与外部力量就没有界域的产生。褶皱与环境的这种作用关系引发了建筑师在建筑创作过程中关于建筑与环境相互融合的折叠建筑形态的思考。

（2）平滑与纹理混合多变的界域空间。从前文我们对界域的平滑空间运作模式及其开放性特征的分析中不难看出，界域在与环境结域与解域的过程中形成的褶皱形态对应着平滑的空间形式，或者说界域褶皱形态的生成是一种平滑空间的体现。它是一种向量的、投射的、拓扑的空间形式，是一种能将异质元素有机融合，同时又能体现其各自特点的空间形式。这种空间与长度的条纹空间相对立的同时，二者复杂的差异关系又使其以混合体的方式存在于界域之中。事实上，这两种空间也只能以混合体的方式存在：平滑空间不断地被转译、转换为纹理空间；纹理化空间也不断地被逆转、回复为一个平滑空间。在某种情形之中，人们甚至对沙漠进行组织；而在另一种情形中，沙漠则不断蔓延和扩张；而且这两种情形是同时发生的。因此，界域是以平滑空间为主导，平滑与条纹共同存在又相互过渡、转译的空间形式。这两种空间形式以多变的样态存在于界域中。我们可以用织物与毛毡的编织方法——交错混合地存在于拼缝之中来解释平滑与条纹空间的相互转译。织物通过经纱与纬纱的交织与交错构成了一个一边封闭并且有边界的纹理化空间，毛毡通过一种反—织物的纤维的鞣质与纠缠，构成了一个由错综复杂的纤维的聚合体组成的无边界、无中心的平滑空间。织物的拼缝将二者交错混合在一起，在织物条纹空间的基础上，以毛毡的方法无限、连续地增加织物，这是一种由并置的块片所构成的无定形的集合，它们可以按照无限种方式被联结起来。这在宏观上就形成了一个平滑空间，实现了条纹空间向平滑空间的转译。数学中的黎曼空间体现的就是这种拼缝与转译。在同一个黎曼空间中的两个相邻的观察者可以对紧邻他们的点进行定位，但却无法通过这两点之间的关系来对他们自身进行定位，除非借助新的约定。因而每个邻域就作为一个微小的欧氏空间的片断而存在，但邻域之间的关联是未被限定的，可以通过无限种不同的方式形成此种关联。这样，黎曼空间就呈现为一个由并置但并未依附在一起的片断所构成的无定形的集合，呈现出平滑空间的特征。正是通过此种条纹与平滑空间相互转译的根本性操作，人们才得以在平滑空间中的任一点上叠放并重复叠放一个相切的欧式空间。而正是通过这个具有充足维数的空间，人们才得以重新引入两个矢量之间的平行关系，由此将平滑空间这一非度量的多元体视作沉浸于这个同质的、层化的复现空间之中，而不再通过"实地考察"来跟随这个多元体。这一过程清晰地揭示了黎曼空间怎样与欧式空间进行结合。这种空间的结合方式体现在建筑上，则给建筑师提供了一种脱离欧氏几何空间的非线性空间形式的选择，并引发了建筑内部空间非均质化及建筑与周围环境空间均质化的思考。

当代建筑的非线性空间具有德勒兹的平滑与纹理混合多变的界域空间的特征，是对这种界域空间的瞬时定格取形，是界域的外部自然环境及内部各种元素、各种力之间的组合在建筑上的一种反映。从上述我们对平滑与纹理化空间在组成界域过程中的作用的论述中，可以得出，作为王权科学的条纹空间的发展需要一种来自平滑空间这一弱势科学的启示，但是，如果平滑空间（弱势科学）没有应对并顺从于条纹空间（王权科学）至上的要求，那么它就毫无价值。这就是二者在界域中不断发生相互转译的根本所在。体现在非线性建筑上也是如此。当代非线性建筑所营造的空间在体现平滑空间特征的同时，依然具有条纹空间的特征。非线性建筑的发展进程是通过纹理空间并在纹理化空间之中形成的，但所有的非线性空间的生成却都是在平滑空间之中实现的。从对当代众多非线性建筑案例的分析中我们可以发现，非线性建筑一般都是非线性的平滑空间与线性的条纹空间的结合建构，并且这种平滑空间一般都体现在整体建筑的辅助空间中（图4-9）。通常情况下，建筑师通过建筑楼层间的坡道、楼梯等的开放与交错布置，打破楼层间的封闭状态，消解建筑中

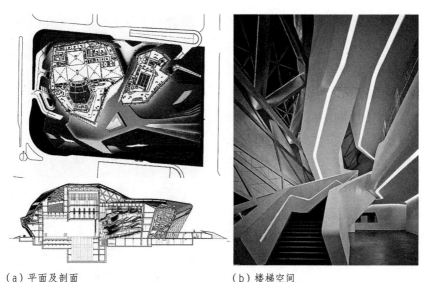

（a）平面及剖面　　　　　　　　　　（b）楼梯空间

图4-9　广州歌剧院的平滑空间

"层"的概念，赋予建筑空间划分的平滑流动与动态模糊，从而促进建筑空间在垂直方向上的进一步解放。同时结合条纹的建筑主体空间，获得了混合多变的、丰富的空间形式。这进一步证明了条纹空间所代表的王权科学对平滑空间所代表的弱势科学的规约。

　　非线性建筑中，平滑和条纹之间的转译所引发的建筑空间的折叠弯曲改变了建筑内部垂直与水平之间的某种固定关系，消解了建筑梁板柱的垂直与水平特征。在非线性建筑空间中，平滑空间的黎曼式弯曲的片断所特有的连接及其与欧氏几何空间的结合所生成的连续流动的、不规则的、非线性的几何形体已经成为当代建筑设计的主流，这无疑推进了当代建筑空间与形态的

复杂性转变。与此同时，这种平
滑与条纹空间的转译也打破了建
筑与场地之间封闭的关系，使建
筑呈现出开放性的特征，使其在
与周围的环境及城市空间密切融
合的同时实现了二者之间的增殖
（图4-10）。这一过程也适应了当今
人们更为丰富和复杂的生存与行为
方式的需求，同时也引发了建筑室
内外空间秩序均质化的思考。平滑
空间使当代建筑突破了以往现代主
义对于空间等级、功能分区等的严
格明确的区分。建筑体块之间以及
建筑与环境之间的"平滑"连接，
模糊了建筑体块及环境之间的边
界。同时，平滑与条纹空间在建筑
中的过渡与转译，为建筑客观存在
的各要素的差异提供了新的组织策
略，使建筑空间呈现出一种整体表
面化的均质趋向。但是，这种由平
滑空间带来的室内外空间的均质化
是受条纹空间的规定的，二者只有
在相互关联中才能彼此推进：平滑
空间令其自身被纹理化，同样，纹
理化空间也重新给出一个平滑空
间——后者有可能具有极为不同

图4-10　杭州来福士中心的平滑空间

的价值、作用范围及符号，挑战着建筑的价值观及人们的审美想象力。

综上所述，在空间—地理环境中，平滑空间的运作模式创造了一个个与环境开放、迭代生成的界域，界域在与环境结域与解域的互为生成的过程中又创造了平滑与纹理混合的空间生成机制与褶皱的空间形态，这为当代建筑师从建筑与环境的宏观视角思考建筑创作，创新建筑形式提供了可参考的思维过程（图4-11），并最终实现了德勒兹平滑空间理论与"界域"建筑思想的转换。

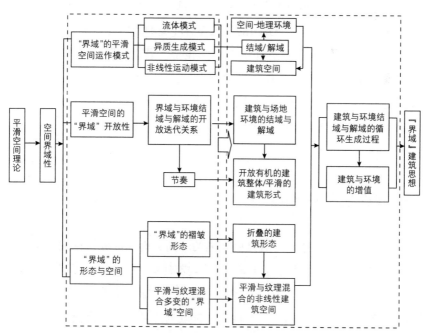

图4-11 平滑空间理论与"界域"建筑思想对应关系图示

第二节　界域建筑创作思想阐释

　　"界域"是德勒兹平滑空间运作与存在方式的一种融贯性的表达，同时也是其空间理论的核心。界域在运作过程中与其所在环境形成的富于变化的节奏（迭奏曲），为建筑提供了一个动态、流动的空间和形态的模型，为建筑由层化空间向平滑空间的转变提供了一个新的思考方向。建筑与其所生成的物质与非物质环境的结域与解域是建筑以界域的属性存在的基本方式，建筑的界域化体现了当代建筑空间和形态异质、复杂的转变。建筑通过与环境的结域构成了建筑内部平滑的空间形式和随环境的变化而折叠起伏的建筑形态，通过与环境的解域实现了其内部环境之间以及与外部环境的开放式关联，作为界域的建筑在与环境的结域与解域中，实现了在整体城市环境中对自身界域化的创造。因此，"界域"建筑思想就是要通过对德勒兹平滑空间理论的深入思考和挖掘，创造出建筑内外空间环境异质元素的多元聚合体，并使其在相互过渡和转换（结域和解域）中实现自身在城市环境中增值的设计思想。

一、建筑与环境的结域

　　正如前文所论述，界域是由环境的不同方面或部分所构成的。它自身包含着一个外部环境，一个内部环境，一个居间环境以及一个附属环境。具有界域属性的建筑也是如此，它具有一个居住和庇护的内部空间，一个作为其领域的外部空间（自然环境包含地势、地貌等，人文环境包含历史、文化等），一个膜和

与边界相关的中间区域（建筑的表皮），一个与建筑非物质因素
相关的附属环境空间（人的行为、心理因素等）。这些区域及因
素共同构建了一个多元体的界域建筑（图4-12）。界域建筑的每
个环境与空间都是被编码的，并且每种代码都处于一种不断地
超编码或转导的状态之中。超编码或转导就是组成建筑的一个
环境充当另一个环境的基础的方式，或相反，是一个环境建立
于另一个环境之上，或消散于、构成于另一个环境之中的方式。
这种建筑与其所在环境之间以及组成建筑的各环境内部之间的
彼此过渡、互通转换的关系或节奏就构成了建筑与环境的结域，
建筑与所在环境或某种节奏的结域是构成界域建筑的必要条件。
当组成建筑的一个环境向另一个环境进行超编码的过渡，当不
同的环境进行互通，当异质性的建筑空间—时间相互协调，建
筑与环境结域的节奏就出现了。节奏是一个环境向另一个环境
过渡的临界状态的瞬间联结。它不是在一个均质时空中的运作，
而是通过异质性的断块实施的运作。这样，就将建筑从均质的
层化空间中解放了出来，使其进入到由异质元素构成的无视实
体和形式的平滑空间之中，并表现出随着环境的节奏变化折叠
起伏的建筑形态（图4-13）。建筑与环境的结域改变了建筑内部

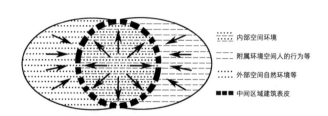

图4-12　界域建筑环境关系模型

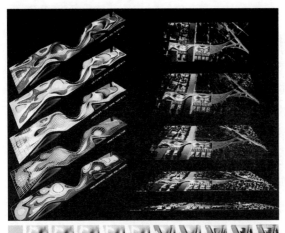

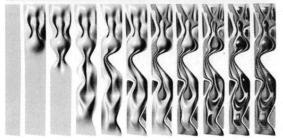

图4-13　平滑空间折叠的建筑形态

和外部之间的固定状态，使得组成建筑的各空间环境之间始终处于一种相互交换能量的状态。建筑成为由多种异质性空间富于节奏过渡的界域。哈迪德设计的望京SOHO的内部空间（图4-14），超越了传统层化建筑空间的分区与定位，打破了建筑梁板柱的界限，与外部连续流动变化的交通、车流、人流等环境相互联通，与建筑形态互为生成，形成了建筑富于节奏变化的界域。在建筑的界域所组织的内外环境中，虽然其空间是平滑的、游牧的或模糊的，但却具有严格的本质，它是超越了常量和变量的强度的连续体或连续流变组织的空间关系。在这一空间关系之中，生成没

图4-14　望京SOHO平滑的空间与形态

有终结，也没有主体，而是将彼此卷入邻近的或难以判定的区域
之中，由此带来了建筑室内与室外、主体空间与非主体空间界限
的模糊，从而超越了传统层化建筑空间的分区与定位，这使得建
筑空间从"同一"的重复转向了"差异"的重复，带给人们以充
满变化的、动态的空间体验。也正是通过这种差异的重复，建筑
才实现了从组成它的一个环境到另一个环境的过渡。差异而非产
生差异的重复构成了建筑与环境结域的迭奏曲。因此，在建筑与
环境结域的过程中，是其中的流变物质的差异性元素在平滑空间
中的生成或转化使建筑超越了层的限制，穿越了配置，并获得了
它自身的融贯性（稳定性），也获得了对自身的加固。但这其中
也勾勒出了一条带动整体环境运动变化和产生节奏的无轮廓的抽
象之线——游牧和流动的解域之线。

二、建筑与环境的解域

解域就是在界域空间中，通过逃逸线的运作使某物离开界域

的运动。通过这一过程，一方面保证了界域空间的灵活多变性和
流动性；另一方面，使得界域的配置自身向其他类型的配置开
放，保证了界域和其相关的环境之间的开放性。就建筑、环境与
解域之间的关系而言，建筑是被解域的环境，其中作用于环境的
建筑是进行解域者，而环境是被解域者。建筑与环境的解域就是
通过建筑界域空间中多元、复合的逃逸线（人流、物流、信息流
等）的运作，使建筑界域空间中的某些因素离开界域，指向环境
的运动（建筑形体的某一部分延伸至环境等）。通过这一过程，
建立起了建筑界域空间与外部环境之间的再结域，以此实现了界
域建筑与所在环境之间循环往复的互为生成的过程。也就是说，
建筑与环境的解域伴随着与相关环境的再结域，这也决定了解域
的多元性、复合性。因为在与环境解域与再结域的过程中，汇聚
了建筑界域内部以及外部环境中各种异质元素的不同速度和运
动，这必然生成多样的界域形式。因此，这一过程也是对界域的
又一次创造。解域之后的再结域所体现出的并非是一种向界域的
复归，而毋宁说是这些内在于解域自身之中的差异性关联以及此
种内在于逃逸线之中的多元性。

　　FOA的巴塞罗那海滨公园设计，就是建筑与环境解域思想的
体现。通过对公园内体育休闲活动的各种流线与路径的分析，形
成了建筑界域内多元复合的逃逸线。通过模仿这些逃逸线的运
作，形成了建筑界域内场地的网络（图4-15）。同时，将这些网
络与地形、地势、沙丘等自然环境相融合，就构成了建筑与环境
的解域关系，使建筑成为被解域的环境。建筑界域内的空间也体
现出了人流等逃逸线的运作向地形配置的开放，在没有人流通过
的地方则由沙丘状的隆起与翘曲构成，保证了建筑界域空间的流
动性与开放性（图4-16）。

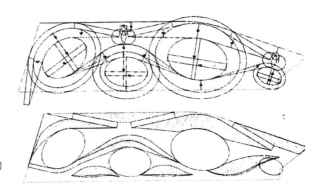

图4-15　巴塞罗那的
海滨公园场地网络

图4-16　巴塞罗那的
海滨公园地形形态

在建筑的层化空间中，解域是否定的或是相对的，运动也是相对的，无论它的量与速度如何，它都被视为"一"的物体，关联于一个纹理化的空间。此物体在这个空间中运动，并根据（潜在的）直线进行度量。在这类层化空间中，逃逸线是被阻断的，或是被节段化、被抑制的。因此，解域之后的再结域是基本的或是次要的。而在建筑的平滑空间中，解域是绝对的，运动也是绝对的，无论它的量与速度如何，它都被视为"多"的物体，关联于一个平滑化的空间，并以涡旋的方式占据这个空间，对这个空间进行着创造。在这一空间中，逃逸线的连接是多样、复合的，具有抽象的生命线的强力，在勾勒的融贯性的平面上发挥着自身的创造力。但是，就如同界域是一个平滑与纹理混合多变的界域空间一样，此种对应于平滑空间的绝对解域必须通过对应于条纹空间的相对解域才能进行，因为它们之间不是一种对另一种的超越，而是互为借用、互为借助的。为了进行操作，否定的或相对的解域自身也需要一个绝对者对空间环境进行超编码，由此将逃逸线连接起来，只是其与绝对解域的目的不同，否定的或相对的解域将逃逸线接合起来是为了中止它们，而绝对解域将逃逸线连接起来是为了对其进行创造。这就如同建筑的层化空间中根据人流、物流等运作的逃逸线将空间划分为不同的层级及功能分区，而在建筑的平滑空间中并不存在着绝对的空间界限。

三、建筑的界域化

建筑的界域化体现的是界域建筑中组成建筑空间的异质元素（环境、社会、城市、历史、文脉、行为、心理等）之间的融贯性的问题。也就是说，组成建筑空间的异质元素之间的融贯性

的强度越强，建筑界域化的表现就愈加明显。这里涉及建筑空间
各元素之间功能的重组和力量的重聚，同时也涉及组成界域建筑
的各环境之间过渡的节奏和表达性的加强。尤其是建筑与表现城
市社会的非物质元素之间过渡、融合的节奏的表达性的增强。融
贯性是一种界域性配置的组分维系在一起的方式。融贯性将异质
者维系在一起，但又不使它们失去异质性的东西。构成界域建筑
及其周围环境的各种异质元素（物质的、非物质的）以平滑空间
的运作方式被聚集在一起，就组成了一个融贯性的平面，这一平
面抽象地但却真实地存在于界域建筑未成形的元素之间的快与慢
的关联之中，存在于相对应的强度性情状所构成的差异性关联的
多元复合体之中。这一融贯性平面在建筑与环境的结域与解域的
过程中形成了富于变化的迭奏曲，并构成了建筑空间异质元素聚
合的非限定场所。建筑的界域化打破了构成建筑的各异质元素的
统一化和总体化，通过组成融贯性的平面，巩固建筑与其所在内
部、外部环境的开放性关系，或者说是巩固了建筑异质元素聚合
的这一模糊集合的多元体。在这个平面中，通过一种内在的节奏
间性形成对不协调元素的节奏的某种叠加或连接，从而实现融贯
性的一种加固，这是一种通过被插入的要素，间隔以及叠加—连
接产生的被加固的聚合体的活动。哈迪德的许多建筑作品都体现
了创造这种异质元素聚合体的设计思想：在她的众多设计中都是
通过对环境、社会、城市、文脉等被插入建筑空间中的要素的考
虑和关注，从动态发展的未来视角对其进行抽象的提炼，从而创
造出了崭新的建筑语言，在开创了建筑与城市新的语境的同时，
加固了建筑与环境和文脉等的关系；通过引入交通空间作为各功
能空间之间的开放式过渡与"间隔"，巩固了整个建筑空间动态、
多义的空间场所体验；通过对竖向交通体系在层与层之间开放、

错落的转换布置，塑造并加固了复杂多义、充满变化的开放的界域建筑空间。因此，建筑的界域化并不在于建筑界域性配置的组分以建筑内部为中心到建筑外部环境的过渡，而是与此相反，它是通过内在节奏间性的连接从外部到内部，或毋宁说是从一个模糊的、离散的集合体到其不协调、不连续的异质元素的加固。混凝土这种异质性材料在建筑中呈现出的稳定性（融贯性）的程度就是随着外来的混合要素而发生变化的，而且被插入的钢筋也遵循着一种节奏，一种自承重表层之上的复杂的节奏，它根据被截获的力的强度和方向而拥有着不同的部分和多变的间隔（钢筋骨架，而非结构）。总之，建筑的界域化在融贯性平面的基础上形成了建筑界域的异质性元素（配置）与环境的一种接续与并存的加固，一种与时空的接续与并存的加固。

从界域的视角看待建筑，实际上就是将建筑放置在城市这个整体的大环境中，或者说是一个大的景观环境中，界域建筑通过与城市环境物质与非物质各要素的相互关联而生成，这与赫兹伯格的"喀什巴主义"、弗兰姆普敦提出的"巨构形式"、槙文彦的"群形式"、斯坦·艾伦的"场域"等建筑概念及创作思想具有一定的相似之处（表4-2）。他们分别用不同的术语表述了对建筑与城市关系的思考，并从不同的角度将城市引入到建筑创作中。从图表的分析中不难看出，斯坦·艾伦总结的多种要素复合叠加的"场域"理论与建筑的界域化思想最为接近。场域概念在建筑领域的提出，是对西方建筑传统，尤其是现代主义建筑孤立、片面地追求建筑形式而忽视建筑与周围环境关系的质疑，这与界域化建筑思想的出发点是一致的。斯坦·艾伦将场域作为建筑形态或空间的基底，将场域中的不同元素统一成一个整体，同时又保留其各自的个性特征。这与界域化建筑思想中融贯性平面

与界域建筑相关的建筑形式

表4-2

建筑概念及思想	建筑师	年代	建筑主张	与城市的关系	代表作品及受影响的建筑师
喀什巴主义（kasbahism）	赫兹伯格	20世纪60年代	建筑不再是单一的对象，而成为围合城市集体空间的一部分聚合物。建筑之间的环境也是设计需要考虑和关注的"对象"，由此建筑与环境之间的对立关系被弱化，主张将公共空间引入或穿透私人化和对象化的空间	喀什巴主义表现的是建筑的内向型组织模式。但是它缺少与城市文脉的关联，缺乏与城市现状之间良好的连接	比希尔中心办公大楼。内向型组织模式，开放、向内的可增长的单元体。体系内部的变化遵循现代建筑的模数化、单元体的某些秩序的转换规则，同时又拒绝严格的功能划分和空间的清晰界定。建筑室内间隙空间的设计则以传统城市的街道和公共空间及行为模式作为设计的依据
巨构形式（megaform）	弗兰姆普敦	20世纪70年代	建筑形态体现出强大的拓扑变形特征，形式上表现为水平而非竖向延伸；建筑不再是孤立的个体而是作为环境的延续，融入环境中；同时与城市文脉建立了关联	强调建筑内部功能与城市功能的混合；对资本主义复杂化城市需求的回应；其形式使城市肌理的密度趋向增强	H·奇利亚尼设计的马恩拉瓦雷的一个综合体建筑（1980），拉菲尔·莫奈奥和M·S·拉姆雷斯设计的巴塞罗那勒拉街区（1997）以及库哈斯、伊东丰雄、MVRDV的设计作品
群形式（group form）	槙文彦	20世纪70年代	反对建筑与城市规划、城市肌理相分离。建筑形式由静态构图转向构成元素的动态平衡组合。建筑在组成城市的空间结构时，通过与道路、交通等城市宏观设施构筑的网络之间的动态关联，实现了由事件组成城市的流动和易变模式	是对传统城镇结构的模拟	智利圣地亚哥市中心再开发计划。建筑群的间隙空间是通过建立在方格网中的街廊之间的联系而产生的

建筑概念及思想	建筑师	年代	建筑主张	与城市的关系	代表作品及受影响的建筑师
场域（field）	斯坦·艾伦	20世纪80年代	场域状态可以是任何形式或空间的母体，在体现个体特征的同时，它能够统一各种不同的元素。场域是由多孔状和内部相连接的构造组成的一个聚集的松散领域，内部错综复杂的具体关系决定了场域的总体形状，间隙、重复、连续是场域的关键概念。场域赋予事物以形式，但着重于事物之间的形式，而不是事物本身的形式	"松散的适合"，边界松弛的建筑模拟了后现代都市的蔓延	洛杉矶韩裔美国人美术馆。突破了建筑高度秩序化的体系和网格系统，建筑实体和"间隙空间"是不确定的、随机的、松散的布局。各种突发事件发生在实体之间的"介质"之中

贯穿了组成界域的异质元素，同时又保持其差异性是相一致的。斯坦·艾伦认为场域的构造是以多孔性和局部的互联性为特征的松散限定的集合体，其中局部的内在规则是决定性的，其外部的形状和范围是极不确定的。场域赋予组成其自身的事物以形式，并且强调事物之间而非事物本身的形式。场域的这些特征回应了界域以平滑空间为主导，条纹与平滑相互转译的运作机制以及建筑与整体界域环境异质元素之间的融贯性关联。但是场域建筑与界域化建筑也存在着显著的区别，主要表现为两个方面：其一，二者在与环境发生作用关系时，场域的构造是由内部松散限定的集合体向外在环境不确定的过渡，体现的是由建筑指向城市环境的思维过程；而界域化的配置则与此相反，它是通过内在节奏间性的连接从一个模糊或离散的外在环境的集合体到组成其界域内在异质元素的加固，体现的是由外部宏观城市环境指向建筑的

思维过程。其二，建筑的界域化在场域状态的基础上更加突出建筑与城市非物质因素关联强度的表达性和标志性。因此，历史地看待建筑与城市环境关系的发展，界域化建筑思想更为深入、全面、整体地挖掘了建筑与各种环境的关系，以下我们就通过具体的设计实例对场域和界域化的建筑属性及差异进行比较分析。

斯坦·艾伦的洛杉矶韩裔美国人美术馆建筑设计是其场域理论的典型实例。建筑师在设计中探索了介于开放和封闭之间的建筑围合，该建筑以水平叠加的手法解决了建筑空间多种功能、尺度之间的冲突及其与基地的关系（图4-17）。该建筑的底层平面由一个开放、暴露的松散围护区域构成。美术馆的主体展览区域位于第二层，通过一系列的复杂坡道、台阶与周边的街道相联系。这一层是一个桁架梁的转换层，里面有许多自相似的"黑盒子"形的展室，它们保持着适当的分散性和自治性，满足了参观路线的严格规定，可以适应任何形式的艺术品展览。而展室之间的间隙空间则由演讲厅、咖啡屋等公共性空间占据，实现了不同功能空间之间的连续性和开放性，构筑了一个不确定的空间形式。这种将空间划分为异质元素聚合的设计手法实际上是一种类城市性的操作手法，在室内空间中营造了穿行于城市街道的效果，该建筑通过内部空间的各元素聚合及开放的组织关系实现了向城市环境的过渡与延伸。

由哈迪德设计的盖达尔·阿利耶夫文化中心（图4-18），则体现了界域化建筑的表达性及标志性。该建筑在造型上折叠、起伏，延伸至广场，与广场周围的环境融为一个流线型的整体，成为城市肌理的一部分。建筑褶皱的形态模糊了与基地、广场、城市之间的分化，使建筑与整个城市构建出了一个融贯性的信息融

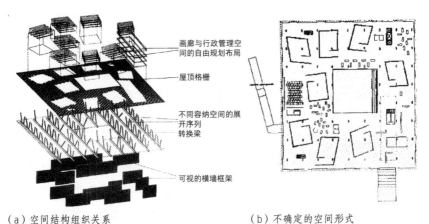

画廊与行政管理空
间的自由规划布局

屋顶格栅

不同容纳空间的展
开序列
转换梁

可视的横墙框架

（a）空间结构组织关系　　　　　　　　　（b）不确定的空间形式

图4-17　洛杉矶韩裔美国人美术馆

图4-18　盖达尔·阿利耶夫文化中心

合、开放的平面，加固了文化中心与整个城市环境以及时空的并存关系，形成了一个开放的建筑空间与文化信息交融的界域。文化中心的流体建筑形象也充分体现了传播的信息流与整个城市的交融意象，它反映了城市整体环境及信息网络向建筑信息界域渗透的节奏化的强度表达。

综上所述，界域建筑突破了现代主义建筑无视环境、场所而孤立地存在于空间环境中的现象，其通过与环境的结域以及建筑与环境之间的彼此过渡、互通转换而形成的非均质空间的运作节奏，将建筑从均质的层化空间中解放出来，形成了多种异质性空间富于节奏变换的界域建筑形式。与此同时，在建筑的界域空间中，通过逃逸线逃离界域的运作，实现了建筑空间的异质元素向环境的开放，塑造了流动与开放的建筑空间，并实现了建筑与环境的解域与再结域的循环往复的生成过程。建筑的界域化使得建筑空间内外环境中的各种异质元素通过融贯性的平面而得到了强度上的增强，并形成了一个异质元素聚合的非限定的场所。在这个场所中，空间和元素都是非限定的、平滑的，场所和限定者之间的耦合也不是实现于一种中心性的、被定位的整体化的层化空间中，而是实现于一种由局部层化空间操作构成的无限的平滑序列中。界域建筑思想中，建筑通过与环境结域、解域、再结域的循环往复的过程形成了建筑内外空间中异质元素聚合的非限定场所和融贯性的城市空间，加固了建筑在城市整体环境中的界域化表达，建筑的界域属性将建筑锚固在城市的空间、环境和场所中，并使之成为一个协调的能量相互转换的动态生命体，创造了建筑与城市环境互为增殖的逻辑。

第三节　界域建筑思想的创作手法分析

根据界域思想中阐述的建筑与环境"结域—解域—再结域"的循环往复的生成过程及建筑界域化的过程及属性，将这一思想下的建筑创作手法总结为三个方面，即对应于建筑与环境结域思想的"地形拟态"操作手法，对应于建筑与环境解域思想的"地形流变态"操作手法，对应于建筑界域化思想的"界域情态"操作手法。界域建筑思想以构建建筑与物质、非物质环境的关系为主体，因此，其创作手法也是建筑基于某种环境的操作。其操作手法与前文论述的场域建筑较为相似，如在形态的操作上，更多地表现为一种水平延伸而非竖向延伸；在与城市肌理及环境渗透、融合时都运用叠加、插入、间隔、延伸等手法，但其操作的指导思想和目标不同，界域建筑在操作过程中具有与环境结域或解域的明确指向性，并且界域建筑更倾向于对环境结域、解域节奏的表达性建构。

一、地形拟态

地形拟态是建筑与环境结域思想的一种最直接的操作手法，它是用人工化的建筑去介入地形、融入环境，用建筑去表达自然环境、城市肌理等意象的设计方法。建筑与环境的结域要求建筑与基地环境、城市肌理、空间地理环境之间形成彼此过渡、互通转换的节奏变换。而建筑介入地形、融入环境的模拟形态就构成了各环境之间过渡的临界状态的瞬间连接体，表达了环境过渡时的节奏。地形拟态突出建筑与所在空间地理环境中地形、地貌、地势和城市肌理等在形态上的接续与连接以及空间上的延伸与渗透，强调人工建筑对自然生态及人文环境的融入、整合与重构。它通常通过折叠、挤压、隆起等方式操作地表，形成建筑与基地环境某种节奏的融合及形态上的接续与连接。这种操作方式通常表现为折叠起伏的褶皱建筑形态。建筑与环境结域时表现的地形拟态的连续起伏的界面及褶皱形态，一方面打破了建筑与自然、建筑与城市之间的界限，改变了建筑内部和外部之间固定、静止的状态，使其在内外部能量转换的过程中创造了体现自然环境特点、融入城市肌理、异质元素共同运作的非均质的相互渗透、延伸的平滑空间形式；另一方面，这一形态使建筑内外空间与环境的界限变得模糊，创造了建筑、城市、基地景观相互渗透的整体空间环境。

彼得·埃森曼的法兰克福莱布斯托克公园（Frankfurt Rebstock，1990）的规划及建筑设计就是地形拟态设计手法的一个典型代表。在设计中，埃森曼借用了德勒兹的"褶子"和"事件"的概念来表达莱布斯托克历史与未来的在场性，以此处理建筑与环境的关系。埃森曼认为："在德勒兹的褶子思想中，形式不仅被看作是连续的，而且清晰地表达了水平与垂直，形体和地形的新关系……新的物体对德勒兹而言，不仅是涉及空间的框架，而更是一种时间的调制，它意味着事件的持续变化。"[①]在规划中，埃森曼考虑到建筑形体和场地地形的关系，建筑空间（交通、运输流线，入口，城市空间和边界）和建筑的相互作用，在场地中引入折叠的跨越线和沿行线，使新旧建筑形体与场地的关系通过折叠

---

① Peter Eisenman. Unfolding events: Frankfurt Rebstock and the possibility of a new Urbanism [M] // Re-working Eisenman. London Academy, 1993: 58-61.

变得明确（图4-19）。在设计中，埃森曼
将整个城市的模式看作织物图案的编织，
并沿着编织线进行折叠，从而形成复杂的
关系，由此，织物的边界由不确定的折叠
线的运动来规定。埃森曼在设计中通过将
场地环境中的折叠线与建筑形体结合，实
现了建筑与环境的结域与融合。

法国雅各布和麦克法兰事务所（Jakob +
Macfarlane）于2002年设计的巴黎码头
（The Docks of Paris）（图4-20）也采用了
地形拟态的操作手法。该设计在旧有码头
的基础上，将建筑的新增部分作为一个地
形化的插入体贯穿原有的建筑框架，使建
筑在保持原有功能的同时，通过这一地形
拟态的连通体系，建立了建筑内部路径和
整个城市道路的贯通连接关系。该建筑与
横滨港客运码头一样，新增的部分在形态
上是一个与自然地理环境接续、折叠的结
构化表皮围护的空间模糊界面系统，建筑
顶部则是一个由起伏的草坪和木地板构成
的可以通达建筑内部各处并与城市景观融
合渗透的开放性场所。建筑内部则形成了
一个容纳多种公交系统的新体系。这一设
计手法模糊了建筑和城市之间的空间界
限，使建筑成为环境的一部分，进而实现
了二者之间的环境过渡与能量转换。

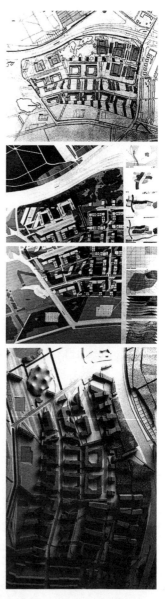

图4-19 法兰克福莱布斯托克公
园规划

挪威哈默菲斯特的北极文化中心和旅馆/会议中心建筑群也体现了地形拟态的设计手法。该建筑群由16个漂浮的岛屿组成，岛屿模拟海洋表面巨大的水滴（图4-21），被整体覆盖在一个表现起伏的海浪和山峦意象的水平延展的体量下，形态如同一个折叠的器皿。该体量是根据哈默菲斯特镇主要街道的轴线而确定的，由放射状构造和结构组成，是将哈默菲斯特镇和海岸连接起来的脊柱关节。该体量的表面是一个类似植物性和矿物性景观的地方，成为保护市镇免受风浪、风和噪声污染侵害的巡航港口（图4-22）。

地形拟态的建筑设计手法是实现建筑与城市自相似组织的一种方式，它实现了建筑的功能空间、景观空间以及城市空间的有机关联，是建筑与环境的结域过程中，空间变化节奏的形态化表现。

图4-20　巴黎码头的
地形拟态表达

图4-21 北极文化中心的地形拟态表达

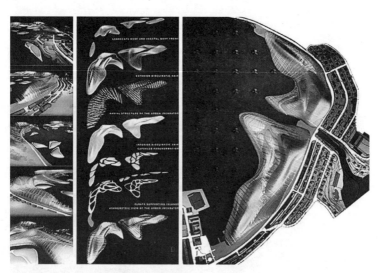

图4-22 北极文化中心的建筑形态及构造

二、地势流变态

地势流变态是建筑与环境解域的一种操作方法,由于建筑与环境解域过程中界域空间内逃逸线的运作,使其在地形拟态的基础上更加突出了建筑界域空间的灵活多变性、流动性以及开放性,并表现为建筑界域整体空间适应地势起伏、流变的形态特征。其中地势流变的形态不仅仅包括地形的起伏变化,而且包含了广义上地势及物体在空间中流动起伏的样态。就操作方法而言,地势流变态是通过折叠、交织、挤压、隆起等方法,对建筑界域空间内包括人流、物流的活动路线以及界域内外空间信息的交互路线等多元逃逸线进行组织,并作用于建筑形体而形成的流变的建筑形态及意象,以此突出流变态建构在空间环境基础上的时间因素、速度因素及其在思维空间中的流动性特征。界域建筑空间内逃逸线离开界域指向外部环境的运作方式,加强了界域流变的形态与环境物质及非物质样态之间的关联,使建筑内外空间相互渗透、延伸,呈现出封闭向开放、清晰向模糊的变化趋势。建筑自身成为一种与环境融合的城市景观。与此同时,流变态的界域空间还是一个动态发展的开放的系统,其空间的模糊性及不确定性使其具有多种连接和使用的方式,随时可以根据环境的改变和事件的要求创造多义性的空间。以下就以哈迪德和埃森曼的建筑为例对地势流变态建筑的操作方法进行分析。

哈迪德在德国莱比锡宝马厂区中央建筑(图4-23)的设计中所采用的设计手法就体现了地势流变态的表现方法,该建筑以水的流线形态作为建筑语汇,整体建筑空间以生产流水线的组织形态作为建筑的整体造型,生产线的流动方式构成了整个

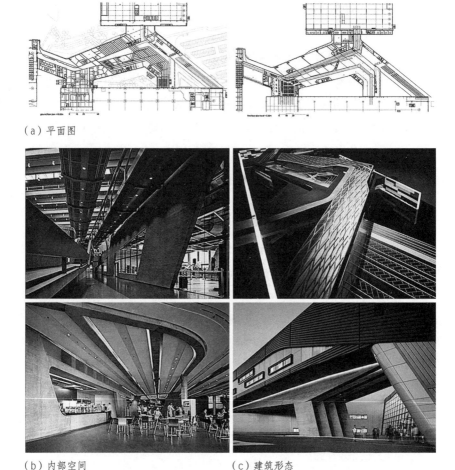

（a）平面图

（b）内部空间　　　　　　　（c）建筑形态

图4-23　德国莱比锡宝马厂区中央建筑

建筑界域空间的逃逸线，该生产线将各个管理部门都置于流动
工作的空间序列中。流动的建筑形体随着逃逸线的运作，仿佛
演绎了宝马汽车的流畅的加工过程，同时也体现出流动的空间

在时间维度上的瞬间固化。该建筑的建构手法即在形态表现上与哈迪德的罗马当代艺术中心（图4-24）具有很大的相似之处。哈迪德以彼此交织的管状物为建筑的主体形态，使其与基地地势原有的结构肌理、城市历史文脉相融合，形成了建筑外观流动的建筑形态以及内部随着城市纹理蜿蜒波动的内部空间。

哈迪德的法国斯特拉斯堡有轨电车总站及停车场，在设计中也体现了逃逸线根据地势的流动而组织运作的流变态的操作方法。这个项目的总体概念就是要通过交织叠加基地上现有的各种活动形成的逃逸线的线性要素，使之构成一个持续变化的整体（图4-25）。这些逃逸线包括汽车、电车、自行车和行人等所形成的运动流线。通过逃逸线之间的相互交织使全部交通体系形成一个可以不断相互转换的整体空间及运输场，而交通方式之间的转换构成了一系列的空间及物质切换的能量场。这种线性的要素构成了建筑内部空间包括顶棚灯具、地面条纹和外部空间——停车

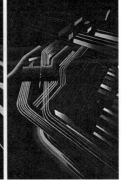

图4-24　罗马当代艺术中心流动的建筑形态

场设计的主体形式语汇，建筑外部
空间与基地边缘曲线的变化相呼应
（图4-26）。整个建筑通过逃逸线的
运作，模糊了自然与人造环境之间
的界限，让整个建筑向整体的空间
环境开放。

　　埃森曼的那不勒斯高速铁路
TAV火车站的设计在形态上运用流
畅的筒形结构与地势的起伏变化相
结合产生了液体般的流动感，在视
觉直观上直接体现出地势流变态的
建构方式。建筑形态的复杂曲线加
强了高速火车的视觉特征，并通过
半透明的模糊界面与维苏威火山产
生视觉上的联系，加强了地势流变
态的建筑意象（图4-27）。与此同
时，建筑用起伏流动的动势表达了
建筑形态的时空流动性，将时间因
素加入到建筑界域空间的表达中，
体现了建筑师对速度及空间流动性
的诠释。

三、界域情态

　　界域情态是建筑界域化思想的
一种操作方法。"情态"是作为物

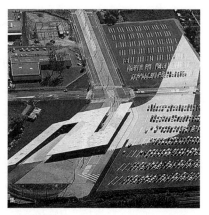

（a）整体规划

（b）逃逸线的流动

图4-25　法国斯特拉斯堡有轨电车总站

图4-26　法国斯特拉斯堡有轨
电车总站的线性要素

图4-27　那不勒斯高速铁路TAV火车站地势流变态的建筑意象

质主体（感知物）的形态与其传达出的表情（情状）之间在信息
交换过程中形成的感知主体的情感变化的外在物质表现形式。界
域情态则是指这种情感变化以所在的物质环境为介质与非物质环
境组成的具有表达性的结构系统的外在表现形式。也就是说，这
种由建筑情态和非物质环境所构成的自然体的状态组成了建筑的
界域情态（图4-28）。建筑的界域化思想中最核心的要素就是界
域表达性的强度，而对于表达性而言，基于物质主体（感知物）
的表情（情状）及情感体验的情态建构是其关键环节。因此，界
域情态操作手法的目标是对建筑界域空间及环境中所形成的异质
元素聚合的物质主体与情感体验的结合建构。其中融贯性是实现
界域建筑表达性的有效手段，它一方面使建筑与环境及时空的关
系得到加固，另一方面也增强了异质元素聚合的建筑内部关系的
强度，从而实现了建筑整体表达性的增强。这一建构方式标明了
建筑观念和视角的转变，即建筑从"个体建构"转向"异质群体
的聚合"，从"个体形式的感知"转向"整体空间环境的情感体
验"。情态建构的界域空间由于与社会、文脉、历史等非物质环
境密切相关，因此还是一个充满事件、能为人们提供多种情感体
验的场所。

　　基于以上对界域情态操作手法的概念及目标的论述，可以概

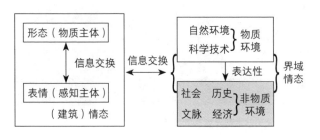

图4-28　界域情态建
筑关系图示

括出其情态建构的基本方法就是以当代科学技术为支撑，通过叠加、连接、间隔、插入要素等手法将建筑置于整体的城市环境中，实现其建筑界域空间、所在环境异质元素（自然环境、城市肌理、历史、文脉等）与感知主体情感体验的结合建构（表4-3）。最终形成一个由多元异质元素组成，表述界域空间物质与非物质环境关联的平滑空间的融贯性聚合体及生成体，并在此基础上突出非物质环境赋予建筑的表情或情状，突出建筑界域表达性中感知主体的情感体验。也就是说，在建立建筑与自然环境之间的开放性关联的同时，加强其与城市文脉、历史等非物质因素的强度关联，使其形成一个带给人们自然及社会双重情感体验的融贯性多元复合体。这种情感体验又反作用于界域空间中的异质元素，使它们之间的关联强度、融贯性（稳定性）增强，进而使建筑界域的表达性也随之增强。总之，建筑的界域情态中，情感体验的建筑外在形式表达以及非物质因素带给人们的本真情感的升华感受是其建构的关键。以下我们就以哈迪德的两个建筑作品为例，对体现界域情态的建筑设计进行分析。

建筑情感外在表现形式中情感与环境关系　　　　　　　表4-3

环境 ＼ 情感		情感表现	情感交流方式	情感特征	相应情感下的建筑形式	建筑情感外在形式
物质环境	自然环境	自然情感，情感的本真状态	物质交换	感性、简单的自然情感	顺应自然特征的建形式	场域状态
	技术环境	技术（机器）情感，技术淡化了情感的本真状态	物质交换	技术理性情感	高技术，批量复制，形式统一	
非物质环境（社会、历史、文脉、经济等）		情感本真状态基础上的升华	信息交换	多元化情感	顺应自然，利用技术，具有表达性的建筑形式	界域情态

　　哈迪德的广州歌剧院设计（图4-29）为人们提供了一个对社会、历史、文脉等非物质环境感知体验的场所，体现了情态在建筑界域空间中的表达性。该建筑选址于珠江岸边一块平缓的山坡上，建筑的外观形态象征着珠江边上两块大小不同的"砾石"，暗示了广州的镇城之石——海珠石的古老传说。哈迪德通过叠加的手法将建筑与历史文脉联系起来，并将其贯彻到建筑形体和空间之中，赋予了建筑表达城市文脉与历史的形态与表情，丰富了人们对建筑的情感体验。同时，建筑的这一独特的造型、流畅的轮廓与珠江交相辉映，从城市的整体布局出发，完成了珠江新城林立的高层建筑与珠江之间的连接与过渡，表达并强调了城市无形的、内在的环境特征与发展脉络，该建筑的诸多表达性的特征使其成为标志性的城市景观。

　　德国沃尔夫斯堡斐诺科学中心也体现了构成建筑的异质元素与物质、非物质环境之间的并存加固关系。这座建筑位于城市的重要历史文化区域内，周围围绕着重要的历史文化建筑。哈迪德的基地分析草图向我们清晰地传达出该建筑在动态的渗透与融合中构成了与现存的历史文化建筑、城市肌理、自然环境等的融贯

图4-29　广州歌剧院的表达性建筑形态

性（稳定性）关系。同时，利用建筑内外墙面上的众多孔洞形成的内在节奏间性实现了建筑内外景观的接续与连接以及建筑内部"步移景异"的景观效果，将孤立的建筑与整个城市、环境融为一体，巩固了建筑与内外环境间的开放性关联，突出了界域建筑情感体验的外在形式的表达性（图4-30）。

（a）基地分析草图
（b）建筑整体形态
（c）建筑墙面上的孔洞
（d）建筑外立面

图4-30　沃尔夫斯堡斐诺科学中心

　　总结以上界域建筑的创作手法，我们可以看出，界域建筑思想下的建筑表现手法是在复杂科学技术支撑的条件下，建筑与城市自然环境地形、地势在形态上的融合，和在此基础上与城市社会、文脉、历史等的空间和情状的整合与重构。这种双重意义上的整合通过建筑这一中观介质，建立了建筑内部微观环境与建筑外部的城市整体宏观环境之间相互渗透、彼此延伸的融贯性的强度关联。此时，建筑不再是地表空间的围合者、限定者和划分者，而是城市整体肌理、景观结构的融入者，城市肌理、景观元素渗透到建筑形体和空间之中，建筑从属于整体的城市界域空间，成为其空间的延伸，并构建了其承载城市过去、现在与未来的异质元素的多元聚合体。这一聚合体与其内外部环境的关联决定并营造了界域建筑非限定的场所体验和情态空间。界域建筑的创作手法发展了更为符合当代城市性质的建筑与环境关系的表达方式，它是建筑、环境与城市关系的一种动态性的融合，是在场域状态基础上的界域空间情态的表达性建构，它为人们提供了丰富的事件场所、升华的情感体验，它反映了信息时代高技术、高情感需求下一种建筑、环境与城市关系创新设计方法的研究和实践总结，为建筑和城市发展过程中的创新理论和设计方法的进一步发展开拓了思路。

第四节　界域建筑思想的建筑创新特征解析

　　界域是环境和节奏的某种结域的产物。它本质上具有标识性，确切地说，当环境的组分（不同组成方面或部分）不再是方向性的，而是变成维度性的，当它们不再是功能性的，而是变成表达性的，界域就产生了。作为与环境及节奏密不可分的建筑，本身就具有界域的属性。可以说，建筑是建立居所与界域的艺术。尤其对于当代建筑而言，由于其形态和空间的复杂化转变以及复杂科学及数字技术的介入，使得建筑在空间的构成上突破了以往现代主义建筑的垂直、水平空间，在空间建构上呈现出了由条纹空间的方向性向平滑空间的维度性的转变。与此同时，建筑与空间的关系也在其原有功能性的基础上更加突出了对环境（物质环境与非物质环境）的表达性建构，并在空间形态上呈现出与环境更为融合、关联度更强的动态连续性特征，这些转变都使当代建筑的界域属性与特征愈加明显，同时也实现了"界域"建筑在形式上的创新。

一、建筑空间的维度性

界域建筑的平滑空间运作模式消解了传统建筑中层与层之间的叠加关系，突破了建筑空间垂直与水平的方向性，进而使其向空间界限模糊、空间界面消隐的维度性转变。通过我们对界域的分析不难看出，界域是由各种各样的被解码的片断所构成的，这些片断借自环境，但却获得了一种"属性"的价值：即便是节奏，在这里也获得了一种新的意义（迭奏曲）。界域同时超越了有机体和环境以及二者之间的关联。作为界域的建筑，通过建筑空间的诸多因素的组织关系，构建了建筑的界域性配置，它是建筑存在的空间与环境的一种接续和并存关系的加固，一种建筑时空接续与并存关系的加固。建筑界域性的配置形成于建筑的层化空间中，但却通过贯穿其中的多样的解域线运作于空间环境被解码的区域之中，使建筑不同方向的时间、空间相互融合、开放，空间的界限由此变得模糊，建筑空间成为一种多维度关系的复杂生成。其中一些解域线令建筑的界域性配置向其他的配置敞开，使它们进入到后者之中（比如建筑空间界域性的迭奏曲生成为一种城市景观或城市空间环境的迭奏曲……），而另一些线则直接作用于建筑空间配置的界域性，使其向过去、现在与未来的时空开放并拓展。配置的界域性发端于某种环境的解码之中，同样它也必然在这些解域线之中获得拓展。界域与解域之间不可分离，正如码和解码之间不可分割。沿着这些线，配置所呈现出的不再是一种有别于内容的表达，而仅仅是未成形的物质，去层化的力和功能。作为界域的建筑由此与其生成的异质性环境产生多样性的关联，这种关联又生成了建筑界域性的配置，从而使建筑脱离了层化空间的方向性，通过界域的褶皱形态和平滑与纹理混合多变的界域空间构建了建筑不确定性和差异性的多维度空间实践。作为界域的建筑通过界域的褶皱形态，将界域的时空概念及运作方式引入建立在秩序基础上的、空间界限明确的、传统的建筑空间组织关系中，改变了建筑与环境、建筑与基地的关系，使其成为一个融贯性的整体。界域的时空概念及运作方式使"建筑不再是一种脱离基地图形的物体（例如柯布西耶的底层架空），而是一种可以产生连续和相互对话的物体"。这种与空间环境的连续变奏的迭奏曲和与物质、非物质环境的相互对话，使建筑穿越了条纹空间的方向性限定，生成了界域建筑多维度平滑空间运作的多样性体验。以下我们就以扎哈·哈迪德的两个建筑作品对建筑空间中由方向性的突破和维度性的转变所带来的界域化特征进行分析。

哈迪德设计的意大利卡利亚里当代艺术博物馆（图4-31），

图4-31 流动的建筑
形态：卡利亚里当代艺
术博物馆

就是一种对建筑空间方向性的突破，体现了界域建筑在空间维度上的创新特征。在设计中，哈迪德将建筑的空间包裹进一个连续的、平滑的曲面中。在空间组织关系的处理上，通过层与层之间的连续转换布置，使整个建筑的交通空间和功能空间相互渗透，融于一体，消解了传统意义上的"层"的概念，进而消解了建筑的水平与垂直的方向性，创造出了一个开放和流动的空间（图4-32）。垂直和水平方向上的开放，最大程度上保证了室内外空间环境相互渗透的可能性，由此拓展了建筑的维度性特征，创造了一个深层开放的界域空间。

哈迪德设计的罗马国立当代艺术馆（MAXXI: Museum of XXI Century Arts，1998-2009）也体现了建筑界域空间在方向上

图4-32　卡利亚里当代艺术博物馆室内空间

的突破和维度上的拓展。这个博物馆取代了博物馆作为物体或固
定实体的概念，而被可归因于多种因素影响的"界域建筑"所取
代。在建筑空间的内与外之间没有严格的界限，所体现的中心主
题和主要的力的强度关系就是贯穿其中的解域线的流动。通过
墙体的交叉与分离创造出了室内与室外的空间，通过墙体的流

图4-33 罗马国立当代艺术馆流动的室内空间

动定义了主体流动空间、画廊和非主体流动空间、交通连接系统（图4-33）。MAXXI将自身与周围的环境结合起来，在重新演绎城市网格的基础上，通过一个自由的"L"形曲线生成了自身蜿蜒曲折的复杂的建筑空间形态，赋予建筑开放性特征，并在其中孕育和展现了整个城市的文化活力（图4-34），进而构成了建筑作为界域性配置与空间环境的多维度对话。

二、建筑的表达性

表达性是界域产生的一个要素。当建筑的空间形态所蕴含的某种节奏具有表达性时，界域建筑就产生了。确切地说，当建筑空间的组织不仅仅是功能性的，而更加突出其表达性时，界域建筑就产生了。建筑空间形态从功能性向表达性转变是当代复杂建筑创新性特征的一个显著表现。相对于功能性而言，表达性更具有时间上的恒定且空间作用范围更广泛："表达的属性或物质必然是专有的，它们构成

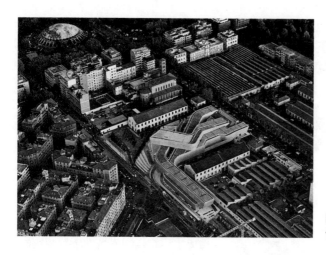

图4-34　罗马国立当
代艺术馆建筑空间形态

了一种比存在更为深刻的拥有。"①于是，这些属性勾画出了一个
个归属于某个主体（建筑）的界域，这个主体（建筑）将会拥有
它们或产生出它们。这些属性就赋予了建筑一种识别特征，使其
成为一种界域化的标志。建筑之所以成为艺术，就是因为它们拥
有了界域性的表达，使其在界域性的运动之中实现了对于表达物
质的构成和解放，可以说，这是建筑艺术存在的根基和土壤。一
个地标性的建筑，之所以能在一定的空间范围内具有标志性的作
用，主要就是因为它所表现的节奏和属性所勾勒出的界域与外部
环境之间的关系超出了周围的其他建筑。

　　界域建筑的表达性转变主要体现在建筑表皮的表达性转变、
建筑空间的表达性转变以及建筑形态的表达性转变三个方面，以

① 吉尔·德勒兹. 资本主义与精神分裂（卷2）：千高原［M］. 姜宇辉译. 上海：上海
书店出版社，2010：451.

下我们就以三个代表性的实例对其进行分析。

赫尔佐格和德梅隆设计的安联体育场（图4-35），通过将建筑表皮与信息技术相结合，使该建筑表皮能够跟随场内的比赛情况和气氛变化而发生相应的色彩改变，赋予了建筑表皮表达的属性。通过信息表皮的设计，该建筑不仅将具有功能性的空间组织包含于建筑内部，而且更加突出了建筑内部信息的外部表达与传递，通过信息的流动形成了一个赋予表达性的界域空间，实现了该建筑内外环境之间的关联，进而创造了一个表达性信息概念的体育场。

图4-35　表达性的信
息表皮：安联体育场

UN Studio设计的杭州来福士中心（图4-36），体现了建筑空间的表达性转变。该建筑通过一个四通八达的三度空间的网络，将外面城市空间的要素融入进来，其折叠起伏的自然形态与钱塘江川流不息的江水相呼应，表达了建筑与周边环境的融合，同时又将建筑内部的一切信息向外部传递出去。在这一过程中，建筑自然而然地实现了空间的功能性向表达性的转变，这一转变也赋予了该建筑界域化的属性。建筑空间内错落交织的交通流线、四通八达的空间网络以及多功能的空间规划，将外面城市空间的自然、交通、人文等环境要素融入进来，使中心凝聚成可持续发展的、健康的未来城市缩影，进一步加固了建筑与所在环境的关联强度，并赋予了建筑界域的属性和表达性的特征。

当建筑表皮具备结构和材料的双重特性时，表皮通过内外空间一体化的折叠变化及整体设计，就产生了一种折叠的建筑形态，这一形式的建筑通常从自然环境及城市的角度来考虑建筑与基地的关系，更具有表达的属性，体现了建筑形态的表达性转

图4-36 杭州来福士中心的建筑形态及内部空间网络

变。FOA设计的日本横滨国际码头（图4-37）就是这类建筑的一个典型实例。该建筑跟随基地地形的变化将建筑的内外空间组织元素（道路、墙、地面、顶面）折叠成一个空间界面相互交叉、边界模糊并富于多样变化的有机整体，给人以山谷、洞穴的自然环境感受。该建筑通过此种将建筑形态融于基地地势的方法，将

（a）建筑的折叠形态

（b）边界模糊的内外空间

图4-37　横滨国际码头

建筑变成了一个具有表达性的地貌景观。这使整个建筑形成了一个结合内外环境、时空变化，人为因素与自然环境相结合的"界域"，这一界域形式更加标示出了该港口的流动性特征。

当代建筑通过建筑表皮、建筑空间以及建筑形态的表达性转变，实现了建筑作为界域的属性，并建立了其与空间环境的强度关联，同时也实现和表达了其创新的建筑形式和特征。

三、建筑空间形态的动态连续性

空间形态的动态连续性是界域整体内外环境遵循平滑空间运作模式的必然结果。平滑空间为界域建筑打破了传统建筑空间的封闭特征，为空间形态的动态变化提供了可能。前文中我们已经论述过，具有界域属性的建筑跟界域一样由所在环境的不同组分所构成，包括建筑的内部空间、外部空间、中间区域以及与建筑非物质因素相关的附属环境空间。这些空间环境相互融通、互为开放的运动共同组成了界域建筑的平滑空间运作模式。在这一运作模式中，建筑内外部空间之间以及异质因素之间相互作用、聚合，能量相互转换，环境相互过渡的过程就形成了其空间形态富于节奏的动态连续性变化。这一变化节奏反过来又作用于建筑界域周围的环境，使之形成一个强度关联的整体。环境与节奏的结域构成了建筑动态的界域空间。其中，环境包含了一切与建筑相关的物质与非物质环境，而节奏则是构成建筑的异质元素与环境相互作用而产生的节奏。由此可以看出，建筑空间形态的动态变化是由其所处的环境及环境的关系决定的，建筑与环境结域与解域时的节奏变化决定了其空间形态的连续性。因此，具有界域属性的建筑随着与环境之间融贯性强度的增强，其空间的动态性及形态的连续性也愈加明显。这也是建筑界域空间与场域空间之间的区别，建筑场域空间是内部空间形态向外部环境的延伸、渗透，即建筑空间内在性对外在性的引导与指向，因此其空间的变化也指向建筑内部空间，而建筑的界域空间则与其相反，它是外部环境对建筑空间及形态的渗透、规定及影响，即建筑空间外在性对内在性的规约。也就是说，其空间变化的动态连续性是由所在环境与建筑之间的融贯性强度决定的，伴随着这种强度的逐渐增强，其空间形态也由复杂性动态构成向更为连续的塑性流动及信息媒介下的非物质互动转变。

（1）空间形态的复杂性动态构成。建筑界域空间中异质元素的冲突、过渡与转化以及由此产生的多元逃逸线的叠加、穿插、错位等关系，形成了其空间构成的不确定性、破碎性和连通流动性，共同组成了界域建筑空间形态的复杂性动态构成。这些引起界域空间关系发生过渡与转化的元素形式不断冲击着人的视觉器官，激发了人们知觉上对空间动态连续变化的感知。

（2）空间形态的塑性流动。正如前文所表述，任何一个建筑实体空间都标志着与其所在环境的一种空间分隔，但界域建筑是根据环境的某种节奏的渗透性而生成的形体，打破了与环境之间强硬的边界，形成了一个开放的间隔。由此，这种间隔由建筑与环境之间的"阻断"转变为一种与环境某种节奏的"融合"，并通过平滑空间、模糊界面、空间轻薄等特征表达出来，随着模糊理论、混沌学和耗散结构等非线性科学的兴起以及数字技术在建筑领域的应用，带来了界域建筑整体空间动态的流体变化及连续的自由形态。

（3）非物质空间的互动。当代的信息技术与数字媒介在建筑领域中的运用，形成了界域建筑融贯性的非物质平面，使建筑与

非物质环境的信息互动以信息流的方式在整个城市、区域乃至更
广阔的空间范围内延伸，构建了界域建筑在虚拟空间中与物质、
非物质世界之间的信息关联，同时也实现了与不同时空维度下物
质、非物质空间的信息交互。建筑的空间形态在信息网络的规定
下构成了无限广阔的建筑信息界域，同时动态连续的信息流又规
约着建筑的实体空间及形态，赋予了建筑空间新的动态性意义。
位于布鲁塞尔Namur港的当代艺术中心项目（图4-38）就是由混
杂媒介构成的一座信息交互的错综复杂的城市规划。该项目以
"都市束缚，一种混杂媒介"为主题，提出以一种新的具体发展

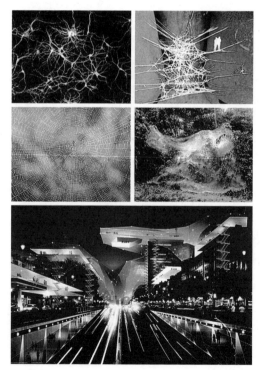

（a）自然界中的网络组织意象

（b）建筑在城市空间中的信息网络

图4-38　当代艺术中心的信息界域

规划为基础的媒介间空间的建造，并根据城市水平向和垂直向的分层来进行检查和校正，使之同时发展形成一个循环的网络，在为人们提供更多交流空间与媒介的同时，也形成了这个城市信息界域的整体识别性。界域建筑空间形态的动态连续性特征的具体表述可由表4-4来呈现。

动态连续性特征在界域建筑空间形态上的表述主要体现了建筑与所在整体空间环境之间的冲突、过渡、转化所形成的节奏变化，和由此带给人们在空间的固定视点或视域内对这些变化的动态认知，这其中主要包含了人的知觉在感知具有运动倾向的形体

界域空间形态动态性表述框架　　　　　表4-4

空间形态之动态性表述	动态连续性因素	具体构成特征	动态感知形成因素	与环境的作用关系
复杂性的动态构成	空间构成的不确定性	几何形的不规则变化和组合	不稳定趋向稳定的视觉紧张力	外部环境（物质与非物质）对建筑空间及形态的渗透、规定及影响，即建筑空间外在性对内在性的规约
	空间构成的破碎性	空间形态的破碎、重构、错动、扭曲	不完整趋向完整的视觉紧张力	
	空间构成的连通流动性	空间的渗透与延伸	具有强烈运动倾向形体的运动张力	
塑性流动	空间的平滑	空间的拓扑构成空间的混沌组织	混沌/统一、无序/有序的强烈视觉对比	
	界面的模糊	界面的连续界面的虚化	视线渗透，既在此处又在彼处的矛盾	
	密度轻薄	空间的轻盈化空间的平面化	瞬时变动，浮动信号引发的视觉触点	
非物质互动	虚拟空间	信息媒介构成的流动的网络空间	非物质化的虚拟空间的信息互动	

中的作用，同时也伴随着人在意识层面通过联想与想象而建立的
建筑空间形态与自然、社会等动态性特征事物之间的意象关联。

　　哈迪德在奥地利因斯布鲁克地区的项目Nordpark悬索铁路
站（Nordpark Cable Station）的设计就体现了界域建筑在整体空
间环境中的动态连续性的特征及带给人们的动态性空间体验。该
建筑地处阿尔卑斯山区，因此建筑在形态上是以山体自然形态
的转化来回应建筑周围的自然环境景观及历史文化传统的（图
4-39）。由此，哈迪德创造出了一系列动态连续的建筑空间系统。
哈迪德在谈到该项目时这样阐述其回应环境的策略："每一个场
所都通过其各自特定的地貌形态，海拔高度和自然循环状态以及
独特的文脉关系来表达它独有的特征。我们通过对许多自然现象
的研究——尤其是冰川运动以及冰河中冰碛的形成过程，不仅
从建筑的形态结构上回应了其各自不同环境下多变的因素以及
不同海拔高度上特殊的场地条件，同时亦有意识地保持形式逻
辑上的连贯性，在总体的表现风格上亦保持一致的流体动感，希
望每个站点的设计都能表达类似自然界冰雪形成时所呈现出的那
种凝固的动感——让它们看起来仿佛山间凝固的溪流。"[①]哈迪德
的设计策略清晰地表达了该建筑在塑造空间时与整体环境无限延
伸的动态空间特征及连续的空间变化（图4-40）。界域建筑的形
态及空间的动态连续性特征更多地是给人们以与环境产生关联
时的模糊的、不确定的空间感受和体验，这种不确定性为人们
对建筑空间含义的理解及与环境、文脉关系的解读提供了新的
视角。

---

① 陈坚，魏春雨."新场域精神之创造"——浅析当代建筑创作中营造场域精神之新
语汇和新方式 [J]. 华中建筑，2008（11）：11-12.

（a）建筑形态与自然的
呼应

（b）建筑整体形态

图4-39 Nordpark悬
索铁路站建筑形态

（a）入口空间

（b）楼梯空间

（c）内部空间形态

图4-40 Nordpark悬
索铁路站的动态空间

第五节 本章小结

界域建筑思想是在德勒兹平滑空间理论及空间界域性概念的基础上对建筑与城市关系的进一步思考。它反对线性、机械、理性的思维，而崇尚非线性、多元、非理性的创造性思维方式。对于建筑与环境的关系，界域建筑思想更为关注城市、文脉、肌理等宏观环境对建筑空间形态的影响及其相互之间的作用关系。这一思想体现的是由城市指向建筑的外部思维模式，即其思维重点不在于建筑内部空间有序的内在性，而是建筑外在空间环境及异质元素的自由运动导致的内部空间的动态、开放、不确定、无等级的变化。界域建筑思想通过建筑与环境的差异性元素之间各种力量的协调与重组，赋予了当代建筑与环境之间增殖的创造性逻辑。本章通过对界域的平滑空间运作模式，空间的开放性，界域的褶皱形态以及平滑、纹理混合多样的界域空间的阐述，建立了界域建筑思想的平滑空间理论基础，并在此基础上，通过建筑平滑空间运作模式中建筑与环境作用关系的分析，分别建立了建筑与环境的结域，建筑与环境的解域以及建筑界域化的界域建筑思想，为处理建筑和环境的关系提供了一个动态流动的思维模型。与此同时，对其相应的界域建筑的创造手法进行了分析，分别概括为地形拟态建构、地势流变态建构以及界域情态建构。此外，对界域建筑在与环境结域与解域时，空间形态上所呈现出的表达性、维度性、动态连续性的创新特征进行了总结，进一步厘清了界域建筑在空间形态上与环境的系统关联。

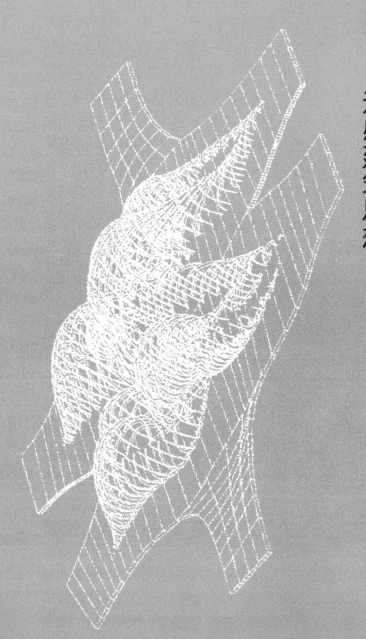

第五章

基于德勒兹无器官身体理论的通感建筑思想

　　"身体"作为与建筑学紧密相关的一个主题，在不同时代和
时期始终受到建筑师的关注。古典主义时期，身体作为建筑的象
征直接显现于建筑物上，如古希腊以人体为比例的柱式；现代主
义时期，身体以模数的形式在建筑空间中进行应用，同时也表现
为建筑空间对心理体验和精神的表达。但是在以往身体与建筑的
结合过程中，建筑师始终将身体处于参照物的客体位置上，而缺
乏对"身体"本身的研究及在此基础上建立的以身体作为建筑创
作主体的建筑学领域的系统探讨。尤其在当今的信息时代，数字
技术的迅猛发展使得工具理性的思维及行为模式充斥着人们的生
活空间，这更加呼唤了人们在生存空间中对"身体"真实感知体
验的情感关怀，并以身体为介质使之反作用于社会生活。而德
勒兹的无器官身体理论对身体的重新解读以及在此基础上建立
的"通感"感知的图式和身体各感官之间开放性、生成性的内在
关联，为当代建筑结合数字技术以"身体"本身为诱因，以"感
觉"为主体的建筑形式、空间体验、知觉关系等建筑学领域的研
究及建筑学知识体系的不断完善与扩展提供了理论前提。因此，
本章将通过对德勒兹无器官身体理论的核心内容——身体、感
觉、事件等与建筑的关系的系统研究，构建适应时代发展需求的
"通感"建筑思想，并对其表现手法和建筑创新性特征进行分析。

第一节　通感建筑思想的无器官身体理论的基础解析

　　德勒兹的无器官身体理论是在"无器官的身体"这一德勒兹

哲学的核心概念基础上，对身体各感官之间内在关联的重新探讨，并重新建构了感觉在身体层次上的开放性通感感知的关联体系以及身体通感感觉逻辑的生成过程。其中，无器官身体的通感感知图式突破了身体作为有机体的活动界限和器官之间固化的结构关联，将身体抽象为一种感觉的生产性力量和强度，形成了无器官身体"通感"感知在身体各层次之间的开放性流动，为在通感感知的身体层次上重新认识建筑创作和建筑创新意义及形式的生成带来了契机。而通感的感觉逻辑又为身体的开放性感知体验在建筑层次上的实现提供了参考，为建立建筑空间中身体、感觉、事件之间的系统关联，最终实现以身体为核心的建筑创造及建筑思想的构建奠定了理论基础。

一、无器官身体的通感感知图式

"身体"是人类感知和建构环境的基本方式，以自身为焦点向世界展开复杂的关联网络，并且成为这一网络关系的"意义核心"。一般意义上，我们对世界的感知通常是运动中的身体的各感官之间的综合，并运用身体感官（视觉、触觉、味觉、嗅觉、听觉及运动感等）的感知方式体验周围环境及意义。梅洛-庞蒂的"身体图式"就是建立在"身体的综合"的"共通感"之上的。在日常生活情境中，强调身体介入情境的综合能力认为身体"感官"之间的差异可以通过身体作为转换中心的调节系统完成不同感觉间的统一。梅洛-庞蒂认为"意义"的生成是通过"身体图式"的整合而实现的（图5-1）。然而，这一过程没有真正揭示身体的不同"感官"在生成感觉的运动过程中自身内在的、开放性的关联特征，没有分析日常生活情境中新的"意义"是如何在身体层次上进行创生的。而德勒兹的"无器官的身体"在感觉的运动中，打破了有机体的活动界限和器官之间固化的结构关联，将身体抽象为一种感觉的生产性力量和强度，形成了"无器官的身体"各感觉之间开放的、不确定的相互作用和生成的"通感"感知图式（图5-2）。这与梅洛-庞蒂建立在"身体的综合"的"共通感"之上的身体图示形成了鲜明的对比。无器官的身体的"通感"感知就是不同层次、不同领域的感觉强力在身体这一生成强度的多样体和母体中的流通。它表现了日常生活情境中新的"意义"突破现有的"意义"和"身体层次"被创造出来的过程。这为建筑在"身体"经验层面上的创作带来了新的启示。

德勒兹认为："来自于身体层次不同感觉强力之间的'意义'，在本质上就是生成于身体不同领域'边缘'和'表面'的纯粹'事件'，而非产生于不同'感官'差异系列向一个综合的'身体中心'的汇聚和整合，它不是一个总体性的'图式'或'结构'。作为'事件'的身体，它不断地突破机体结构，向身

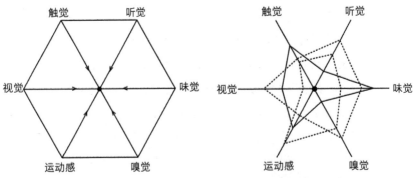

图5-1 梅洛-庞蒂"身体图式"关系示意图   图5-2 德勒兹"无器官的身体"示意图

体外在的、异质的领域和层次开放联系，并在这一过程中，不断穿越身体不同层次的生成运动，改变各'感官'现有的关联状态。"①通过上述分析不难看出，同样作为图式，德勒兹的无器官身体的"通感"感知图式更多地带有"根茎"空间的开放性特征，体现了各感觉层次的相互作用、关联所形成的开放的内在性强度空间。而梅洛-庞蒂的"身体图式"更多地带有"树"形空间的封闭性和中心性特征，体现的是各感觉层次向身体的聚合。

因此，德勒兹的"无器官的身体"为身体经验与感知提供了新的开放性的组织和"结构"，为新的"意义"及"表现"的诞生提供了无限的可能。这种无限的可能又为建筑在"身体"层次的创作提供了新的视角，即基于改变感觉与感觉之间的关系，产生于不同感觉系列的断裂处的新的"意义"带来了建筑形式的开放的、多元的创新可能。也就是说，在"无器官的身体"不确定的感觉作用下的建筑创作，其表现形式来源于感觉力量的冲击，并且又激发了新的身体感知与体验，这就如同绘画用可视、可感知的形象来表达看不见的力量，音乐用变化的节奏来演绎乐曲本身的张力，它们都给身体感觉带来了力量冲击，"无器官的身体"感觉体验下的建筑创作就是要通过获取感觉的力量，在不同感官的各种力量之间的关联强度中直接生成建筑，从而突破对建筑形式表面的创作与追求。这为建筑脱离纯视觉表现的异化状态而回归到身体经验本身提供了有效的途径，此时，"身体"的感知作为新的关系的整体成为建筑创作的发动机。

---

① 姜宇辉. 德勒兹身体美学研究［M］. 上海：华东师范大学出版社，2007：173.

二、通感的感觉逻辑

　　德勒兹无器官身体的通感感知图式向我们清晰地表述了各层次感觉之间相互开放、关联的内在关系及在关联中形成"通感"后新的"意义"的生成。然而，这种"意义"是如何在建筑创造的层次上得到实现的？这就涉及了"意义"与感觉之间内在关系的问题，德勒兹关于"感觉的逻辑"的探索，为建筑创作中感觉向意义的开放与生成"逻辑"关系的建立提供了新的思考。

　　与康德哲学中那种概念的抽象的、形式化的、理性的关联体系不同，德勒兹关于感觉的逻辑是内在于感觉自身的逻辑。它是对"感性"与"知性"二元对立观念的挑战。德勒兹在对培根和诸多经典画作的反复品味和思索之后，揭示了隐藏于绘画作品中的感觉的"逻辑"问题，即从事实的可能性到事实。这里所说的在绘画中被呈现出来的"事实"并非任何单纯的事实（matter of fact）或者已经发生了的事情，从根本上来说，它是"事件"（event）。这就是说，"事实的可能性"的向度和"事实"的向度就构成了作用于身体的"事件"的两个固有的维度，而绘画作品中所隐含的感觉的"逻辑"从根本上是指"事件"的这种从"可能性"的层次向"事实"层次的过渡和生成（或相反，突破"事实"的层次向"可能性"的层次开放）。体现在建筑空间中，事件总是突破单一层次"事实"的机械重复，而穿越不同层次和维度的时空，对不同的时空维度进行综合，并作用于身体不同层次的感觉和体验，这一过程所揭示的就是建筑创作中隐藏的"感觉的逻辑"。或者可以说，建筑创作中的感觉"逻辑"就意味着"事件"在建筑空间中自身的"生成"过程和存在的状态，通过人对这一过程的感知与体验而形成的对建筑空间的差异性安排。

这里的"逻辑"与时间性有着本质的关系,"事件"所表达的也是时间性的存在,而与"事件"相比,"事实"只是"事件"在穿越身体差异层次的生成过程中,某一固定时刻停留在某个单一的层次上的"结果"。在建筑创作中,如何真正深刻地把握建筑空间中"事件"的内涵和其感觉的"逻辑"及时间性特征,已经成为我们关于建筑空间多样性、异质性的空间配置的全新的思索契机。这一过程突破了建筑原有的功能和形式之间对应关系的框架,而使之向以"事件—空间—感觉逻辑"为创作原点的建筑空间更为丰富的"外在性"和"可能性"开放。"事件"因穿越感觉的不同层次和时空向度的生成过程,而使自己成为与建筑创作实践联系的积极的原则。

屈米的巴黎国家图书馆竞赛方案(图5-3、图5-4)就体现了事件的这种突破事实的层次向可能性的层次开放的生成"逻辑"在组织空间中的作用及事件作用于人的身体而引发的"事件—空间—感觉逻辑"之间的动态生成关系。屈米通过将传统图书馆和数字图书馆、学术研究与市民使用之间的矛盾冲突及由此带来的建筑空间不相容的功能关联在一起,在图书馆空间内引发"事件",形成了图书馆空间新的组织结构,即在建筑的空间内环绕一条组织各种人流、物流、信息流的马蹄形环路,这一环路与顶层的环形展览馆相连接融合为一体,为人们之间的交流提供了互为动态生成的空间,同时在建筑的屋顶上设置了一条400m的标准跑道,为读者和参观者在跑道空间内的行为和活动所引发的各种事件提供了一种向可能性的层次开放的生成与过渡的空间,在这里,事件成为建筑空间组织形式的积极的原则。

综上所述,无器官的身体的各感官开放的组织结构和关联状态所形成的"通感"感知图式,使身体感觉在开放的关系中对客

图5-3　巴黎国家图书馆屋顶跑道

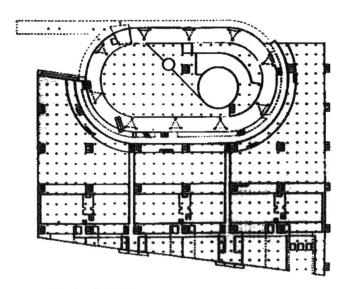

图5-4　巴黎国家图书馆平面图

观事物生成了新的感知体验，同时也带来了日常生活情境中新的"意义"和"表现"在身体层次上的创生。通感的身体与感觉之间开放、共振的关联状态，作用于建筑空间必然带来身体对建筑空间体验的变化以及由此产生的建筑形式表现的更新、建筑创作理念与思想的拓展。同时，无器官身体通感的感觉逻辑又为我们诠释了身体通感状态下新的感觉体验向新的意义转化的生成过程，即事实的可能性向度与事实（事件）向度之间的开放、突破与过渡、生成，进而确立了"身体—事件"层面建筑创作的新观念以及"身体—事件"互为生成的逻辑下建筑功能与形式对应关系的差异性与多样性的转变（图5-5）。与此同时，信息社会背景下，伴随着信息媒介对身体感知的延伸，实现了无器官的身体的通感关联与共振的数字化媒介呈现，这为以"身体—媒介"为诱因，以"身体—感觉"为主体的建筑创作提供了依据与平台，实

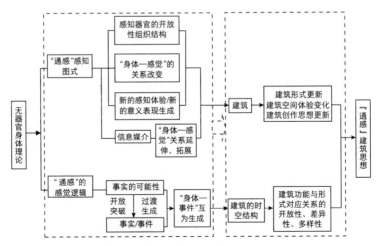

图5-5　无器官身体理论与"通感"建筑思想对应关系图示

现了当代建筑创作以身体通感感知体验为核心的空间形式的新探索，奠定了"通感"建筑思想的无器官身体的理论基础。

第二节　通感建筑创作思想阐释

　　"通感"建筑思想是在德勒兹的"无器官的身体"理论中各感官之间通感感知的开放关联的基础上，研究身体存在的本真状态下身体与建筑空间互为关联、互为延伸的存在状态，包括以"身体—感觉"为核心的建筑意义及表现形式穿越各感官层次的通感共振生成，以"身体—事件"为核心的建筑功能与形式的开放性、不确定性变化及由此产生的建筑空间中差异性的时空结构，还有以"身体—媒介"为核心作用于不同媒体的中介空间中的身体感官整体场的变化和由此带来的建筑空间自身形式的新拓展和空间体验的新变化，建筑通过媒体实现了建筑空间中身体与社会、权利、欲望、技术等的开放式关联，从而也延伸了身体在建筑空间中的意义。基于身体"通感"感知的建筑创作思想的诠释，是对"身体"概念在建筑学领域的再思考，是对当代建筑学知识体系中身体与建筑关系理论的进一步完善与拓展。

一、建筑中的身体—感觉

　　根据德勒兹的"无器官的身体"理论，身体始终作为感知器官在共同发挥着作用，它自身又通过各感知器官的相互协调构成了一个完整、开放的系统。就如同一个盲人，他虽然失去了视觉器官，失去了对事物外貌的感知能力，但是他仍然能够感知和理解一切，因为他的身体是一个完整、开放的感知系统。因此，"无器官的身体"自身的特征就在于它是一个"通感"感知的活生生的身体。它始终处于各感官之间互为运动和生成的过程之中，并始终保持着在感知行为中的主观运动状态。德勒兹将这种在身体整体运动过程中所生成的感觉称为"身体感觉"。一方面，对于建筑创作而言，身体各层次开放的感觉运动的相互关联过程形成了我们对建筑创作"形象"的感知与解读。事实上，我们在日常生活情境中所感受到的多元意象（声音、颜色、运动、光线等）本身就来源于身体不同的感觉层次之间不确定的关联状态下所形成的感觉之间差异、共振的结果。因此，对于建筑师而言，在建筑创作中合理地运用身体不同层次上的感觉，并使之互为作用，相互交合，创造出一个能够穿越各感觉层次的多元感知的建筑形象，才是"身体—感觉"层面建筑创作的关键所在。而传统感觉理论中，各感官界限的严格划分则导致了身体作为通感感知的人为分离，同时也不利于建筑创造中身体各层次感知与建筑意象的多元关联与共振。事实上，身体对建筑"意象"的感知是超越了建筑单纯"表象"的一种肉体层次上各感官相互关联的结果，它是建筑与身体之间的最内在的联结。当代建筑创作中，一些过分强调"视觉"功能的视觉奇观建筑，体现的就是身体整体感知的断裂与分离，这就导致了身体与建筑之间整体关联的缺失。如同画家在作画时用眼睛去触摸他的作品进行艺术创作一样，处于开放关联中的任何身体的感官都具有"不确定性"和"多值性"。感觉是"不确定的"，因为它的功能本身就是身体和外在的力产生关联时的结果，它自身的"界定"的不确定性就在于它随着自身所处层次的改变而发生改变——"器官"界定的这种暂时性特征同样会随着作用于其上的力的大小和强弱的变化而发生官能的改变。感觉又是"多值的",同一个"器官"与其他不同"器官"之间的开放的、可变的关联就构成了感觉的多元、增殖的功能。在建筑创作中,建筑和身体之间各异的功能就来自于不同的建筑"意象"和"空间"中的身体器官官能之间复杂多变的联系。所以,建筑的创作不是仅靠"视觉"或"触觉"等某一种感觉和一种精神的内省的关照所完成的,而是在于日常生活的具体情境和多元意象的刺激赋予建筑与身体感觉之间相互作用的整体性生成运动。而一旦建筑失去了与身体之间这种整体性的运动,身体不同感觉之间的那种本应就有的开放、异质性的关联就会被归属于心理官能(记忆、想象、联想)统一建立起的外在、机械的联系所取代,这种孤立的感官活动作用于建筑就会导致建筑与身体整体作用相脱离,而向异化于人的方向发展。

另一方面,身体感觉是指"无器官的身体"的存在状态。德勒兹的无器官的身体把"器官"放回到了身体的生成运动中并排除掉了身体的具体内容,由此来理解身体"暂时性"和"器官"彼此之间的内在关联,这就打破了把人视为有机体结构(organisme),然后渐次分析它的各个分化的官能(organe)的特性与运作,并以此为基础理解感觉,即organisme→organe→sensation;从肉体的感觉层次出发,把"感觉"作为"外在的力"穿越身体的不同层次而产生运动,进而理解"器官"本身的变化本性,然后把"机体"作为器官之间的一种"暂时的"、相对未定的联系和结构,即sensation→organe→organisme。"无器官的身体"表现了身体感觉之间相互渗透的积极能动状态,体现在建筑创作中表现为两个方面:首先,建筑师通过发现这些多元性身体感觉的流动,把它们在建筑"意象"中加以实现。也就是说，建筑师要通过建筑的"意象"让人体验到在"通感"状态下，各感觉之间最原初的、开放的关联及互为渗透的原始统一状态，并在视觉上将其呈现出来，给人以多感觉的视觉形象体验。这种感觉的原始统一状态就是"无器官的身体"的无组织"通感"感觉穿透力量的一种呈现。但是要完成这一操作，就必须建立这个或那个领域的感觉（在这里是视觉）与一种溢出所有领域并穿越它们的生命力量之间的直接关联。这一力量就是节奏，比视觉、听觉、触觉等更为深层。正如"建筑是凝固的音乐"就是建筑的形象或意象所具有的一种节奏进入到人的视觉和听觉领域时，共同产生的一种穿越身体的力量。这种力量作为音乐出现。它是非理性的，非智力性的。因此，当我们以"通感"的建筑创作为角度来反思建筑形象带给我们的肉体和感觉上的冲击之时，我们就会抛弃那些生物学和生理学的官能主义的成见，而把身体感觉当作建筑之于"身体—意象"的涌现。这一过程体现的是从属于建筑形象表面运动的各种力量关系在身体不同层次上的穿越所形成的身体感觉的震动。其中的各种力量关系，概括而言，包含了对人与外界环境隔离与联系的建筑空间的内部力量，建筑简单的、复杂的各种空间形态相互转译、变形等的内在力量以及一种历史的时间的永恒力量，或者是一种时间流动的可变的外在力量在建筑上的印证。

其次，借助当代的复杂科学技术，将多元的身体感觉流动及感知在建筑中表达出来，把建筑作为"身体—感觉"经验的不确定的综合形式的表达。此时，感觉表现为穿越建筑的空间、形态等不同层面及领域"相遇"后，感觉的不同层次间所形成的"通感共振"。德勒兹认为，真正的艺术创作不是"识别"

（recognition）而是"相遇"（en-counter）："识别"是指在"感
觉"的经验中发现其内在的、理性的、先在的逻辑形式和认识结
构的一致性，就是当下的"感觉材料"与已有的认识模式之间的
同化；而"相遇"则是指一种始于感官的直接且猝不及防的震惊
及冲力，一种不能被同化于任何认知模式和记忆的感知。因此，
对于建筑作为"身体—感觉"经验的综合表达而言，它是建筑空
间作为身体（physical）共振体会的一个载体，通过建筑内部空
间的变化将身体各感觉层次的相遇表达出来，这种感觉的共振不
是精神的（mental）体验，而是存在于身体之中的整体感知突破
机体组织界限而相互作用的结果。建筑创新的新起点就来源于这
种身体感知的整体感觉（holisticsensing），它超越了理性思维所
能带给我们的创作启示。NOX的荷兰水上展览馆就是一个表达
身体感觉的综合的环境交互装置，在建筑中，通过各种传感器将
参观者作为生物个体的各种活动，如视觉、听觉和触觉等感知行
为充分地传达出来，以一种多元集成系统的方式引发建筑内部的
变化，进而创造出了建筑空间内部无限信息流动的建筑空间及形
态（图5-6）。2001年比利时布鲁塞尔的"感官吸引力，一类交互
的民主"项目也是一个通过信息网络技术演绎身体感觉的综合在
建筑空间中表达的多样化的空间模式的设计（图5-7）。在这个建
筑空间里，所有边界的观念都已经被废除，触觉的空间只是身体
的一种延伸。作为一种游牧的自生突变异种，人们正在寻求如何
消除自身与世界之间的物质冲突，并使能量消耗合理化以及限制
孤独的方法。衣物成为现实和虚拟世界的分界。经过控制的科技
纤维直接对身体进行调控，通过心电感应的脉冲促进思维对虚拟
世界的进入。多感官的传感器，科技的结构，用电子脉冲处理过
的纺织品，碳或凯夫拉尔伸展纤维（高强度、高硬度、高抗张

图5-6　内部交互空间——荷兰水上展览馆

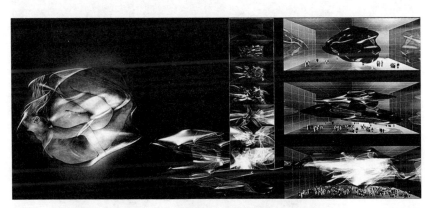

图5-7　身体感官在"感官吸引力，一类交互的民主"建筑空间中的表达

强度的合成有机纤维），极微小的包装，带有形态记忆的分子链
以及动态生物设计都是为了这一虚拟的穿越式游牧而开发的新材
料。仿生的人体正在取代计算机，所有的感官都是像管弦乐作品
一样相互联系，并通过三维投影仪进行传输。伴随着信息网络的
发展，预计到2036年（因特网诞生50年）该建筑将通过一种联网
的类型在城市人口居住的同步的时空连续体中与时间结合成一种
身体感觉体验的多样化模式（图5-8）。

　　综上所述，"身体—感觉"思想带来的建筑创作启示包含以
下两个方面：其一，以"身体"为核心，突破身体层次各"感
官"之间的固化关联，使"无器官的身体"成为建筑形式及空

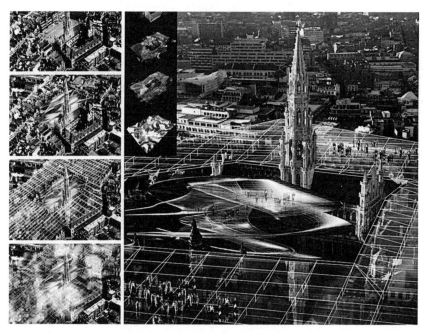

图5-8　"感官吸引力，一类交互的民主"联网模式的时空连续体

间生成的"意义核心",是建筑形式回归我们的现实生活,避免"异化"于人的基本途径;其二,"身体层次"的建筑创作过程(图5-9),就是基于日常生活的具体"情境"和纷呈、涌现着的多元意象的刺激(声音、颜色、运动、光线等),其中也包括建筑意象的片段,作用于"无器官的身体"而产生的一种整体的"效应"就是"概念",这一"概念"不再是精神抽象作用和反思作用的结果,而是来自于"身体感觉"层次的开放的、不确定的综合,这样就构成了创新思想的新的"外力"与"意义",进而带来建筑形式创新的新的冲击与起点。

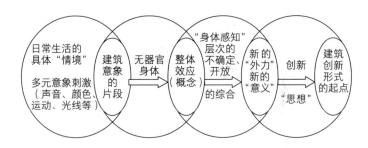

图5-9 身体层次的建筑创新过程

二、建筑中的身体—事件

德勒兹关于建立在"无器官的身体"通感感知基础上的"感觉的逻辑",向我们揭示了"事件"在艺术创作中包含的两个维度,即"事实的可能性"向度和"事实"的向度,它们在互为过渡的转化过程中开放性地生成。因此,事件的根本属性就是穿越身体不同的层次"生成"，它总是根据身体的不同层次和外部环境关系的变化，不断从某个固定的领域逃离出来而不断地改变着自身的本质。体现在建筑空间的创作中，事件的这一属性与两个因素发生关联，共同作用于建筑创作。

首先，事件与空间中的身体及其所引发的行为活动，突破了建筑空间功能与形式之间单一的确定关系，而使其向更为多元、不确定的方向转变。正如屈米在建筑实践中所总结的那样，"不存在没有事件和行为的建筑"。而行为的直接发出者就是身体，因此，建筑可以看成"事件—身体—行为"在空间中的混合，其中"事件"是处于开放性生成的事件，而"身体"是突破机体组织的、通感状态下的"无器官的身体"。这就使"事件"和"身体"共同所引发的人在建筑空间中的运动和行为具有了无限的开放性、生成性和不确定性，因此，也相应地带来了建筑功能与形式的对应关系的开放性、差异性变化。例如屈米在阐述事件概念时所运用的"交互计划"（cross program）策略：在教堂里撑竿跳、在自助洗衣店里骑自行车、在电梯井内做跳伞运动等，都体现了事件、身体与行为在与建筑空间中相混合时，所形成的建筑功能与形式之间的开放性关系及由此产生的差异性的建筑功能与形式。可以说，在建筑空间的组织中，"事件"与身体是密不可分的。身体引起的身体性混合事件和非身体性事件都存在于建筑空间中，并相互作用，共同促成了身体新的混合方式，从而又激发了新的事件，事件与身体在建筑空间中处于开放的互为生成的状态，同时也生成了差异性的建筑空间。在建筑空间中，身体不仅引发了实际发生的事件，通过信息技术的介入，它还促成了虚拟的"事件"。这些虚拟的"事件"反过来又对身体发生一种准因果式的影响，进而创造了基于信息技术的全新的建筑空间形式。2002年在林茨和德绍的"着迷，一种共感的闲逸"项目（图5-10）中，建筑师通过"着迷"这一知觉地理转换器，使得身体成为能够引发以寻找快乐为目标的"虚拟"事件的发生器，并创造了人与环境之间的全息智能空间形式。"着迷"是可以消化的电磁胶囊，在身体中被消解后成为身体感官接收器的补充，建立了身体的通感感官与周围环境信息之间的开放式交互关联，它不仅能够收集我们周围的环境所传达出来的信息，还能将身体的各种感受通过知觉地理转换器———一种表述身体发育的智能界面，将身体感觉的各种变化实时空间化地表现出来。这一设计可以被看作是一种期望瓦解现实与虚拟世界之间界限的真实体验，形成了基于身体和虚拟事件的数字建筑师的未来空间实验（图5-11）。

从上述的实例分析中可以看出，就建筑空间的虚拟事件而言，它是事件主体所思想、所意志的事物或情境向实际事件过渡，进而形成的以身体为媒介的现实与虚拟空间混合的空间存在形态。此时，事件并非先于身体而存在，而是固存于身体之中，在事件主体思想及周围环境等外在力、强度的作用下转化为身体的行动。

其次，事件与身体作用于建筑空间的同时还与时间性紧密相

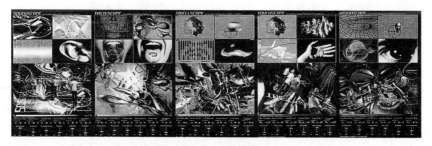

图5-10 "着迷，一种共感的闲逸"项目中身体与空间的交互式关系

图5-11 "着迷，一种共感的闲逸"项目的虚拟未来空间

关。从时间的角度上说，"事件"不同于"事实"，它并不是停留在过去、当下、未来这种单一的时间刻度上，而是处于不同的方向与层次，它是不同时间层次和维度之间的一种并存和共振，是穿越（身体与时空）不同层次的差异性关系网络的不断生成。不断地唤起、重织、拓展、交叉不同的时间层次与维度的生成运动就是"事件"的最本质的"意义"，而这一运动过程与致力于开放"事实"中所蕴含的无限"可能性"（"意义"）的"表现"过程是相一致的。因此，"事件"又是区别于事物（实）本身的"非物质实体"具有逻辑或辩证的属性，是行动与激情的结果；与活的现在相比较，具有无限性，即无限制的永恒时间，无限地分化过去和未来，分化成产生于行动和激情的非物质结果。从这一层面上说，事件并不构成建筑的空间，而是不断地将建筑空间进行分解和转换，使之生成差异性和多样性的功能及形式，从而在"事件—身体"之间形成了穿越不同层次时间维度的差异性空间形式的生成关联网络。屈米的瑞士洛桑福隆公交和火车交换站（图5-12）设计项目，就体现了通过在建筑空间中引发事件来生

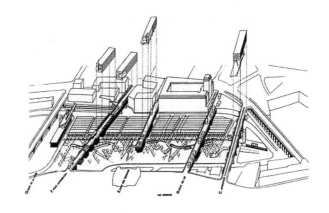

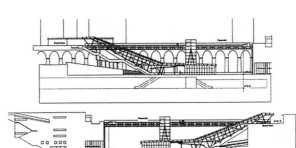

（a）"桥"

（b）鸟瞰图

（c）剖面图

图5-12　瑞士洛桑福
隆公交和火车交换站

成差异性的空间功能与形式。在设计中，屈米从洛桑城的典型构
筑类型——"桥"中提取其设计的概念，并将"桥"的功能从交
通空间延伸、转换至居住空间，使其成为各种新型的、不可预期
的城市事件和身体行为的生成器，从"事件—身体"的视角出发，
创造并分化了"桥"的建筑功能及形式，使其向开放性、差异化
的方向发展。该建筑主体被设计成四座"可居住的桥"。通过置换
桥的传统功能，创造了新的建筑空间和类型。这些桥通过与楼梯、
电梯和自动扶梯系统相连接，成为历史城市与谷底的老工业区之
间的连接通道，此时，桥作为事件的生成器也建立了现在与历史
之间不同时间层次的空间关联网络。另一方面，"桥"这种建筑
类型在被赋予了商业、生活功能的同时也被赋予了事件的"非物
质"属性。

综上所述，在建筑的创作中事件发生在特定的时空点上，但
它并非仅仅是一个坐标，而且是一种能动的状态，是一个"戏剧
性"的点，它的发生改变了建筑空间中现有的时空结构和状态，
并构成了空间功能与形式不同存在系列和身体各层次差异化的开
放关联，使事件、身体与建筑空间的混合关系具有无限的不确定
性和可能性。德勒兹总是用"断裂"来形容"事件"点上的这种
剧烈变化。这一哲学思想拓展了建筑创作的表现手法，使建筑在
空间、形式和功能上发生了差异性、多元化的变化，延伸了建筑
的时空结构，由此引发了当代建筑师关于"身体—事件"与建筑
创作关系的积极探索。

三、建筑中的身体—媒介

德勒兹的"无器官的身体"阐述了各个器官之间变化着的关

联和身体的开放状态，向我们揭示了各感知官能相互转换的通感感知及形成意识的方式。这种感知方式不仅体现在艺术家深邃的思维瞬间及认知观念中，并且通过艺术作品被形象化地传达出来（图5-13），而且无器官身体的这种通感状态和感知方式也时刻存在于我们自身的神经系统中，它才是我们身体感官官能的真实存在状态。只是由于物质环境的限制，在一般的日常生活情境中，身体的这种通感感知方式处于隐性状态。然而信息社会的今天，数字技术已经为我们实现了身体各感知的外在延伸，并以信息传感的方式将身体各感官不断重组和综合的通感感知状态显现出来，而数字化的媒介就是导致和维持这种感官状态的"内在性的平面"。正如麦克卢汉在其著作《理解媒介》中指出的那样："任何的媒介都是人的感官的一种延伸，人的'感觉的整体场'的改变来源于媒介本身的不断拓展，这体现在新的感觉组织和'结构'形成后的感觉与感觉之间关系的改变以及不同'感觉比率'

图5-13　三联画，培根

的形成上。"①媒介本身的拓展不断改变着身体感官通感感知的组织结构，如在印刷术占统治地位的时代，视觉主导一切，并将人们带入一种线形的、逻辑的、归类的知觉方式中。而当今信息革命和数字媒介的诞生瓦解了旧有媒介和感觉的关系，在知觉方式上，"触觉"超越了视觉，在空间中居于主导位置，并以一种非线性的、发散的、涌现的感知方式建立了人们与世界的肉体性关联。信息社会数字化媒体的自身变化已经导致了身体感官关系的变化，而由数字媒介带来的身体感知的延伸必然对建筑这一与身体紧密相关的领域产生巨大的影响，这就导致了信息时代以"身体—媒介"为核心的建筑设计理念、设计思想及相应的设计策略与手法的诞生。

正如印象派画家对"颜色"的强调是为了努力探索出一种新的表现的媒体，从而塑造出新的"感觉的形式"一样，建筑师通过以数字技术为核心的多元媒体的介入，改变了建筑空间中身体感官之间的关联状态，使感觉之间的关联更加不确定与开放。随着媒体的多元变化，身体在建筑空间中感觉的整体场也在发生相应的改变，从而带来了建筑形式的更新以及人们对建筑空间的体验的变化。这一过程蕴含了"身体—媒介"所主导的建筑思想。在数字技术介入的建筑空间的塑造中，媒体是人的感觉和身体的关联在建筑存在的新的时空维度上的一种拓展与"表达"，而并非仅仅是外在于我们的身体而进行控制的"异化"力量，此时，媒体作为"身体"与建筑相互塑造与作用的中介空间而存在，它构成了身体与建筑及环境强度关联的内在性平面，建筑就是在这

---

① 姜宇辉. 德勒兹身体美学研究 [M]. 上海：华东师范大学出版社，2007：178.

个平面之上建构起的身体与所存在环境和世界的开放性关联。另外，就媒体自身而言，在建筑空间中，媒体对身体感官的关联状态的表达是无限的、不可封闭的："它就像是身体各感官组织关系的'实验场'和调色板，在其中我们不断地发现和发明着新的感觉形式。"①也正是通过这样的途径，创造了身体在建筑空间中新的"意义"的维度，同时也拓展了建筑空间自身的形式建构。

美国建筑师迪勒与斯科菲迪奥（Diller and Scofidio）的建筑实践就体现了"身体—媒体"的建筑思想，可以说其实践是对建筑与多种媒体融合研究的实验，并随着研究的深入将身体与媒介的关系延伸到社会的领域，将建筑作为一种身体在社会生活中的思考方式。在其研究实践中，他们运用显示器、摄像机、镜子等元素，使之与身体建立某种关联，通过象征、隐喻的手法创造了一种虚拟的"义肢建筑"。这些与媒体相关的元素在建筑设计中的应用，改变了建筑的时空关系，使虚拟与现实共存于建筑空间之中，同时也拓展了建筑自身逻辑之外的基于身体知觉和空间象征的创新表达方式。迪勒与斯科菲迪奥致力于媒体技术对身体空间体验的影响研究，其媒体语言是对建筑中身体研究的空间强化，同时也是对身体功能的媒体强化和对建筑功能的身体扩展。例如其作品"寄生体"（Para-Site，1989—1990）（图5-14）中，利用镜子作为其光学媒介的道具，在建筑空间中将倾斜45°的镜子作为两个对立属性的空间维度的转换工具。镜子一方面提供了对应于立面（平面）的平面（立面），另一方面呈现出对应于现实空间的虚拟空间。"寄生体"中由于镜子这一光学媒介的反射使翻转的椅子

---

① 姜宇辉. 德勒兹身体美学研究 [M]. 上海：华东师范大学出版社，2007：130.

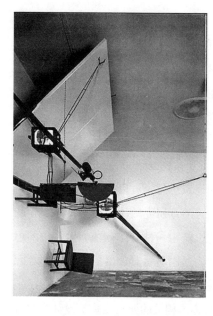

图5-14 寄生体，身体—建筑—
媒介的实验

倒挂于顶棚上，而实际的顶棚则成为虚拟的地板，这种空间的并
置与对立，吸引并混淆了我们的知觉，使我们在真实与虚幻并置
的两个世界里徘徊。迪勒与斯科菲迪奥的作品将身体、媒体与建
筑紧密地联系在一起，通过各种媒介的运用进行建筑的实验性探
索，实现了身体在建筑空间中的延伸和建筑空间自身形式的新拓
展，通过各种媒体技术的运用强化了人们在空间中的身体知觉，
从而创造了建筑空间中身体的非常感知体验。同时，通过媒体将
身体延伸至社会的建构和社会生活的思考中，并以此为基础思考
了一系列身体与空间的问题。迪勒与斯科菲迪奥通过以"身体—
媒介"为核心的建筑思考实现了对建筑学知识体系的不断完善与
扩展。

新南威尔士大学影像研究中心的"场景项目"（AVIE）也体
现了数字技术背景下，媒介作为身体的延伸在建立身体与环境

的交互关系时的作用（图5-15）。AVIE可视和交互环境是通过一个高4m、直径为10m的圆柱镀银屏幕而实现的场景混合的空间。空间中的3D影像和环绕立体声为进入其中的使用者创造了沉浸感的环境，进而产生了一种基于虚拟影像的全新的空间感知逻辑："数字媒介的运用使身体参与着空间的创造，并随着身体在空间中的移动又创造、延伸和共享了这个空间，身体的数字化感觉成为空间中互动事件的中心。"①另一个实例是名为IntroAct的装置（图5-16），当使用者进入到这个装置中，其影像就会被投射到一个大屏幕上，伴随着使用者的移动，屏幕中的影像空间就会被越来越多的数字化形式填充。如随着使用者的手的移动，就会从手掌中生成数字化的形式。在这个装置中，感觉通过数字技术的延伸分享空间的功能被加强。设计者认为："数字技术和身体的关联，通过身体的行为在感觉中得到实现和表达，由此进入到了德勒兹式（多元的、异质的、开放的无器官的身体）的感觉中。"②

综上所述，在以"无器官的身体"理论为核心的"通感"建筑思想下，身体在当代建筑中所呈现出的姿态已经突破了古典时期将身体作为建筑的"度量尺度"的观念，并且回归到了对身体本身在空间中的存在状态的探索。在身体自身的存在情境中，它是外在世界多元刺激与其产生内在开放关联的活生生的身体，它打破了一切静止的等级和秩序，并通过身体各感官之间相互作用

---

① Dennis Del Favero, Timothy S. Barker. Scenario: Co-Evolution, Shared Autonomy and Mixed Reality [A] // IEEE International Symposium on Mixed and Augmented Reality 2010 Arts, Media, & Humanities Proceedings, 2010: 13.

② 同①: 14.

图5-15 可视和交互环境项目（AVIE）

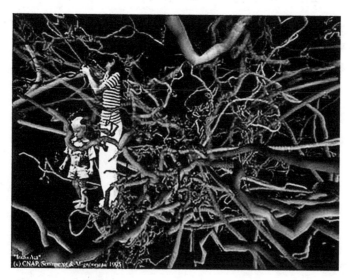

图5-16 IntroAct装置

的力构成了欲望生产的融贯性平面和内在性场域。哲学上对身体认知的深化，也改变了身体与建筑的关系，使建筑成为身体表达个人欲望，创造"事件"的空间。当代的建筑师以身体作为诱因结合科学技术将身体在空间中真实的空间体验、空间知觉呈现出来，建筑成为身体的延伸，由此拓展了建筑学领域对"身体"本身的研究。建筑师以身体作为介质进而扩展到对物质空间和社会空间、政治、权力、人的本性等的探索，并通过建筑设计和空间规划的方式将其表现出来，反作用于身体及社会。因此，在某种意义上，身体已经成为当代建筑与社会的关联媒介。建筑透过身体承载着社会对建筑及空间的需求，反过来，建筑及空间的设计又通过身体反作用于社会。总之，德勒兹关于身体的不确定性、开放性、暂时性、生成性、多元性等的解读已经成为当代建筑中新的身体特性。它承载了对古典主义时期维特鲁威身体概念的重新认识以及当代对身体与社会权利、欲望的关系的新思考，它使更多的建筑师开始关注身体与建筑学的结合，并且在此基础上，以"身体"为核心的建筑主题已经延伸了当代建筑学的属性。

第三节　通感建筑思想的创作手法分析

根据通感建筑思想的"身体—感觉""身体—事件""身体—媒介"中身体、感觉、事件、媒介与建筑空间之间的开放性关联和互为生成的作用关系，我们将相应的建筑创作手法提炼为："感觉的建筑形式分化"，"事件的建筑形式生成"，"媒体的建筑形态拓展"。

一、感觉的建筑形式分化

根据德勒兹的"无器官的身体"对身体感知的阐释,在建筑创作过程中可以通过打破各感觉间固有的联系,形成不同的"感觉比率"(图5-17),利用感觉断裂处生成的暂时性的"外在的力"穿越空间中身体的不同层次,产生身体对建筑空间多元的感知功能,进而拓展建筑在身体不同感官的主导下以及在新的时间—空间维度上的"意义"和艺术表现形式的"表达"。以下就分别以某一感官为主导,突破"器官"之间的界限,分析建筑形式在新的身体感知经验情境下创新的"表达"。

(1)触觉主导影响下的建筑创新。触觉在人类感觉器官的机体结构中发挥着重要的作用。包括视觉在内的人体的所有知觉体验都与触觉相连,都可以说是触觉在某种层次上的延伸。人们关于温度、质感、重量、轮廓等的感觉也来源于触觉经验,因而触觉也被称为"感官之母"。从触觉的角度来说,身体与世界的那种"亲缘"的"相似性"的层次始终处于一种开放的、不确定的状态,但建筑的创作不能仅仅停留在这种单纯的混沌状态,而必须创造出"视觉"的"意象"。但这种"意象"的创造并不是试图构造出一种纯粹的"视觉空间",而是要在建筑的"意象"中令我们能体会到一种"触觉"的向度,一种与世界的肉体性关联的涌现。在德勒兹看来,"触觉空间"正是纯粹的"视觉空间"(其中身体的、"触觉"

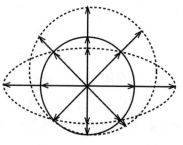

图5-17 "感觉比率"变化示意图

的向度完全从属于"视觉"的、精神的形式）和纯粹的"手的空间"（即身体的向度对视觉空间的彻底颠覆，完全回归到身体的、物理和生理的、即兴的和盲目的运动）的中间环节，而正是在这种"触觉"的空间中，建筑创造中的"形式（意象）的表现"和"形式（意象）表现的可能性"之间的张力及可能性得到了鲜明的体现。

上海世博会西班牙展馆（图5-18）的设计就是身体的"触觉"向度对"视觉"的主导和颠覆，整座建筑的外立面由天然藤条编织而成的藤板组成，通过钢结构支架将其支撑为一个整体，整体建筑形态呈现出波浪起伏的形似篮子的流线型造型，其天然的藤条材料以及古老的编织手法拓展了身体的触觉体验，"触觉"在身体各层次的延伸使"感觉比率"产生不确定的、多元的变化可能，这种"触觉"体验建立了建筑物与"身体"之间的亲缘关系，产生了建筑物与"身体"层次的共鸣。

图5-18　上海世博会西班牙展馆的触觉意象

　　上海世博会和米兰世博会英国馆的设计都是触觉主导下的建筑形式的创新（图5-19、图5-20），上海世博会英国馆的建筑形态是由6万根包含植物种子的透明亚克力杆组成的巨型"种子殿堂"的意象造型。这一造型在让我们体会到"触觉"向度的同时，产生了人与自然和谐共处、建设绿色之城以及关注下一代的

图5-19　上海世博会
英国馆的触觉意象

图5-20　米兰世博会
英国馆的触觉意象

思考。这个思考是由"种子"意象的"触觉"感知所引发的穿越"身体"各感觉层次的新的"意义"的生成。英国馆建筑表皮每一个触须状"种子"的顶端都带有一个细小的彩色光源，随着触须的随风摇动，建筑表面呈现出各种变幻的图形和色彩，建筑的"触觉空间"在色彩视觉意象的变化中被完美地传达出来。"种子殿堂"周围的广场如同一张带有无数褶皱的被打开的包装纸，给人一种身体与"触觉"关联的亲缘性，让我们联想到亲手打开了来自异国的礼物。2015年米兰世博会英国馆模拟"蜂巢"的巨大圆球形装置让众多人印象深刻，就是因为它密集的钢格栅结构激发了人们的视觉向触觉向度的渗透与生成。"蜂巢"的中心是一个椭圆形的空间，游客可以在内部感受到蜂巢的模拟实景，密集的结构在LED灯源的映衬下更加呼唤了人们感觉的情感力量。

（2）听觉主导影响下的建筑创新。听觉体验在对建筑形式及建筑空间氛围的营造和感受中具有重要意义。国外一些建筑大师，如弗兰克·劳埃德·赖特、路易斯·巴拉干、汉斯·夏隆等的某些作品，都显示出了对建筑空间听觉特性的关注，并赋予声音在建筑空间创作中的作用，以此拓展人们对时间及空间体验的维度。如路易斯·巴拉干的许多建筑作品中，落水及流水的声音似乎是其建筑形式不可分割的一部分。"情侣之泉"（图5-21）就是巴拉干通过对水声环境的营造而赋予建筑空间听觉的体验。在这个作品中，建筑师通过运用从墙体顶端上的沟槽中流入水池的流水的声音，营造了一个声景环境，打破了周围自然环境的静默，突出了听觉体验在空间氛围感知中的主导作用。而在当代的建筑创造中，尤其是一些实验建筑的创造，"声音"系列日益成为一个独立的系列，即它不再像在以往的建筑中那样从属于"环境"和"氛围"的营造。"声尔住宅"（图5-22）就是将声音作为

"独立叙述的系列"的一个建筑创新的实例。"声尔住宅"被称为
"声音的居所",但它并不是"真正"的住宅,而是一种结构体,

图5-21　情侣之泉的
听觉意象

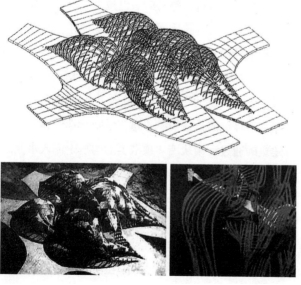

图5-22　声尔住宅

它既是一个建筑装置，又是音响的装置，同时还是一件艺术品。它通过内部的传感设备接收来访者在活动和行为过程中发出的一切声音，并相应地产生各种声响。在这一过程中，人们既聆听了自己发出的声音，又成为建筑装置中发出声音的一部分，并且建筑装置的声音随着人们身体运动的轨迹而变化为不同的节奏。

在声音作为独立的叙述系列时，建筑创新在于通过感官的暂时性和多元性特征，建立各感官之间的开放性关联，从而突破"身体感知"体系的完备性，瓦解其自我封闭的整体性"图式"，使其自身的感知体系向更丰富的可能性转换，进而在感觉体系的断裂处，诞生新的建筑表现形式，"声尔住宅"就是最好的例证。

（3）嗅觉及味觉主导影响下的建筑创新。嗅觉和味觉都属于"接触性"的感知，产生于穿越不同身体层次的运动之中，对于建筑创作的影响主要表现在人们对空间中气味及味道的感知、记忆和联想上。因此，在建筑创新上，就需要我们创造出能让人体会到的身体不同层次之间的"差异"嗅觉及味觉的联想空间，帮助人们打开想象之门、拓宽时空的维度，使建筑在向"时空"的开放中创造新的表现形式。巴士拉在《空间诗境》一书中曾说："在我对另外一个世纪所具有的记忆中，只有我自己能够打开那对我保留着独特气味的深深的橱柜，那种在柳条筐中晒干的葡萄干的气味。葡萄干的气味！那是一种无法描述的气味，那种需要很多的想象力去嗅的气味。但我已经说得太多，如果说得更多，那么当读者回到自己的房间后，将不会打开自己的衣柜和嗅到所具有的独特气味，这种气味正是亲密性的特征。"①

---

① 沈克宁. 建筑现象学 [M]. 北京：中国建筑工业出版社，2008：161.

墨西哥建筑师路易斯·巴拉干（Luis Barragan）于1967年在墨西哥城郊外设计建造的圣克里斯托巴尔（San Cristobal）养马农庄，在身体感知运动中制造了嗅觉及味觉感知的"差异"带给人的空间体验与联想，从而为人们对墨西哥风土的多元感知提供了进一步形成知识的感性材料。

（4）视觉主导影响下的建筑创新。在人对世界的感知中，视觉占据了主导的地位，而在建筑创作中，由于建筑形式是现实生活的多元物质化形态的视觉形象表现，视觉在建筑创作中首先就具有优越的位置。同时，由于视觉是综合性的分离器官，能够将潜在于视觉经验的先前的包含触觉、听觉、动觉等的丰富体验融入进来。这些都在一定程度上造成了建筑艺术对"建筑视觉形式"的偏爱，而脱离了人对建筑空间及形式的真实感知与体验，造成了建筑向"异化"于人的方向发展。一些被称之为"视觉奇观"的建筑，如迪拜塔，用瑰丽的外表、生动的形式带给人们"视觉"的刺激，使人疏于用"身体"去体验、感知建筑，这样的建筑就缺乏打动人内心的精神力量。在"建筑的视觉形式"中，我们把握到的那种建筑与身体的"亲缘性"是我们的身体融合于建筑形式中所体验到的，此时，"眼睛"不仅仅具备"看"的功能，相反，"注视"建筑，这是整体的身体向建筑开放的运动，我们不是"看"到建筑，而是我们在身体的运动中消失于建筑中，即身体"融合"在建筑之中。这正是"视觉的奥秘"，因为它令"不可见的体验"呈现于"可见的形式"中。这种"身体—建筑"的维系是双向的，它既是身体消失于建筑的运动，同时又是建筑在身体中的创造过程。这种创造正是处于视觉与其他"器官"开放性的联结之中。例如我们会说用眼睛来"体验"建筑，此时的"体验"只有用眼睛来触摸的时候才能实现。此时，

"手"是内在于"眼睛"的"触觉"向度。

2008年Velux"明日之光"建筑竞赛获奖作品以"矿井"为题材（图5-23），作为空间·行为实验的场地，抛除视觉形式后，空间的本质被剥离出来。在这里，空间不再被"看到"，而是被体验到。建筑空间内在的、以身体为媒介的意蕴因此得到充分的强化。在矿井下，只能在某些地方有局部的、随机的光线。伴随实验者的，始终是一盏孤灯。黑暗是这个环境的普遍内容。光线只在某些地方偶然出现，光线的谨慎运用，弱化了"视觉"的空间形态，强化了"身体"向其他层次的延伸。此时，人们不再追求明晰的视觉形式，只能发挥"感官"的作用去收集一切片段，获得认知的一个大概意象，这反而更贴近认知的本质。在这一过程中也激发和创造了空间的形态。

（5）运动感主导影响下的建筑创新。运动是人类以"身体"为媒介感知世界的途径，运动感就是"身体"在对生活世界具体"情境"的感知中的运动体验，它是运动主体的一种时间性的行为状态。在对建筑空间和形式的感知中，运动感体现为运动中的人以各种各样的方式对建筑空间的感知。人们通过运动的行为

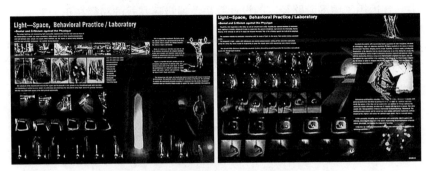

图5-23 Velux"明日之光"建筑竞赛获奖作品"矿井"的空间形态

及状态获得了对环境持续性的认知，同时在运动的过程中也参与了环境意义的建构，此时，建筑形式的意义才能实现。运动感对于建筑空间形式具有基础性的意义，正因为有了人在建筑空间中的运动、使用和体验，建筑的物质和精神功能才得以实现。因此，在建筑创作过程中，要营造出有利于运动主体充分发挥对生活世界的某一具体"情境"的多元运动感知的、开放的建筑空间及形式，从而为精神提供进一步形成知识及反思的体验空间。建筑空间及形式应该成为引发运动主体"行动"的"思想"，从而实现人与建筑的根本统一，即人成为建筑生成过程中的内在环节。

印度地域主义建筑大师查尔斯·柯里亚在文化、现实环境和主体体验的基础之上，创造了通过身体运动感知空间的"漫游路径"设计手法，在建筑的空间设计中突出了感知主体对空间的运动体验过程。他的许多建筑作品都采用了这一设计手法。"漫游路径"设计手法是柯里亚在借鉴印度传统文化中以长途跋涉来表达虔诚的徒步朝圣传统的基础上，通过让人穿越不同空间序列来实现对主体参与空间体验的意义和主体心理变化的强调。

柯里亚在他的建筑作品——手织品陈列馆（图5-24）的设计中，就运用了"漫游路径"的设计手法，通过迷宫式的路径在正方形建筑空间中的穿插运用，给人以丰富的空间体验。在圣雄甘地纪念馆（图5-25）的设计中，他同样运用了一条"漫游路径"，将错落组合的多个正方形单元贯穿连接起来，突破了方形组织结构的呆板，同时又实现了空间组织的连贯性，使人们在室内外空间的穿插行进过程中体验到空间的丰富变化，这一作品标志着柯克里亚"漫游路径"设计手法的成熟。

柯里亚的"漫游路径"是根据运动主体的人对生活情境及

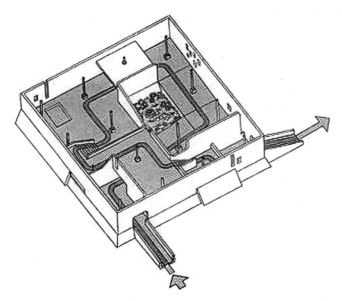

图5-24　手织品陈列馆空间组织路径

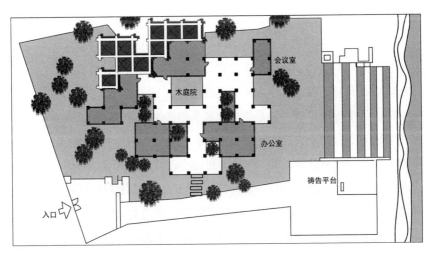

图5-25　圣雄甘地纪念馆空间组织结构

"事件"的具体体验抽象出来的空间序列。因此，生活中的"事件"以及人的身体感知与体验是"漫游路径"的核心，在"漫游路径"的应用过程中应避免过分地抽象或将其视为一种符号，只有与生活中具象的、开放性的"事件"相结合才能拓宽建筑创作的途径。

综上所述，改变身体层次固化的"感觉比率"，不断找到"身体经验"新的思索的起点和方向，拓展建筑形式在不同感官主导下及在新的时空维度上的"意义"和艺术表现形式的"表达"是基于"身体层次"的建筑创新的方向。

二、事件的建筑形式生成

根据建筑中的"身体—事件"思想，"事件"是哲学创生的起点，同样也为建筑创作带来契机。建筑不仅是内容的物化，而且建筑应通过"事件"无限地生成产生于行动和激情的非物质结果。"激发事件"就是当代建筑师乐于提及的一个特性，并成为生成建筑的有效途径之一（图5-26）。其中，历史事件与日常生活事件具有物质载体，而未来事件则只具有事件的脉络，没有具体的内容，只有人参与其中才使其具有内容。

（1）历史激发事件。这是指在建筑的创作过程中将人们已知的历史图示、存在于文脉中的历史事件，作为激发行动和激情的非物质结果，生成建筑。2010年上海世博会俄罗斯馆的设计整体上就是这一设计手法的体现。该展馆的3个充满幻想的区域："花朵城""太阳城"和"月亮城"的空间划分是在诺索夫的童话故事《小无知历险记》中虚构的理想世界的基础上进行构思的，体现了存在于文脉中的历史事件在生成建筑空间形式中的作用。

（2）日常生活激发事件。这是指在建筑设计中以日常生活、工作、社会事件、现实存在等叙事题材作为激发行动和激情的非物质结果，应用于建筑空间设计而生成建筑，并通过客观的建筑物质材料、几何形式、技术来分析、诠释、构筑建筑的空间秩序。例如伯纳德·屈米受到具象叙事（Figuration Narrative）大师雅克·莫偌利（Jacques Monory）的作品"谋杀"中的系列场景的启示，将"事件"投影到整个公园的框架之中，重新组合、构思了拉维莱特科技公园（图5-27）。屈米在公园的整体设计中通过在一定的区域内划分网格阵并在其中布置10m×10m大小的红色立方体

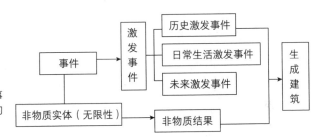

图5-26 德勒兹"事件"思想对建筑操作的影响示意图

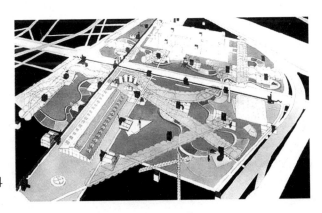

图5-27 拉维莱特科技公园轴测图，屈米

构筑物（称为"疯狂的小东西"），形成鲜明的公园网格脉络，以此颠覆人们对传统公园空间固有的规划和解读方式。在拉维莱特公园的设计中，屈米通过"重叠""电影景观"等蒙太奇手法的运用，"为人们提供了一个自由和充满可能性的活动表面，加强了人们与环境交流和游戏的可能性"。于是作品与读者之间有了互动，读者以不同的方式体验建筑并作出不同的解释。屈米认为："建筑的本质不是形的构成，也不是功能，建筑的本质是事件。"①又如以"转动和翻滚"（Rollin Tumble）为主题的摩天楼及其交通系统设计项目（图5-28～图5-30）也是日常生活激发事件的一种体现。这个项目是在娱乐公园的场地内启动的，以摩天轮游戏带给人们"忘记时间的娱乐"的体验这一日常生活"事件"为载体，创造了一个现代都市摩天楼，并使这一摩天楼的交通系统突破了垂直、水平的二维空间，具有了三维空间的秩序。摩天轮是我们日常生活中具有三维交通系统的典型实例，对于大多数普通的摩天楼交通系统而言，高效、快速是其核心诉求，而摩天轮却揭示了高度的另一个本质特征，那就是"娱乐"，随着摩天轮环绕在空间中的不规则轨道的行进，可以带给人们"高效的"娱乐。此时，高效、快速不再仅仅是高度唯一的诉求，能制造由高度带来的乐趣会使人们忘却对时间的诉求。该建筑项目就是基于以上思考，将摩天轮的交通系统引入城市的摩天楼中，并且运用了模块框架结构随时对建筑空间进行重组，避免了长时间的一种空间体验带给人们的疲劳感。该摩天楼按照摩天轮的滑行交通轨道划分为娱乐、购物、环境、文化空间等四个相互连通的三维交通系

① Bernard Tschumi. Architectuer and Events [M] // PaPdakis Anderas, New Architectuer: Reaching of rhte Future. Publisher Singapore, 1997: 25.

图5-28 与"转动与翻滚"摩天楼形式相关的日常生活事件

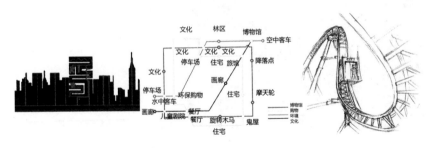

图5-29 "转动与翻滚"摩天楼三维空间的交通系统

统,用红、黄、蓝、绿四种颜色标示并与建筑的模块空间相结合,体现出该建筑生动的个性特征,同时人们也可以根据颜色的标示来转换所在的空间。

(3)未来激发事件。这一设计手法是指建筑师以主观想象中的未来城市和建筑形式及其中可能发生的事件作为构思空间意象的来源生成建筑,同时结合参数化设计的方法,将这种可能存在于未来的空间秩序诠释和建构出来。尼尔·斯佩尔(Neil

图5-30 "转动与翻滚"摩天楼外观

Spiller）、尼克·柯利尔（Nic Clear）及他们的团队用数字和多媒体技术结合将半真半假的环境路径、记忆术、认知地理和巴拉德梦幻叙事主题（Ballard）合成为动态的拟人化的未来建构，诠释了未来的空间秩序，就是这一设计手法的体现。

　　基于上述分析，在生成建筑的过程中"事件"无处不在。但"事件"作为非物质结果的分化过程是动态的，与人的感觉存在着密切的联系，它与作为感官综合的身体，整体地存在于建筑环境中，进行着对建筑空间的创造，它是身体与建筑之间强度关联的重要因素。

三、媒体的建筑形态拓展

一切媒体都是我们身体和感官的延伸，印刷术的发明使视觉延伸为一种非常精密的、高强度的认知媒介，在身体的整体感觉场中居于主导位置。而信息时代，数字媒介的产生拓展了旧有媒介和感觉之间的关系，数字技术的应用使得触觉空间在身体感知的整体场中突出出来。正如德勒兹在《感觉的逻辑》中所分析的那样，"触觉空间"的真正特点正在于它兼容其他各种感觉而形成一种开放的空间态势，这是单纯的"视觉"空间或"手的空间"所不能做到的。伴随着媒体的拓展、身体的整体感觉场中感觉比例的变化以及感觉之间的转换，我们延伸后的感官或技术将引发其所对应客观事物的形态之间的转换与融合，即感官之间的延伸、媒介的拓展，必然带来感知客体形态上的相应变化，这之间的内在逻辑关系反映在建筑上，也必然带来建筑形态的拓展，同时也为建筑师提供了基于"身体—媒介"内在逻辑关系的新的建筑设计操作手法。根据不同媒体技术与建筑设计的结合，将其设计手法概括为两个方面。

（1）建筑与单一媒体的结合。建筑与单一媒体的结合主要应用于建筑表皮的媒介化设计。它是通过印刷或影像媒介实现的建筑与视觉空间的整合。印刷与单一的影像媒介是身体视觉空间的一种延伸，在建筑上的应用主要体现在建筑空间的弱化以及建筑视觉形象的强化上，它的直接表现手法就是建筑形态的媒介化表皮设计。印刷和影像的成像手段以及复制的批量涌现和生成的方法同样成为建筑表皮的发生机制，从而形成了视觉特征显著的建筑表皮肌理形象，这使视觉在建筑形象的感知中获得了自主性并占据了主导地位。赫尔佐格和德梅隆的许多建筑作品就运用了这一设计手法，把印刷图像或是影像作为元素，并使之复制生成为表皮的肌理应用到各种材料上。如在德国埃伯斯沃德技工学院图书馆的设计中，建筑师以德国艺术家托马斯·鲁夫收集的旧报纸上的历史照片为元素，运用丝网印刷术将其连续地印在建筑混凝土和玻璃表皮上，强化了建筑整体外观的视觉效果（图5-31）。又如在1993年建成的瑞科拉公司欧洲厂房的设计中，赫尔佐格和德梅隆通过丝网印刷术将摄影艺术家卡尔·勃罗斯费尔拍摄的树叶图像通过不断地重复形成全新的表皮形象（图5-32）。在建筑与单一媒体结合的媒介化表皮的设计中，印刷媒介成为表皮的材料，而表皮成为印刷媒介的载体，作为身体视觉空间的延伸直接作用于人的感知。

（2）建筑与交互式媒体的结合。建筑与交互式媒体的结合是在建筑设计中，将建筑与影像、交互式多媒体等装置融为一体，使建筑能随时对人的行为做出反应并与人进行互动交流的交互式综合建筑空间的设计方法。建筑与交互式媒体的结合是基于数字媒介延伸的身体知觉感受与建筑空间相互作用的设计方法，体现了触觉为主导的空间对视觉空间的颠覆，主要应用于建筑表皮和建筑空间形态的交互设计上。首先，应用在建筑表皮上，交互式媒体应用在建筑表皮的设计上较之单一媒体更多地赋予了表皮触觉空间的属性，使之呈现出动态的、交互的特征。坐落于伯明翰剧场的一种可动的建筑表皮被称为"灵动的超级表皮"，就是数字媒体在表皮设计中的应用。该金属表皮在数字化媒介的控制下，能够产生各种复杂动态的效果（图5-33），延伸了身体感官的触觉维度。同时，这种电子屏、虚拟现实等交互技术在建筑表皮中的应用所形成的独特的表皮信息，在改变身体感官之间相互

图5-31　埃伯斯沃德技工学院图书馆建筑外观

图5-32　瑞科拉公司欧洲
厂房表皮

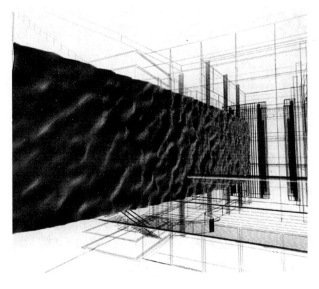

图5-33 灵动的超级
表皮

作用的比率的同时也改变了建筑与环境之间的关系，使建筑与
环境之间的交互影响更加具有视觉直观的效果和触觉向度（图
5-34）。其次，交互式媒体应用在建筑空间形态的设计上，数字
媒介在空间中的应用在延伸了触觉维度的同时也赋予了建筑空间
一种神经系统，它可以激发身体对空间感知中的各种感觉，从而
生成一种开放的空间形态，这一空间形态是对笛卡尔坐标系的传
统建筑感知的挑战。NOX的"软建筑"就是这一设计方法的表
现，NOX事务所的创始人——荷兰建筑师拉斯·斯普布洛伊克
（Lars Spuybreok）认为："我们正在体验一种语言世界、性别世
界以及肉体世界的极端液态化……（我们已经进入）一种状态，
一种所有事物都变得媒介化的状态，一种所有物体和空间都与他
们在媒体中的表象相互融合的状态，一种所有形态都与信息相互

图5-34 AGBAR大
厦表皮，努维尔

混合的状态。"①交互式媒介技术与建筑的结合，创造了身体、建
筑与媒体的积极的互动关系，带来了建筑突破笛卡尔坐标系的形
态上的柔性化及空间信息交互性的拓展。位于荷兰西南部一个岛
上的 freshH$_2$O EXPO 展览馆是斯普布洛伊克实现"软建筑"的
第一个建成项目（图5-35）。展览馆的内部空间装有一套与声控
系统相连的定位感应器，它在微处理器的处理下，随着来访者的
运动变化，地面隆起地带的灯光和声音也会随之发生有节奏的变
化。数字技术的应用赋予了展览馆一种"神经系统"，使其能够
根据参观者行为的变化而相应地调整自身的运行逻辑，并作出相

---

① 虞刚．软建筑［J］．建筑师，2005（6）：25.

图5-35 freshH₂O
EXPO 展览馆流动的
建筑形态及空间

应的反应。展览馆在形态上是由数字技术建模形成的16根相互交织的椭圆和半圆形样条组成的拉长的钢制蠕虫形态。经过数字化的操作，样条会按照软件中编制的脚本程序进行变形，使建筑形态处于不断的变化之中，地板、墙面、顶棚融于一体，创造了建筑空间内部流动的、不确定的空间环境，在这样的空间中来访者被置于一种矢量的状态，必须依靠自身的触觉本能保持平衡，触觉在这个空间里作为数字媒体的延伸建立了身体感知与建筑形态的开放关联，使其相互作用，互为延伸。

综上所述，数字技术背景下，媒介作为身体的一种延伸，使得建筑空间中身体功能得到了强化与拓展，建筑与身体的强度关联得到，延伸。一方面，媒体强化了身体在建筑空间中的感知体验；另一方面，媒介技术经由身体在建筑空间中的拓展与延伸为将建筑引申为建筑学以外的社会层面、文化层面、环境层面等的建构提供了可操作的契机。

第四节　通感建筑思想的建筑创新特征解析

"通感"建筑思想将身体从有机组织的从属状态中解脱出来，探讨在建筑空间中日常生活的多元意象、事件、媒介等外在的力穿越身体不同层次而形成的身体感觉的震动及发生在身体不同感觉领域和层次之间的共振而形成的新的建筑空间的感知体验，还有由此形成的建筑空间形式的创新。在这一过程中，一方面激发了身体各感官之间相互渗透、互为生成的情感时刻，使其表现出身体感知体验的情感性特征；另一方面，呈现出了以身体感知为核心的身体、建筑、环境之间的相互塑造与影响的互动性特征，实现了建筑功能与形式的开放性、不确定性的变化以及建筑空间自身形式的新拓展和空间体验的新变化。

一、建筑的情感性

建筑的情感性是无器官身体的各感官之间开放的"通感"感知状态与建筑空间相互关联、互为延伸转化而使建筑体现出的能够激发或者承载身体感官开放性运动的建筑形式特征。在建筑空间中，由空间环境的某些特点所引发的身体各感官之间关联状态的开放性变化作用于人的意识而产生的人对建筑空间的情感变化与体验，就是建筑情感性特征的表现。它是身体—感觉—空间之间相互作用、相互影响而产生的建筑空间环境的特征，是建筑空间的环境或事件所引发的身体作用于意识层面的情感变化。根据德勒兹的"感觉的逻辑"，感觉的不同层次以及与不同感觉器官相关的感觉领域中，每一个层次、每一个领域，都有一种与其他层次与领域相关的手段，独立于再现的同一客体与对象。在一种色彩、一种味道、一种触觉、一种气味、一种声音、一种重量之间，应该有一种存在意义上的交流，从而构成感觉的"情感"时刻（非再现性时刻）。这一论断为我们正确理解建筑空间中的情感提供了理论依据。在这里，德勒兹清晰地指出了人的情感并不只是某一客体与对象在同一感觉领域和层次中的视觉再现，而是产生于身体整体感觉与环境之间的交流。所以，在建筑空间中体现的情感性更多的是身体的整体感觉场在空间环境的刺激下而产生的喜、怒、悲、恐等的心理状态相互交织的结果，是身体"通感"作用的体现，而并非只是视觉上观察到的建筑空间实体。这种建筑的情感性一般表现为两个方面：

一方面是构成建筑空间的环境及事件直接承载和传递了心理的情感反应，使其形成一个情感体系作用于建筑空间。例如由HOV工作室于2001年设计的情感博物馆就是建筑情感性的直接传递（图5-36）。情感博物馆是为虚拟作品而设的真实空间。这些作品描绘了同一个生物体的不同感受和情感变化，就如同走路是来自于腿的运动和地面的关系一样，情感是来自于身体和环境的关系，并且决定了身体的行为。这个博物馆是由生物的情感体系组成，惊讶、恐惧、厌恶、愤怒、喜悦、满足、幸福等这些情感在空间中无次序、无层次地流动，它们之间的变化由博物馆内的环境刺激决定，比如艺术家的表演或打斗场景等，从而激发身体的一系列行为，并将情感信息直接传递出来，这样形成的艺术品

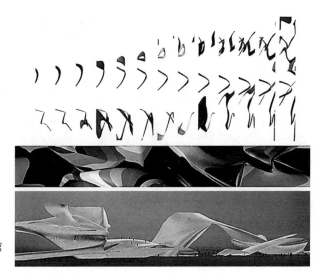

图5-36　情感博物馆
的空间形态

描绘了所有人身上发生的事，它可由观众控制展品，并给展品和
观众之间的关系带来实质性的体验变化。NOX在荷兰设计并建
造的 D-tower 也体现了建筑情感性的直接传递。D-tower 是 NOX
和鹿特丹艺术家萨拉芬共同合作完成的与媒体紧密结合在一起的
混合装置。萨拉芬通过在网上设立关于爱、恨、快乐和恐惧四种
日常情感的调查问卷，并将得到的答案转换成视觉性图案，分
别用不同的色彩来代表四种情感，再把这四种色彩用于 D-tower
的照明（图5-37），通过建筑不同的照明色彩来表达人们赋予城
市的不同的情感。NOX 通过情感内涵及与建筑空间外延的整合，
将人们的行为、色彩、价值观和情感等组成一个网络化的整体作
用于建筑，使其与城市环境之间形成情感交流和表达的关联体。
情感在建筑空间中直接传递的形式多以数字化的信息技术为传播
媒介，体现了数字化信息技术背景下的建筑情感性特征。

（a）建筑形态　　　　（b）不同色彩照明的情感表达

图5-37　D-tower塔

　　另一方面，表现为构成建筑空间的环境及事件间接地激发了
储存在身体感官之间的某种关联，通过感觉主体的联想和想象而
体验到的建筑的情感性。墨西哥建筑师路易斯·巴拉干的建筑思
想和理念就体现了其对建筑情感的追求和设计中对精神居所氛
围的营造。他曾说："我相信有情感的建筑。'建筑'的生命就
是它的美。这对人类是很重要的。对一个问题如果有许多解决
方法，其中的那种给使用者传达美和情感的方法就是建筑。"①日
本建筑师安藤忠雄的建筑创作也体现了对建筑情感性的表达，他
通过在建筑设计中大量地运用混凝土、石材、木材等能让人产生
对大自然的联想的具有亲切感和生命感的材料，来激发身体与
建筑之间的亲缘关系和人的情感体验。他的建筑作品"水之教
堂"就是这一设计理念的体现。在建筑的整体环境营造中将光、

① 王丽方．潮流之外——墨西哥建筑师路易斯·巴拉干［J］．世界建筑，2000（3）：56.

水体、自然景观等要素从自然界中汲取出来与建筑相结合，充分地激发了人们的自然情感（图5-38）。奥地利建筑师汉斯·霍莱因也将建筑作为一种情感交流的媒介，在建筑设计中注重了情感体验的创造与表达。他曾指出，建筑是一种由建筑物来实现的精神上的秩序。汉斯·霍莱因设计的法国奥弗涅火山博物馆（图5-39）体现了建筑师对建筑情感性的关注。该博物馆以一个陷入地下的圆锥体作为建筑的主体结构，用当地黑色的火山岩装饰锥体表面，锥体内侧则嵌入金属箔材料，由此形成该建筑的火山意象造型。通过火山岩的材质和色彩的运用，该建筑使人们对火山产生身体各感官的综合联想，给人以身处炽热的火山口的情感感受。

在建筑的发展历程中，将人们的情感直接或间接地投射到建筑中是人类自我表现的本能意识之一，而且人们对建筑的情感需求也始终是建筑创作中无法规避的一个主题，只是在不同的社会背景和技术水平下，其表现方式有所不同。信息社会数字技术高度发达也为建筑中的情感表达带来了新的方式，使当代建筑情感性特征的数字化意味更加明显。

（a）建筑与自然景观的融合　　　　（b）开放性的建筑空间

图5-38　水之教堂

图5-39　法国奥弗涅火山博
物馆的情感表达

二、建筑的互动性

　　互动性是"通感"建筑思想中身体与建筑之间相互塑造、相
互作用的强度表达。它是身体、建筑与环境之间构拟强度关联的
内在性逻辑。互动性是信息时代以"身体"感知为核心的建筑表
达的基本属性。它是建筑空间中身体、事件和空间场景的不同信
息之间的相互传播与转换，并且在转换中体现出了以数字媒介这
一身体触觉延伸为核心，兼容其他各种感觉而形成的开放的空间
态势和环境之间能量的相互交换与联系。在数字技术应用于建筑

创作以前，建筑的互动性是通过建筑形式、空间、材料的合理组织和恰当表达来反映建筑与人之间的交流关系的，通常表现为以"身体"为核心的运动、行为和事件等与建筑作用关系的空间形式的动态表达。如查尔斯·柯里亚的"漫游路径"的设计手法就是根据运动主体的人对生活情境及"事件"的具体体验抽象出来的空间序列，在这个空间序列中，柯里亚通过人在空间中的不断穿越来强调主体参与空间体验的意义和主体心理的变化，以此实现了建筑与身体之间的互动。当代建筑的互动性是基于将建筑作为一个有生命、有知觉的有机体的观念，突出在信息技术的背景下以"身体"为核心的人与建筑之间互为生成的交互式建筑体验关系。在这里是把人的心理需求和身体体验作为建筑设计的一个重要参数，再通过数字技术这一必要的技术手段而实现的人的行为或心理与建筑之间的交流互动。在数字化的建筑空间里，建筑根据身体发出的不同行为而作出相应的反馈，形成身体与建筑之间无限的信息交流和身体在建筑空间中动态灵活体验的过程。当代建筑的互动性使建筑从被动适应人类需求的无生命的物质实体转变成与人类行为具有交流能力并积极互动的建筑形态，它是对建筑的物质实体空间存在本身的一种超越，是建筑师对建筑的生成及存在形式动态思考的结果。

关于建筑互动性的研究，荷兰的 NOX 建筑事务所取得的成就相对最为突出。在20世纪90年代早期，NOX就开始了关于建筑、媒体、数字技术的交互研究，并且走在了世界的最前沿。前文提到的"声尔住宅""H_2O EXPO 展览馆""荷兰水上展览馆"都是其运用数字化的交互装置实现的人与建筑之间的积极互动。另外，位于英国中部的柔性办公楼（Soft Office）也体现了建筑的互动性特征。只是该建筑的互动性体现的不是人与建筑之间信息交流的体验过程，而是建筑形态作为与人互动的结果的反映。
建筑师利用计算机形成数字模型生成建筑柔性的体量和富于张力
感的建筑空间结构形态（图5-40），这一建筑形态就是人在建筑
空间内行为状态的视觉化表述。

（a）建筑的偶然形态模型　　　　（b）建筑形态

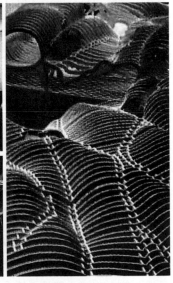

（c）内部空间　　　　（d）空间组织结构

图5-40　柔性办公楼

Diller+Scofidio为2002年瑞士世界博览会设计的Blur展馆（图5-41）则体现的是数字化技术下人与建筑的交互式体验过程。该建筑是在人、自然与建筑的互动过程中出现的临时构筑物。建筑以当地的湖水为材料，通过智能系统将人的荷载动力以及温度、湿度、风速和风向等气候条件指数的变化传给中央数字化处理器，处理器依此合理调整水压，将其分配到31500个高压薄雾喷雾口以雾态的形式射出。整个建筑因与人、自然的互动过程而生成变幻莫测的形态，随着展会的结束，它也会自行消失。

以身体为核心的建筑的互动性特征还表现在组成建筑的一些内部装置上。由建筑师Mark Goulthorpe设计的伯明翰Hippodrome剧院内的Aegis Hypo-surface互动金属墙就是反映人与建筑墙体交互生成的实例，体现了动态建筑存在形式的互动性特征。该金属墙可以实时地对舞台和剧院内发生的事件作出反应，墙体可以

图5-41 Blur展馆的
交互式形态

通过感应器及信息处理系统对音乐、掌声、话音以及温度、风速
等信息进行捕捉和编译，并以动态变化的墙面将这些信息表达
出来。该金属墙面是一个动态的矩阵，矩阵由1000多个支配着
墙体上三角形金属面起伏开合的机械活塞组成。根据接收到的
参观者的不同信息，活塞形成不同的变化频率和振幅，从而实
现金属墙面的动态变化，以此进行墙体与参观者之间的信息互
动（图5-42）。2008年威尼斯双年展主展厅入口的名为"Hall of
Fragments"的装置（图5-43）是一个展现人与环境交流互动的
屏幕。它可以将参观者的运动行为信息投射到屏幕上，以虚幻的
碎片图像表达参观者行为的变化，表现了数字技术与人身体感知
之间的亲缘关系。

　　数字技术的发展以及数字媒介在建筑设计中的应用，实现了
人与建筑、环境之间的直接互动，使参观者的感知信息成为组成
建筑环境的重要部分。在此基础上，建筑师探索了人与建筑无限

图5-42　互动金属墙

图5-43　威尼斯双年展主展厅入口装置

交流互动的、崭新的建筑空间形式和人们对空间感知的新方式，引发了建筑空间从"静态"到"动态"的转化。

第五节　本章小结

"通感"建筑思想是在德勒兹"无器官的身体"理论的基础之上，通过对打破了机体组织的身体的各感官之间不确定的、开放的关联状态的分析，建构的以身体感知体验为建筑创作主体的建筑思想。这一建筑思想是在信息社会、数字技术背景下，对身体与建筑关系的再思考，是基于对身体感知在建筑空间中真实存在状态的探索而构建的身体与建筑形式及意义之间互为生成的思想总结。本章首先通过对德勒兹"无器官的身体"的"通感"感知图式的分析，明确了身体各感官之间开放的内在关联以及不同层次、不同领域的感觉强力在身体这一生成强度的母体中的开放流通。通过对德勒兹通感"感觉逻辑"的研究，揭示了建筑创作中作用于身体不同层次的感觉和体验的"事件"从"可能性"的层次向"事实"的层次过渡和生成的时空逻辑，进而确立了"通感"建筑思想的"无器官的身体"理论基础。其次，通过对"无器官的身体"通感感知中构成身体强度关联的内在性平面的三个因素"感觉""事件""媒介"的概括提炼，建立了建筑中以"身体—感觉""身体—事件""身体—媒介"为核心的"通感"建筑思想，并对其内容进行了阐释。最终形成了建筑意义及表现形式穿越各感官层次的开放性、不确定性的建筑空间体验，并由此带来了建筑空间形式的新拓展和空间体验的新变化。与此同时，分别对三种通感建筑思想的创作手法进行了分析总结，概括为"感觉的建筑形式分化""事件的建筑形式生成""媒体的建筑形态拓展"，分别从感觉、事件、媒介三个方面对基于身体通感感知的建筑空间创作手法进行了分析。最后，对通感状态下身体各层次感觉与建筑空间中的事件、媒体等多元刺激之间渗透交流的情感性、互动性等"通感"建筑的创新特征进行了总结。

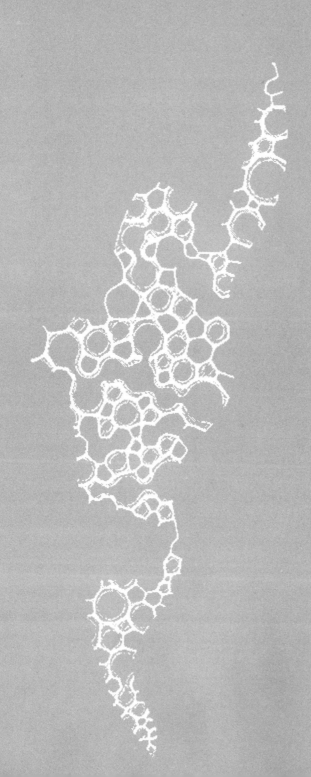

第六章

基于德勒兹动态生成论的中间领域建筑思想

　　随着信息社会的发展与复杂化、生物化、智能化的科学技术
的变迁（图6-1），改变了人们单一化、模式化的思维方式，同时
也带来了建筑创作发展方向的改变。21世纪被称为"生命时代"，
关注生物多样性、关注地球环境、重视生态成为时代对建筑的要
求。"中间领域"建筑创作思想就是为适应社会的发展和技术的变
迁，在德勒兹哲学动态生成论的基础上建构并提出的。德勒兹生
成论的动态生成观、差异性内核以及所蕴含的深邃的生态学意涵
构建了"中间领域"建筑的"动态多元共生""差异化生态意义生
成""联通式自组织更新"的生态发展方向。德勒兹生成论中的图
解、块茎、游牧等喻体与自然生态之间生成关系的可操作手法，
为"中间领域"建筑动态的环境适应性与生成过程提供了有效的
设计途径。其与参数化设计的结合为建筑形式追随"生态能量"
的过程，在服从自然界中各种对建筑产生影响的能量的基础上
（包括自然及人的精神、意识等微妙能量）生成特定的形态，提供
了具体可实施的方法。这些能量通过参数化参变量的设置，最终
形成了适应生态发展的、可持续的建筑环境。正如伊东丰雄所说：
"20世纪的建筑是作为独立的机能体存在的，就像一部机器，它几
乎与自然脱离，独立发挥着功能，而不考虑与周围环境的协调；
但到了21世纪，人、建筑都需要与自然环境建立一种连续性，不

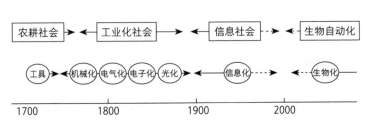

图6-1　人类社会与科学技术的变迁关系图

仅是节能的，还是生态的、能与社会相协调的关系。"①因此，本章将通过对德勒兹动态生成论的核心内容及其与建筑关系的系统研究，构建适应时代发展需求的"中间领域"建筑思想，并对其表现手法和建筑形式所表现出的创新特征进行分析。

第一节　中间领域建筑思想的生成论基础解析

　　动态生成论是德勒兹哲学思想的重要基石之一。它是通过对自然和社会现象的考察，在差异思想基础上，对人类中心主义和逻各斯思想传统的解构和活力论的重构，因此，体现出深层的生态学观念。其中，以德勒兹的基本喻体"块茎"的生成模式为核心的生成观和多元化、非线性的思维模式为"中间领域"建筑思想奠定了与自然生态和人类社会多元共生的视角；其生成论中异质元素差异性的生成为"中间领域"建筑差异性元素及异质空间的生成模式提供了可参考的依据；生成论中蕴含的深层生态学思想又为"中间领域"建筑所构建的自然生态的无限性观念及运行模式提供了多元动态的关联。

一、中间领域的生成观

　　德勒兹的生成论是以"根茎"（rhizome）的无中心、多元化、

---

① 大师系列丛书编辑部. 伊东丰雄的作品与思想 [M]. 中国电力出版社，2006：15.

不确定的生成逻辑为主体思想的生成哲学。通过对"根茎"连接和异质性特征、多元体特征、非示意的断裂特征、绘图和贴花特征的阐述，描述了事物之间变动不居的复杂性关联网络。根茎作为地下茎，不同于根和须根，而具有异常多样的、可以在各个方向上分叉和延展的球茎和块茎形态。因此，"根茎"也译为"块茎"。德勒兹通过对"块茎"概念生物学意义上的引申以及"块茎"与"树状"生成逻辑的对比，实现了对西方二元论哲学的颠覆，赋予了"块茎"去除一切中心、结构、整体、组织、层级的后现代思维模式，进而形成了一种不同于传统的形而上学的"树状"思维模式的思想隐喻。同时"块茎"非中心、无规则、多元化的生态学特征打破了西方二元论秩序模式，表现了对人类中心主义和逻各斯思想传统的解构与活力论的重构，这为"中间领域"建筑思想突破二元对立的理性思维模式奠定了理论基础。德勒兹以"块茎"学说为主导的生成论拒斥以静态的差异结构作为认知世界的基点，关注结构的动态生成。德勒兹倡导以活力论的多元视角对传统的人类主体论视域解辖域化，拒斥以人作为基本存在的观念，肯定大千世界各种存在的价值与意义，从而凸显了一种多元、动态的生成观。德勒兹生成论的这一维度与巴赫金的"超视""外位"及人类学研究中的"主位""客位"视角之间有着交叉互补、互释的理论空间，也为建筑"中间领域"维度提供了阐释的理论空间。"块茎"生成过程中呈现的多元论秩序模式及动态生成的特征以及由"块茎"所引申出的事物之间复杂性、多义性、不确定性的关联，契合了信息时代向生命时代过渡的建筑发展趋向，衍生出了"中间领域"的建筑创造思想。最早，"中间领域"这一概念出现于黑川纪章在1960年指出的新陈代谢空间论中，用以指涉生命时代的建筑从二元论转向"共生思想"的一个重要条件。在共生思想中,"中间领域"使二元论、对立双方之间的共同规则、共同理解成为可能,它也被称之为"假设性了解领域"。"中间领域"并不是从一开始就固定存在的,它是一种假设的、流动的领域。正是"中间领域"的存在,才使得双方在紧张的对立中的共生成为可能。从建筑的角度来看,黑川纪章将屋檐下的空间、廊子、回廊、格子等各种各样的可以使建筑内外相互渗透、拥有多义性的空间称为"中间领域";从城市的角度来看,道路空间、广场、公园、水景、街道景观、城墙、城门、河流、作为地标的高塔、高速公路等,这些使单体建筑跃向城市的基础设施构成了城市中的"中间领域"。黑川纪章的"中间领域"概念在思考生命时代建筑的发展方向上体现出了与德勒兹动态生成论中以"块茎"学说为核心的多元论秩序模式的理论契合意义。本文中的"中间领域"概念在黑川纪章的基础上更加突出德勒兹生成论中的动态生成特征,并在此基础上最终以人类社会与自然生态的宏观视角衍生出了适应时代特征及发展趋势的系统的建筑创作思想。

在生命时代的建筑创作中,所谓"中间领域"思想,是指建筑作为连接自然生态与人类社会、文化、历史、艺术、心理等多样性环境的综合关联体,在德勒兹生成论的多元秩序模式基础上,通过信息时代复杂的科学技术手段及媒介,构建的适应时代发展趋向,反映生命时代从二元对立转向多元共生特征的建筑空间环境。生命时代,作为"中间领域"的建筑,打破了工业社会建筑与自然生态相脱离的二元论秩序,建筑作为独立体机能存在的机器,向着多义性的、多元空间流动的、开放的有机整体过渡。建筑通过形态、技术及功能的生态表达成为人类感受自然、理解生态的"中间领域"媒介。"中间领域"建筑使建筑成为人类社会与自然生态之间设定的无法强行划分或被排除的、共通的领域和要素，并且随着社会和自然生态的变迁而动态生成。因此，"中间领域"建筑在本质上就如同一个块茎体，表现出侵入、外凸、裂变、流动、创造、生成等特性，由此使得人类社会与自然生态双方之间相互渗透成为可能，并且随着双方之间的相互渗透、相互影响，"中间领域"建筑的指涉范围也会不断变动。所以说，"中间领域"本身就是具有多义性、双重性的暧昧领域。它并不是从一开始就固定存在的，是一种动态性的研究领域，动态生成是其典型的特征属性。

二、中间领域的差异性内核

德勒兹哲学是建立在差异性元素之上的建构性哲学，其生成论中体现的核心思想就是"差异与生成"。差异性元素的存在是导致动态生成的核心内容，差异的消除导致静止，差异的存在引起运动，运动的关键在于差异是否在场。"中间领域"建筑作为一个子整体，通过与自然生态和人类社会的宏观网络中差异性要素的多元共生而实现建筑新的意义与形式的动态生成。可以说，德勒兹生成论中的差异思想为"中间领域"建筑的存在与生成提供了思想之根源，并且差异思想中包含的图解、块茎、游牧等概念为"中间领域"建筑的生成提供了可操作的手法。建筑图解作为"抽象机器"的动态性及可操作性是"中间领域"建筑差异思想延伸的结果；块茎基于异质性的增殖逻辑在"中间领域"建筑中也指涉组成建筑的差异性元素的多样性和动态性生成，其中德勒兹列举的块茎差异性存在与表现的接续、异质、多样、逃逸线、脱领土化、非意义切割和开放性地图、纵横交错等多种特征为建筑的参数化设计及建筑师的建筑形态变形研究提供了可操作的设计逻辑及方式，实现了建筑形态的自组织演化，为"中间领域"建筑适应自然生态的生成方式提供了路径；德勒兹的游牧观念中的生成、异质性、连续变体等也都是"中间领域"建筑差异性生成与发展的根本动力，为生命时代"中间领域"建筑的形态、功能、空间、结构等适应自然生态与人类社会存在方式的流动性变化提供了可参考的操作方式。

"中间领域"建筑，作为自然生态构筑的宏观网络中的一个"块茎"，是多元差异性元素的动态组织构成。在这个网络中，"中间领域"建筑根据环境的变化及需求不断地产生差异性、衍生多样性，制造出元素之间新的连接，生成新的建筑形式及意义。与工业时代建筑创作的二元树状逻辑相反，"中间领域"的建筑创作路径就如同一个地表上蔓延的块茎和沙漠中游牧民的足迹，它突破了从上至下的层级关系，而形成了一个无边际的平面，在整体的思考方式上不存在一个严谨的逻辑结构，只有组成建筑的差异性元素之间不受约束的随意连接。在创作过程中不追求可确切把握的唯一的设计路径，而是在流动的、离散的、不能完全把握的思想高原中驰骋，在不确定中寻找新的意义的创生。就如同德勒兹的"块茎""游牧"等喻体作为德勒兹生成论中"反中心系统"的象征，体现了后现代哲学思想差异性的"无结构"之结构的观念，这反而让后结构哲学家、美学家跳出了传统理性思维模式的堡垒，不再一味地去探寻本质为何物，突破了原有的思想观念，让自己的思想向无数个不同的方向自由流动，他们不去探寻事物发展的最终结果，不把事物看成是等级制的、僵化的、具有中心意义的树状系统或单元系统，而是把它们看作如植物的"块茎"一样可以自由发展或可以自由驰骋的"千高原"。"中间领域"建筑在自然生态及人类社会的整体网络中，正犹如块茎和游牧之线，根据物质与非物质环境的需求，始终处于差异元素的动态运动之中，不断地进行着自身与整体环境系统的能量转换与增值，这一过程，概括而言，体现在以下两个方面：

（1）差异性元素的异质混合。前面说过，"中间领域"建筑就如同块茎一样能够与环境中的异质、多元的元素建立连接与关联，并能够在某一个平面空间中无限延伸，这与二元论下的现代主义建筑的中心化的概念结构形成强烈的反差。"中间领域"建筑总是把自身从中心的位置解脱出来并且置入其他维度，不停地通过调整自身的功能、形态、结构等与自然生态、人类社会和科学的诸多矛盾来确立共生关联。这就如同电子网络的超文本、超链接，它由在不同时间，以不同方式形成的物质所构成，但是这些物质却都能够相互连接在一起，并共同作用。在萨拉热窝音乐厅（Sarajevo Concert Hall，1999）项目中，建筑师在解决场地环境、历史文脉与建筑的关系上就体现了"中间领域"建筑差异性元素的异质混合，而创造的间隙空间（中间领域空间）缓解了建筑与所在环境之间的矛盾。该音乐厅在一个新规划的城区里，它是那个区域最重要的建筑之一。在内战后几年的重建时期，音乐厅与这个区域的历史以及与音乐厅的密切关系赋予它重要性。在音乐厅的设计上，建筑师采用了双层膜的结构（图6-2），即音乐厅在场地的界限内有双层膜，内层膜能反射音乐厅内不同的音乐节奏，外层膜反射城市中颤动的噪声和呼吸。设计中运用电脑模拟，通过膜和声音之间反应的双重系统来制造动画。两层膜都和另外一个很接近。两层膜的反应结果创造了"中间领域"的间隙空间，建立了音乐厅内外环境的紧密关联。音乐厅的功能分区部分根据不同的内、外声音来形成。双层膜的总体性能和它们各自的性能决定了空间形式，并能根据地方音乐和全球性表演进行空间形式的调整和改变（图6-3）。

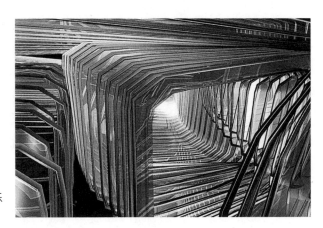

图6-2 萨拉热窝音乐厅双层膜结构

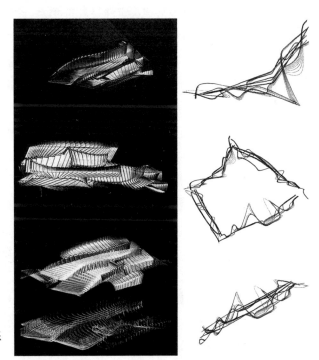

图6-3 萨拉热窝音乐厅变化的建筑形态

（2）异质性空间的多元生成。"中间领域"建筑遵循了"图解""块茎""游牧"等生成方式，直接在自然生态及人类社会的异质因素中运作。这与树状的等级、中心式进化图式不同，它不断地从一条已经区别开来的路线向另一条跳跃，体现了从最小差异元素到最大差异元素的动态发展过程，并导向了一种异质元素无限开放的平滑空间。"中间领域"这种差异元素形成的动态流动性将建筑空间从主次等级划分中解放出来，构成了建筑异质性空间的多元生成。当代"涌现性"的建筑空间及形式是异质性空间多元生成的表达。涌现性的空间通过基本空间单元的集群簇化，形成一个无中心的整体系统，不再区分与强调建筑中的主次，打破了现代主义建筑中的秩序关系，突出了空间中各差异性要素普遍的相互作用及发展成决定性要素的可能，适应了异质性空间多元生成的动态本质。由哈迪德于2015年设计完成的墨西哥蒙特雷住宅区，体现了这种异质性、多功能空间的生成。住宅区是由一系列蜿蜒起伏的条状建筑组成的多功能性建筑群（图6-4），其中包含了生活所需的一切功能。建筑师通过住宅区与原有峡谷肌理的融合，创造了复杂性、多样性的空间形式和建立在异质性、多样性元素基础上的全新建筑形态。建筑师通过建筑物组群自由、灵活的空间围合，将建筑的内、外部庭院、花园等多功能的公共空间与建筑融为一体，创造了一个多元、异质元素无限开放的平滑空间（图6-5）。建筑的立面以墨西哥传统联锁晶格几何图形为"块茎"基本单元，通过重复排列组合，在创造了丰富的立面效果的同时，表达了建筑与社会和文化的融合。

综上所述，从"中间领域"建筑产生的差异性内核根源来看，它凝结了自然生态系统中自组织运行的基本规律以及人类社会与自然生态之间的多元共生关系。德勒兹生成论中的差异性思

图6-4 墨西哥蒙特雷住宅区建筑形态

图6-5 墨西哥蒙特雷住宅区环境

想为"中间领域"建筑的差异性提供了理论平台，德勒兹生成论中的创生性概念也为"中间领域"建筑提供了适应自然生态的可操作的手法。因此，德勒兹生成论与"中间领域"建筑创作思想的结合必将为生命时代的建筑适应生命原理的自组织生成与更新提供可借鉴的设计策略。

三、中间领域的深层生态观念

德勒兹生成论的深层生态学思想主要体现了非人类为中心的视角，他将自然生态构筑成一个动态的连通性和多样性的系统。"中间领域"建筑以此为基础，通过与社会、历史、文脉、自然、生态、生物甚至无机领域的连续性生成建构，确立了"中间领域"建筑自然生态的"无限性"观念，体现了其中蕴含的深层生态思想。德勒兹的生成论赋予了"中间领域"建筑深层生态学的思想，并将创造概念的无限性与构拟概念内在性平面的多元性关联在一起，来指涉概念生成模式与生态系统运行模式之间的内在关联。其中"块茎"概念的生成机制是这一关联的最具代表性的表达，为当代建筑解决与自然生态、自然环境之间的复杂性、适应性关联提供了可操作的途径，并且在思想及思维层面为"中间领域"建筑的深层生态观念的提出提供了理论依据。

（1）以人类为主体的中心思想、等级思想的突破。工业化社会科学技术的发展使得实用技术理性成为主宰世界的本源，并逐渐形成了以人为中心，轻视自然界其他生命体的"中心思想"和"等级思想"。在这种思想的作用下，建筑成为人类居住的机器而远离自然。然而，以德勒兹"块茎"学说为主体的生成论摒弃了工业社会二元论秩序的规范化和等级制的特征，突破了以人类为中心的思想，将建筑带入自然生态与人类社会的"中间领域"视阈。德勒兹以块茎的生态学特征诠释了生命时代的非中心、无规则、多元化的自然生态关系的发展趋势，为人们提供了对待生态、建筑与人类社会关系的全新视角。德勒兹的生成论表明，在人类与自然构筑的整体的块茎网络中，人类并不是单一、纯粹的生命，人类本身就是与其他生命体（细菌、病毒等）共生着的、多种多样的、生命流动的共同体。人类只是自然生态中的一个块茎，而不是自然界的核心存在，在自然界中存在着人类感知以外的其他生命体的多元动态生成。例如大象、鲸鱼之间的交流次声无法为人耳所接收，看上去处于静态中的植物实际上处于与光线、热度、湿度、虫害等的动态生成过程中。因此，建筑作为人存在于自然界中的"中间领域"也应该遵循整体自然生态系统的动态生成。德勒兹生成论中诠释的自然界中生命体动态生成的活力论多元视角是对传统的人类中心主义视阈的解辖域化，也是对建筑与自然生态关系的"中间领域"的重构，其中蕴含了比生态学更为深刻的生态哲学观。这种观念渗透到建筑领域，必然带来当代建筑思想的深刻变革。

当代的许多建筑师已经意识到并开始尝试运用建筑作为"中间领域"的媒介连接人类社会与自然生态，并在设计中充分地融入生态观念来实现人、建筑和自然之间的和谐共生。例如乌克兰的"生命树"塔项目（图6-6）就体现了非人类中心的视角，该项目中，建筑不仅仅满足居住的功能，而且还成为连接人与自然的"中间领域"，建筑自身就是一个动态的块茎体，与自然生态和人类社会进行能量转换。该项目通过模仿树的"根茎"形式深入地下，使建筑成为与自然界之间相互连通的生命共同体，以此来解决地球上因大面积开采而发生的土壤和植被层破坏、地下水

源污染以及动植物生态系统失衡等
问题。生命树塔是一个自治的生态
系统，生活和工作在里面的居民为
自身生产生态健康的产品并用于向
外界输出。整个塔包括地下和地上
两个部分。地下的"根茎"系统
是供给塔自身循环的主要基础系
统，分为两层：一层是向地下垂
直延伸3000m的地热电塔，这一开
发过程是生态健康并且造价低廉
的，在其下面设有用来收集和净化
已经使用的地下水和循环废水的净
化站（图6-7）。塔的地上部分是由
"茎干"组成的结构，构成了塔身
的核心和外部框架。塔的这一部分
被设计成两个相互交织的树干，其
内部设有垂直升降的运输通道。塔
的内部空间呈花冠状，其功能类似
一个城市的功能结构，包括娱乐公
园、餐馆、办公室、诊所、学校、
娱乐场、贸易中心、居住区、科学
研究区等。茎干端部的果实部分是
一个个绿色的小房子，里面是运用
气雾栽培方法养殖的各种各样的庄
稼（图6-8）。由此，整个生命树塔
形成了一个与自然生态建立关联的

图6-6 "生命树"塔

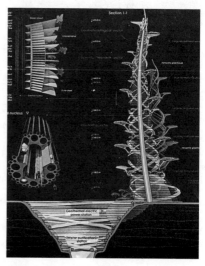

图6-7 "生命树"塔结构

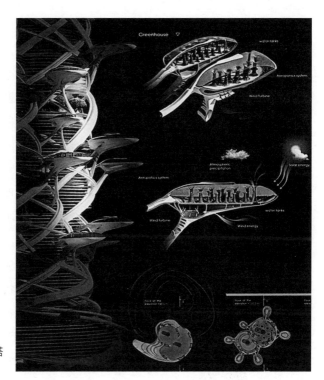

图6-8 "生命树"塔
绿色养殖区域

动态生命体，随着自然环境的变化，建筑的机能也发生相应的改变。

（2）中间领域非理性思维蕴含的深层生态观念。生命时代的"中间领域"建筑以德勒兹的生成论为基础，在创作思维上更体现出动态、多元、非理性的思维方式以及"块茎"的异质混合、无意指断裂、解辖域化的非理性思维的生成模式。"中间领域"建筑作为自然生态和人类社会中的一个块茎总包含异质性的构成要素，并与其他块茎相连形成一个庞大的网络，在这个网络中，块茎之间的联结与断裂呈现出非线性思维逻辑的发展方向，在随时断裂中创造和衍生了无穷尽的新的关系，展现了思维之间的横向交流以及反系统、反逻辑的思维方式。这些思维方式使"中间领域"建筑从思维的根源上摒弃了等级思想的机械设计观，建立了与自然生态的动态多元关联，使建筑与自然界成为一个联通的共同体，体现了深层的生态观念。例如美国的"胚胎聚合物"项目（图6-9）源于将森林植入建筑的观念，这是利用有机体原则进行的建筑设计和建造，体现了多元、非理性的思维方式。这个建筑是由许多被设计成不同几何形状的"块茎"组成的结构体（图6-10）。结构体之间相互连通，异质混合。结构体的不同形状单元既避免了重复和单调，又创造了建筑独特的生活空间和公共环境。建筑空间中具有个性特征的不同形状单元以服从整体结构的和谐为前提，这就如同树干不同、枝叶各异的树木却构成了整片森林的和谐。整体建筑在设计过程中运用了环境主体逻辑，突出了自然环境与建筑的融合，实现了建筑的生态功能。

在设计中，建筑师利用植被环绕整栋建筑，为居住者提供了适宜的室内温度，同时还提高了空气中的氧气含量，降低了噪声水平。设计者表明，通过遮光，建筑能够减少夏季空调成本的50%，并且用藤蔓植物遮盖在空调系统上，能够带来另外10%的能量节约。建筑块茎单元的外部布满网孔，进而使藤蔓植物爬满整个结构。块茎不规则形状的顶部和底部空间被垂直地设置为卧室单元，并且通过果园和交通通道将其与工作室分开，各个块茎机体之间也有绿地连接。该建筑以自然生态的视角运用多元联通的块茎单元为居住者提供了自然环境开放、流通的空间。

图6-9 "胚胎聚合物"建筑

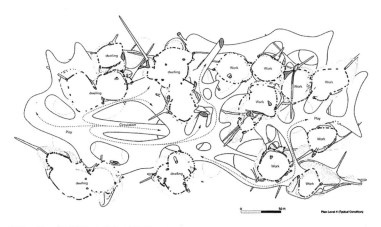

图6-10 "胚胎聚合物"结构体

德勒兹建立在"差异与流变"思想基础上，以"块茎"学说为核心的动态生成论，通过对块茎动态生成过程和特征的诠释，创造了一个与传统树状思维迥异的非理性思维逻辑。块茎的反中心、多元化、无等级等特征及其与异质性环境融通与调和的生成方式，生成了块茎在生态系统中存在的"中间领域"视阈，展示了自然与人类社会动态流变的生成方式，蕴含了深层的生态观念，这为生命时代以人类与自然的宏观视角思考建筑的发展方向提供了思想的原点。生命时代，建筑作为连接自然生态与人类社会、文化、历史等多样异质性环境的"中间领域"，打破了工业时代建筑与自然相对立的二元论秩序，成为调和异质环境、空间、元素等的多元生成有机体，建立了建筑与环境的动态多元关联，同时也带来了建筑形式的创新，产生了"中间领域"的建筑创作视角，形成了适应生命时代的建筑创作新思想（图6-11）。因此，德勒兹的动态生成论作为"中间领域"建筑创作思想产生的基础，为"中间领域"建筑提供了可借鉴的多元动态的生成模式，其中"块茎"的差异性增殖过程为"中间领域"建筑异质元

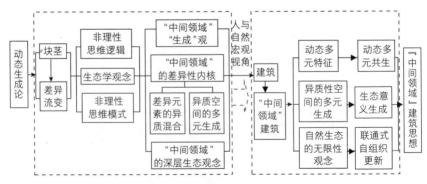

图6-11　动态生成论与"中间领域"建筑思想对应关系图示

素的多样性生成以及"中间领域"建筑与自然生态之间的开放性
的自组织关系及增殖逻辑提供了生成模型，并最终在思想和思维
方式层面确立了"中间领域"建筑的深层生态学观念，为生命时
代建筑的发展提供了生态的策略与方向。

第二节　中间领域建筑创作思想阐释

　　"中间领域"建筑创作思想以德勒兹生成论哲学为理论依托，
是建立在对西方传统哲学二元论的颠覆基础之上，符合生命原
理，体现生命时代建筑创作多样性、差异性、生成性的建筑思
想。它是对生命时代背景下建筑与自然生态和人类社会关系的再
思考。其中"动态多元共生""差异化生态意义生成""联通式自
组织更新"的思想内涵是"中间领域"建筑对时代转变的思想表
达。在这一思想的作用下，建成环境成为人类和自然生态互动的
"中间领域"而非一种终结。

一、动态多元共生

　　动态多元共生是信息社会背景下，体现生命特征的"中间领
域"建筑创作思想的一种呈现。动态多元共生思想与德勒兹动态
生成论的生成观相契合，倡导建筑作为连接生态自然与人类社
会、文化、历史、艺术、心理等的内在性生成，这一思想通过对
二元对立的主体与客体、域内与域外、精神与物质的解辖域化，
建立了多样性的、动态的建筑生成模式与运行机制，体现了生命

时代建筑发展的内在要求。在这一思想中，作为连接自然界与人类社会的"中间领域"，建筑通过形态、技术及功能的生态表达成为人类感受自然、理解生态的媒介。因此，动态多元共生蕴含了"中间领域"建筑的多义性。"中间领域"建筑通过"块茎"式的异质混合、无意指断裂、解辖域化等生成原则与所在环境网络动态多元共生，诠释出了符合生命原理，适应生态需求的建筑与自然环境及人类社会之间的动态协调关系。在动态多元共生的思想下，"中间领域"建筑是流动与变化的统一体，具有游牧的特点，随着人类与社会的变化，不断更新其内容，体现出了生态的视野及与环境连续性的互为生成关系，与工业社会建筑作为独立的机能体存在的创作思想形成强烈的对比。同时，生命时代的"中间领域"建筑与工业社会的建筑相比，又是通过复杂科学技术的支撑而创造出来的建筑，通过计算机系统在建筑设计上的应用，实现了建筑作为对自然与社会环境重构的"中间领域"，并使得建筑与自然生态、社会环境的融合向更主动的共生转化。建筑通过复杂科学技术生成后，以一种开放的方式重新融入自然环境，并与之实现动态的关联作用。此时，建筑以开放、动态的方式与自然和人类社会共生，不仅建筑外部的整体造型及其象征、隐喻、表意性与自然环境相关联，而且达到了建筑内部空间的逻辑理性、结构的生态化及其与人的行为、心理感知等方面的协调共生。可以说，动态多元共生是"中间领域"建筑与自然环境及人类行为共生的一种差异性与多样性的表现，是不断实现"中间领域"新意义创生的内在性要求和动力源泉。以下就以文森特·卡尔伯特的香味森林（Perfumed Jungle，2007，中国香港）为例对动态多元共生的"中间领域"建筑思想进行诠释。

中国香港是世界上人口密度最大的城市之一。在这里，每平方公里居住着30000人。为了解决这种人口过剩的问题，"香味森林"的设计方案以都市景观重新自然化及创造一个都市森林的长期发展为框架，重新建立了自然与城市的过渡关联，体现了建筑、城市、自然之间的动态多元共生思想。建筑师通过将生态目标引入建筑创作来提高房地产的可用性，这就意味着建筑空间不仅能够自给自足，同时还要具有制造更多能量的生物多样性特征。概括而言，该项目所体现出的动态多元共生思想包括以下两个方面：

（1）面向恒定流体的齿槽网络。该网络是一个紧贴着维多利亚港构建的新的生态基层。它通过不规则的细胞构成的连续贯穿的网络系统而被赋予了生态的意义（图6-12）。这一细胞网络结构所具有的贯穿性和通透性能使水渗透到现存都市肌理的最深层。同时，细胞所构成的相互连通的多模式的网络层将附近的包括空港、轻轨、地铁、渡船、多种循环道路等所有相关的交通模式融合到一起，与建筑发生关联，这一建筑的细胞网络结构体现出了作为"中间领域"建筑差异性元素的动态多元共生。该细胞结构在形成网络时的相互交替与交叠构成了一个室内外相互渗透的连续开放、流通的空间（图6-13）："这一空间贯穿了细胞网络中的各组成部分的单体空间，并使它们相互连通转换，其中包括建筑室内外环境中的游泳池、散步道、延绵数公里的新码头以及行人或自行车滨海大道、用于生态净化的潟湖、海洋博物馆等。在基隆半岛的天际线面前，一条真实的瀑布以及被植被覆盖的台地就像梯田一样存在于第五立面上。"[1]这种没有任何墙体，没有

---

[1] 美国亚洲艺术与设计协作联盟. 信息生物建筑 [M]. 华中科技大学出版社, 2008: 165-168.

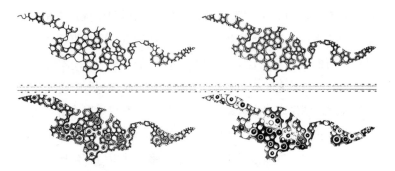

图6-12 "香味森林"项目的齿槽网络

图6-13 "香味森林"内部的开放空间

界限的拓扑形式，不仅意欲为中国香港市民所居住，更被设计来让数不清的动物和那些即将重新安置自己的本地迁移中的植物来渗透、跨越、烙印，从而最终构成了一个新的生态系统，该建筑与从东到西的中环渡船码头、IFC大厦、香港市政厅、马戏团广场、香港演艺学院、会展中心和湾仔体育场构成的网络联系到了一起，使其与环境融为一体。

（2）大气循环树塔。在该项目的生态网络中，一片如同真实树木的有机技术塔楼从水中冲向天空，并让自身通过多个繁殖的根茎生成起来，它们的根部深深地扎进中国南海（图6-14）。塔楼分支周围渔网式的覆盖结构，使其很好地融入环境。这些生态塔根据不同的部位包含了双重功能的内部空间构造。其中包括主体树干部位的住宅空间、分支部位的商务及休闲空间，而不同空间的相互联系与交换又构成了该地区丰富的夜间活动。树干塔楼正弦曲线的造型形态蕴含着人们对于中国彩陶艺术的记忆，亚麻编制的绿纤维表皮也暗喻了中国（图6-15），隐喻了该建筑与人文社会的融合与共生。塔楼造型形态自身的感官性与周边的环境形成了鲜明的反衬。同时，这些生态塔楼的新陈代谢功能体现了其生物学和植物学的生命机制。它能够通过光合作用净化并集中回收塔楼所放出的二氧化碳气体，并将它转化为氧气，其中塔楼的道路和行人步道网络之间的贯通连接，适应了该地区冬季干燥的亚热带气候。

现代主义建筑由"理性中心主义"衍生出的"人类中心主义"，带着人类自我中心的有色眼镜去看待其他生命，轻视生态环境，将建筑孤立于自然环境中，这种偏见在生命时代"中间领域"建筑的动态多元共生思想下，已经成为过去。人类只是地球上与其他生命互为依存的多种生命物种中的一部分，因此，作为

图6-14 "香味森林"
大气循环树塔

图6-15 "香味森林"
建筑表皮

"中间领域"的建筑，要在自然生态的生命关联体中存在，就要
与自然环境共生，形成连接地域文脉、城市文脉的开放性结构。
生命时代，我们最终将通过"中间领域"建筑实现人类与自然的
共生、环境与建筑的共生发展。

通过上述阐述及分析，与工业时代建筑创造的传统思维观念相比较，"中间领域"建筑的动态多元共生思想具有以下几个新特点：

（1）从线性因果逻辑过渡到"块茎"网络的多元生成逻辑。生命时代的自然生态系统与人类社会之间的关系处于流动变化、相互交织、互相错落的网络结构秩序中，这与工业社会的树状结构秩序形成对比。生命时代的建筑也正是这个错综复杂的网络结构中的一个"块茎"，与自然生态及人类社会之间相互连通、相互影响。建筑作为整体块茎网络的子整体，根据整体网络的秩序而生成，同时保持其自律的特征。此时，建筑与整体网络之间不再是树形结构从上到下的线性因果逻辑，而是"块茎"的多方向、无中心，相互交织影响，变化生成的多元逻辑，构成了相互交织错落的"千座高原"。正如黑川纪章所阐述的："德勒兹的'块茎'概念表达的既不是上下关系，也不是水平关系，而是横向的流动性的关系。经常向主流世界中投入异质，就会产生这种动态秩序。"[1]建筑作为整体生态和人类社会网络中的一个块茎，在动态秩序中创造性地生成。

（2）从动态的变化过程中创造出信息的发信源。这是当代建筑从机械原理向生命原理转变的一个典型特征。生命时代的建筑在持续不断地保持自身的代谢循环的同时，根据所在环境发生变异，创造信息的发信源，保持与环境网络的动态关系。当今，以混沌科学为代表的非线性科学的发展为建筑的这种改变提供了认知方式的基础以及技术的保障。非线性科学将自然生态与人类社

---

① 黑川纪章. 共生思想 [M]. 贾力等译. 北京：中国建筑工业出版社，2009：59.

会的非平衡、非稳定、非线性、不规则、不可逆等真实图景呈现
出来，这为实现建筑在自然生态与人类社会中的"中间领域"作
用及动态变化过程提供了科学的基础。在非线性科学的自然生态
非平衡观下，建筑之于环境就是复杂组织动态变化过程中的信息
发信源。

（3）从追求数学推理的解析性、严谨性转向"块茎"逻辑的
灵活性、多样性。工业时代的建筑在西方哲学二元论逻辑的影
响下，在建筑创作中遵循二元对立的分析手法，一方面忽视了
建筑与环境的作用关系，另一方面，一味地追求工业技术本身
的严谨性在建筑中的完美表现，建筑成为技术本身合理使用的
客观结果，建筑的功能与形式之间的矛盾日益突出。而生命时
代，随着复杂科学的发展，二元论秩序的打破，"中间领域"建
筑创作从机械的数理逻辑中解放出来，转向了"块茎"模式的灵
活性、多样性的创作过程，改变了建筑与自然生态、人类社会的
对立关系，建筑的功能与形式之间的适应性得到了日趋完美的
表达。

二、差异化生态意义生成

工业社会，作为机械产品的建筑，完善的功能表现是建筑创
作追求的目标，而在信息社会背景下的生命时代，因差异和意义
的创生而成立，以实现多样化、认识差异性和多样性为目标。信
息社会生命所拥有的惊人的多样性与机械时代的普遍性和均质性
形成了鲜明的差异和对比。正如黑川纪章所表述的："所谓生命
时代，就是正视生命物种的多样性所具备的高质量的丰富价值的
时代。关注地球、重视生态环境，正是为了保持地球上的生命物

种的多样性。"①因此，对于生命时代的建筑创作而言，在生命意义差异化元素的基础上创造多样性的意义，尤其是突出生态意义的表现将是建筑创作的核心。然而，对于适应生命原理的"中间领域"建筑而言，以德勒兹动态生成论为基础，本身就是由多元差异性元素组成的自然生态和人类社会网络中的一个"块茎"，并不断地根据环境的变化衍生出多样性和差异性的动态组织形式，在这一过程中，"中间领域"建筑通过制造建筑与环境网络诸要素之间以及组成建筑的各要素之间的新的连接，实现了建筑的生态意义生成。

（1）建筑与环境网络要素之间的生态意义生成。生命时代，由网络和块茎系统构成的多样体秩序从观念上突破了现代主义的层级结构和树形秩序，形成了生命时代的崭新秩序概念。建筑在这种新的秩序关系中，也突破了现代主义建筑的固定化的、层级明确的树形秩序结构，呈现出多样体块茎系统的连接原理和异质性原理，并且在与环境异质元素的连接过程中体现出"中间领域"建筑的生态意义生成，构成了"中间领域"建筑多义的、双重的意义。这样的意义生成同时也激发了"中间领域"建筑多元创作的可能性。可以说，生命时代的"中间领域"建筑就是存在于事物之外的意义上的自然，是突破人类社会树形等级秩序的野性呼吸，是多元生命体的生态意义的呈现。例如由捷克设计团队设计的以把新鲜的空气还给世界的大都市为主题的"城市呼吸系统"（City Respiration System）项目方案中（图6-16），通过建立建筑与城市的呼吸系统这两种异质性要素之间的关联，突破了建筑本身的功

---

① 黑川纪章. 共生思想 [M]. 贾力等译. 北京：中国建筑工业出版社，2009：29.

能属性，实现了建筑与环境之间的"中间领域"建筑生态意义的
生成。建筑师将该项目的实践地点选择在了世界大都市中污染较
严重的上海，在上海污染最为严重的中心和各种废弃物的交汇处
放置了该系统，建造了一个能够将污染气体转变成清洁空气的摩
天楼网络（图6-17）。这个网络的基本单元是一个有着清洁功能的
摩天楼，包含一个能够将污染和废气体转变成氧气的有机体结构。
每个摩天楼单元都有自己的控制范围，并能够在范围内清洁被污
染的空气。摩天楼外部结构的基本单元是基于水藻和海绵的有机
体结构构成的像骨骼一样的框架，它是一个可以组成各种各样的
联结和形状的单纯的三维结构单元体，依据三角螺旋线的路径围
绕成摩天楼的外部整体结构（图6-18），为摩天楼过滤空气。

　　水藻是使城市修复系统成功的关键，水藻的骨骼围绕成摩天
楼的外部结构，附着在水藻上的表皮围合成摩天楼的内部空间。
水藻自身的新陈代谢又将污染空气中的二氧化碳和氮化合物转化
成氧气。首先热空气从地面进入摩天楼，并从底部慢慢升起，通

图6-16　"城市呼吸系统"方案

图6-17　"城市呼吸系统"网络

过底部风塔设施的烟囱效应，空气循环入摩天楼中空的核中。空气经由塔基进入环境之前，水藻成为空气自然的过滤器。整个城市呼吸系统的摩天楼网络，已经超出了建筑本身的功能，通过与自然界中具有生态功能的水藻建立关联，并形成一个块茎的网络群，作用于整个城市，进而衍生出了建筑的生态意义。

（2）组成建筑的异质元素之间的生态意义生成。生命时代的"中间领域"建筑以差异性元素的异质混合和异质性空间的多元生成为特征，建筑作为一个由异质性、多样性元素组成的动态生成的块茎体逐渐从自身的属性中分离出来，在差异性要素与要素

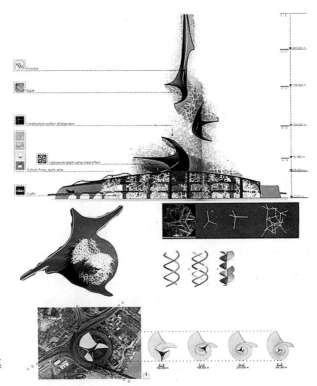

图6-18 "城市呼吸系统"结构

之间的中间领域（空隙），生成新的要素或发现新的意义。也就是说，差异性要素与要素之间不确定的关系可以生成新意义，尤其在多元、开放的秩序中，就如同具有生命意义的动态多样体一样，要素与要素之间、连接要素的点与点之间也常常产生意义。正如黑川纪章所阐述的那样："具有结构意义的柱子与墙壁，只有脱离了结构秩序，才可能作为象征性要素而自立。"①关于这种存在论关系的意义，它是在意义生成过程中起动态平衡作用的秩序，并且当存在论关系的意义向生命开放时，这些意义就会体现出生命的特点和生态的特征。无论如何，意义的生成，都不是在固定秩序中实现的，而是在异质性要素的各种关系中生成的动态状态。

　　伊朗的"气泡摩天楼"（Bubble Skyscraper）项目（图6-19）是关于把海水中的气泡的组织结构作为摩天楼结构的探索，并将气泡摩天楼设计成了一个具有居住、生态、海边灯塔功能的混合功能建筑，进而在构成建筑的差异性元素之间以及新的功能之间实现了建筑新的意义的创生。海边的位置为摩天楼的天然形态和泡沫结构提供了灵感。整体建筑的布局和形状是使用数学模拟软件产生的一些气泡的软体自由落体组合（图6-20），其中气泡的形状和其彼此之间的相邻位置关系是进行建筑结构和形态设计的两个参数。这些气泡通过装满水的外壳来控制建筑的内外部的温度。同时，该建筑能够通过收集水系统收集和储藏雨水并通过过滤净化使之变成饮用水直接用于建筑用水的循环，保证了建筑自我供给水源的充足。在建筑的居住功能上，建筑师把每个小气泡看成一个小房子，并将它们有规划地、成簇群地围绕在塔上，建

---

① 黑川纪章. 共生思想［M］. 贾力等译. 北京：中国建筑工业出版社, 2009: 302.

图6-19 "气泡摩天楼"建筑形态

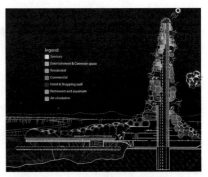

图6-20 "气泡摩天楼"建筑结构

筑师根据日光和风向的最佳条件决定生活起居空间在塔上的位置。其中中庭空间用于空气循环,起居空间延伸至海平面,从餐厅和房间中能看到美丽的大海景观(图6-21),并且公共空间中设有绿色植物公园以保证居住者对生命活力的感受和体验。整个建筑是一个智能控制系统,海上漂浮的水泡及太阳能共同为建筑提供能量。建筑师通过在气泡的组织结构和其作为自然物质的意义体现与建筑作为居住空间的基本属性之间建立新的关联,使二者彼此复合,分别延伸了二者自身的属性,同时也实现了建筑在使用功能与生态性之间存在的"中间领域"的生态意义。另外,整体建筑的外观布满了电子、机械管和LED屏幕,在实现建筑的灯塔功能的同时也实现了建筑的审美意义(图6-22),并且这种审美也同样体现出了非人类中心视角的环境伦理的美学意义。

以信息社会为背景的生命时代建筑,正在经历着由功能的表现向意义表现的转变。非人类中心主义的视角呈现在建筑领域,表现出了组成建筑异质元素的生态意义在"中间领域"建筑中的创生思想。"中间领域"建筑以差异、生态意义的创生而成立,

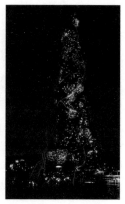

图6-21　"气泡摩天楼"起居空间　　　　　　　图6-22　"气泡摩天楼"
夜景观

通过向地域文脉、城市历史、自然环境等一切异质因素的开放，
在建立关联中生成新的意义的要素，衍生"中间领域"建筑的生
态意义。

三、联通式自组织更新

　　纵观历史，由于人类文明的需要，在社会进程的每个历史
阶段，人类都创造出了代表社会发展和科技进步的伟大建筑作
品，但是，与此同时，由于一直以来二元论哲学及理性中心主义
的影响，这些伟大的建筑作品诞生的同时也消耗了地球上大量的
能源。当代的建筑师们已经深刻地意识到了建筑与自然生态的共
生关系，开始思考如何运用复杂科学技术来解决建筑发展与地球
资源危机的矛盾以及在生命时代和未来社会，建筑应该如何发
展（图6-23）。联通式自组织更新的"中间领域"建筑创作思想

图6-23　建筑的发展进程示意图

的得出正是基于对以上问题的思考，当今时代正在变化为体现生命原理的时代，机械时代精神所支撑的工业社会正在向着信息社会转移，信息社会的创造差异、实现多样化的整体社会价值观的变化也为联通式自组织更新的建筑创作的实现提供了土壤。联通式自组织更新的"中间领域"建筑创作思想是建筑在与自然生态和人类社会的宏观网络保持动态多元共生的基础上，在自身运行的微观领域中实现的与所在外部环境、资源及能源之间的具有生命特征的联通式自组织更新。这一建筑创作思想是对以人类为中心思想和等级思想的突破，是生命时代适应生态观念的一种体现。这一思想是以德勒兹动态生成论为内容，以建筑作为"中间领域"媒介与自然和人类社会的连续性建构，将"中间领域"建筑构筑成一个由人、其他生物、建筑及自然环境、社会因素组成的连通的、多样的自组织系统，这一系统具有极大的自组织生成与更新能力，深刻地体现出符合生命原理的"中间领域"建筑生成方式。生命时代的"中间领域"建筑具有与环境、城市、文脉、人的行为的极大的连通性，并通过复杂科学的介入表现出相应的互动性，即建筑的形式与机能随着环境、人的行为的改变而自组织更新、可持续发展，进而能动、动态、高效地适应环境。

在当代环境危机的社会里，那些需要大量能源消耗的摩天楼式的建筑由于缺少可持续发展和自组织更新的结构，已经无法解决环境污染、土地浪费等生态问题，几乎成为生态惨淡未来的预示者。随着人们对生态的重视，那些"掩土建筑""大地建筑"甚至是"绿色生态建筑"也仍然没有从根本上解决建筑作为生命体存在的自身资源、能源等的自组织更新问题。而马来群岛的H20水景楼项目的设计方案（H20 Water Scraper）（图6-24），通过联通式自组织更新的思想表达，对上述问题做出了回应，体现了"中间领域"的建筑特征。该建筑也是一个"摩天楼"，但是它并没有强加于现有城市的组织结构，耗费城市现有的土地资源，而是漂浮于海上，当能量耗尽后，它能够自我供给与恢复，而且不会给环境带来任何的污染。该建筑的形状如同一个巨大的水母，在构造上分为水上和水下两个部分。H20大厦漂浮在海平面以上的部分是一个巨大的平台，在平台上种植有大片的森林和为了发展农业而饲养的家禽。这个建筑粗大的构造更多的部分被设置在水下，通过居住单元的设置在水下安置了大量的人口（图6-25）。该建筑的联通式自组织更新思想主要体现在对于建筑所消耗能源的处理上，该建筑从海浪、海流、风、太阳和用作燃料的生物质中获得能源补给自身，通过水产养殖和溶液饲养提供大厦食物，通过悬挂于建筑构造外部的长长的生物发光体触手来聚集和更新整栋建筑的动力能量。在该建筑自身的功能方面，H20

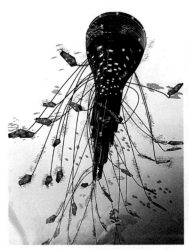

图6-24 H2O水景楼建筑形态 　　图6-25 H2O水景楼结构

大厦的居民们能够得到来自于水生环境的全部娱乐，包括拥有水下景观的居住环境（图6-26），划船、潜水和其他在水面上的娱乐活动，这里的居民就如同在深水中戴水肺的潜水员一样自由。建筑内安置了全部的福利设施，相当于一个活力社区的功能，包括购物、行政办公、旅馆、酒吧、运动和娱乐设施等。该建筑是对适应生命时代联通式自组织更新建筑的一种实验，同时也是对未来土地资源耗尽，建筑向水上游牧方向发展的一种探索。然而，实现建筑联通式自组织更新的生命运行机制是这一实验与探索的基本前提。

　　体现出同样的设计思想的另一个实例是美国的一座号称环保型"海上大厦"（Seascraper）（图6-27）的未来浮动城市的设计。随着全球人口密度的增大以及全球变暖趋势的日益加剧，海平面不断上升，地面居住空间的可开发性逐年下降，由此形成了

图6-26　H2O水景楼居住环境

建筑师关于水上浮动城市的思考，并开始将目光投向地面以外的
空间。这座海上大厦包含了商业、居住、娱乐等功能空间，是
一个完全自给自足，并能与所在环境自组织更新的海上生态建
筑，其能源系统的运作过程体现了该建筑与外部环境的联通式自
组织更新。该建筑的能源系统分布在建筑的整体结构中。在电力
能源方面，一方面，通过建筑下方利用深海海流发电的涡轮发动
机来补充自身所需的电力能源；另一方面，建筑上部表皮上覆盖
的光伏设备也可以用于支持太阳能发电。在水源方面，该建筑
顶部的巨大凹陷结构在实现收集雨水功能的同时，还可以让低
层的区域拥有充足的光照。饮用水则通过建筑中的海水淡化处
理系统及雨水循环使用设施来供应饮用水。同时，该建筑还是
一个能源的输出体，它的基底部相当于一个人工珊瑚礁，通过
在海上移动时翻起的深海营养物质为海洋生物提供丰富的养分
（图6-28）。

图6-27 "海上大厦"的建筑形式

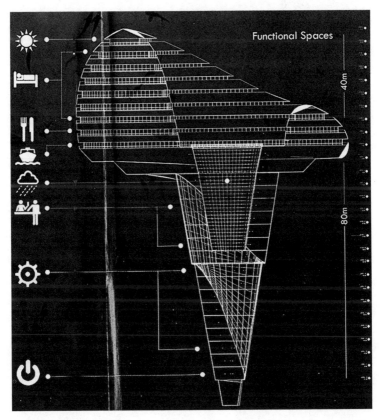

图6-28 "海上大厦"结构

　　文森特·卡尔伯特在冰岛的"神经元异体"（图6-29）建筑则是"中间领域"建筑联通式自组织更新的另一种体现。该建筑是通过多细胞动物的"神经元"多孔有机体网状结构（图6-30）平滑地交织在一起，形成自身具有新陈代谢功能的有机体，与城市、环境、空间、人的心理混合在一起并相应地发生变化，具有通过周围环境来重新生成自身的功能。在这个案例中，建筑以尊重生态系统联通式的运行规律为前提，来建立建筑与周围各种环境的关系，建筑不仅能与外部的生态环境相适应，而且还能够积极地生成适应自身运转的内部生态系统。

　　联通式自组织更新的"中间领域"建筑思想是建筑自身适应生命原理及生态的自组织更新运行机制的表达，通过建立建筑自身形态、结构、功能与土地资源、城市环境、生物群体、自然能源等的联通式的生成关系，构建了建筑作为"中间领域"的内在微观生态系统及具有生物性生成特征的外在生态的宏观网络。

图6-29　"神经元异体"的空间形式

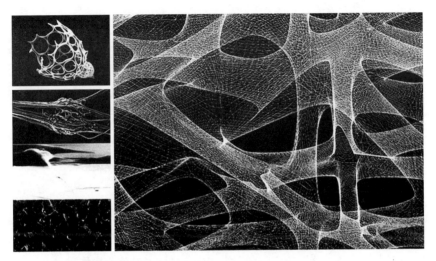

图6-30 神经元组织结构

第三节 中间领域建筑思想的创作手法分析

基于德勒兹生成论内涵的动态多元共生、差异化意义生成、联通式自组织更新思想的"中间领域"建筑设计与传统意义上的生态建筑相比，更多地强调建筑自身适应生命原理的有机生长，建筑与环境及人的行为、心理的智能化有机融合，并从人与自然可持续发展的宏观层面深入思考建筑与生态的关系问题。在二元论哲学机械思维方式的影响下，以往的建筑设计方法是将建筑的形式仅仅看作其内部空间运作的必然结果的还原论，进而无视其内在功能和自然生态整体环境之间的开放性多维关联。而"中间领域"建筑创作思想结合当今的复杂科学及参数化技术，运用德勒兹生成论中图解、块茎、游牧等基本喻体的可操作图示和手法，依据德勒兹动态生成论网络化、系统化的非理性思维模式，以非线性异质混合的网络因果分析视角，建立了建筑与自然界和人类社会的生命共同体，为适应生命原理的智能化"中间领域"建筑的实现提供了有效的设计策略及手法。

一、图解的中间领域建筑生成图式

图解的"中间领域"建筑生成图式是对"中间领域"建筑动态多元共生思想在建筑操作上的实践。具体在操作方式上表现为图解作为"抽象机器"的空间制图术和生成性图解在建筑操作过程中的有机结合。这一操作手法体现出了"中间领域"建筑异质多元要素之间的适应性和自治性的动态共生关系及生成过程。德勒兹动态生成论中将"图解"定义为一种与整个社会领域有着共同空间的制图术，是一部抽象机器。一边输入可述的功能，一边输出可见的形式，进而建立事物的功能与形式之间动态、增殖的逻辑关系。德勒兹的这一图解思想与参数化设计相结合，为适应生命原理的"中间领域"建筑设计过程提供了可操作的生成图式，即图解作为"抽象机器"的"中间领域"建筑生成表征模式（图6-31）。具体表现为：通过计算机参数的设置输入影响建筑的各种因素，包括环境因素、气候条件、文脉因素、人的行为、心理因素等，并依靠软件技术建立图解抽象机器，获得各种可能的建筑设计雏形，通过对建筑雏形的优化，最终实现建筑功能、结构与自然生态、人的行为及心理的最大化的融合与共生。因此，建立图解的"中间领域"建筑生成图式的核心，就是利用计算机参数设置建立图解的抽象机器，使建筑从静态、孤

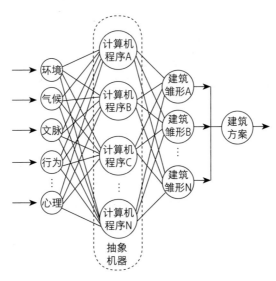

图6-31　图解生成图式示意图

立、描述性、象征型的独立机能体转变为动态、生成性的开放
式生命自治有机体。在这一过程中，建筑已不是人为设计的造
型，而成为一种与自然界宏观网络开放性关联的生命共同体的自
治生成形态，并表现出极大的形式自律性特征。也就是说，图解
的"中间领域"建筑生成图式的生成过程在体现建筑对外界环境
适应性图解的自律生成基础上，还要突出建立在建筑内在性法则
上的形态自治，而这种形态自治是解决现实生态问题的根本方
法。在众多运用图解进行建筑设计的当代建筑师中，卡尔·朱的
基因图解最能够诠释出"中间领域"建筑动态多元共生思想下的
生成图式（表6-1）。卡尔·朱将计算机和生物技术相结合的"遗
传算法"建筑体现了建筑作为自然生态与人类社会的"中间领
域"，其动态、自治的图解图式的形态基因体系。这较之林恩以

当代建筑师对图解概念的应用及其与生态的关联 表6-1

建筑师	德勒兹图解概念的应用形式	图解在建筑中的应用功能及内涵	对生态问题的关注与解决	关注生态的视角
林恩	抽象性图解	形态动力体系，突出建筑对环境的适应性	●	宏观
本·范·伯克尔	增殖的机器	利用图解带来多样化的建筑形式，以此抵抗建筑的类型化	○	
埃森曼	内在性图解	不加任何外界因素干涉的自我逻辑的建构，利用图解致力于建筑学形式语言的研究	○	
卡尔·朱	基因图解	遗传算法，形态基因体系，突出建筑的自治性	●	宏观+微观

注：● 代表建筑师图解概念的应用形式与生态问题的解决相关；
　　○ 代表关系不大或无关

抽象性图解表述外部环境形成的建筑的形态动力体系而言，更加突出了建筑适合生命原理的自治性及深层生态学特征。与埃森曼和伯克尔仅以图解作为追求建筑形式的手段形成了鲜明的对比。

珊瑚礁矩阵项目计划（图6-32），就是图解生成图式内容的表现。这一项目位于伊斯帕尼奥拉岛，是震后为灾民建造的一个三维的能源自给自足的村庄。这一建筑组群，从液体和有机形状的珊瑚礁中得到启发。通过计算机参数设置对周围的生态环境、生物多样性、水资源及各种能源的情况、地形地势情况进行分析，通过计算机软件建立建筑的生成图解和建筑的生成雏形。整体建筑分别由两个双面横向贯通的单元围合成一个横向流通、环环相扣的房子单元模块，在材质上，使用金属结构与热带木材外墙的标准化预制结构。房屋模块的曲线变化如同连续地层的堆积。抗震地下室能够吸收地震时的震动，这个生态村的框架是开

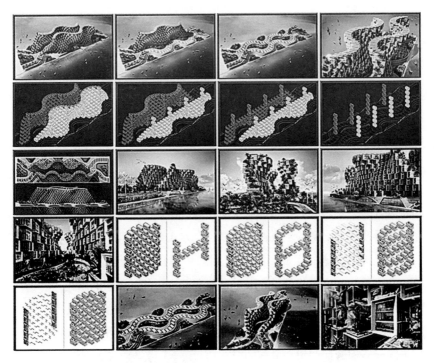

图6-32　珊瑚礁矩阵项目的生成过程图解

放的、灵活多变的，可根据时间、空间的变化不断发展自身，改
变模块之间的构成图式，以此形成建筑功能与形式之间增殖的逻
辑关系。

　　基于德勒兹图解的宏观适应性与微观自治性的"中间领域"
建筑的生成图式是人类中心思想让位于动态多元共生思想，二元
论让位于多元论而引发的建筑学科思维范式及生成机制改变的一
种呈现。

二、块茎的中间领域建筑生成组式

　　"块茎"的"中间领域"建筑生成组式是对"中间领域"建筑差异化生态意义生成思想操作手法的一种表达。生命时代，适应生命原理的"中间领域"建筑本身就是自然生态和人类社会构筑的宏观网络中的一个由异质性元素组成的、不断根据环境的变化而衍生多样性组织形态的动态"块茎"。因此，以德勒兹动态生成论的核心概念——"块茎"的生成方式为基础的"中间领域"建筑设计，主要表现为以组成"中间领域"建筑环境网络要素及建筑各异质元素之间的生成性变化和组合方式，即表现为组成建筑的多元异质元素的生成"组式"，对"中间领域"建筑适应环境的"块茎"生成方式的借鉴上。如前文对"块茎"概念的阐述和生成方式的分析，"块茎"是一个无序的、多样化的生成系统，本身没有统一的原点和固定的生成方向，它可以在任何外力的作用下随时断裂和切割组合成新的形态和"块茎"关系。同时"块茎"本身的生成特征又是基于异质性的繁殖，它通过综合不同领域的异质元素，实现元素之间的多样性的增殖。"中间领域"建筑就是在"块茎"的这种差异元素的组合关系中，形成生态意义的创生。基于"块茎"组式的"中间领域"建筑的生态意义的创生实际上是通过新的"块茎"关系的创造而导致的各种力量关系和不同设计因素适应生态的重新组合，"中间领域"建筑作为各种组合关系协同作用的媒介，使各种设计元素在建筑中生成新的统一。这种新生成的统一关系将潜在的或隐藏的生态意义的深度实用化地表现出来，它是适应生命原理的自然生态与人类社会关系的创新性表达。

　　格雷格·林恩的"泡状物"理论（图6-33）是对块茎生成组

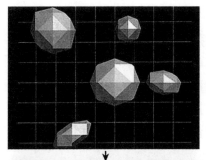

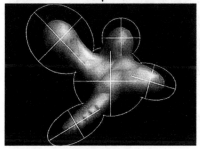

图6-33 "泡状物"理论图示

图6-34 "世界方舟"博物馆的块茎形态

式的最好诠释。"泡状物"理论中的任何一个"变形球体"周围都存在着内外两个决定其形体变化的力场圈。如果相互接近的两个"变形球体"之间的距离接近外围力场圈，就会相互影响并发生变形；而当两个"变形球体"的间距进入内部力场圈时，它们就会融合成一个平滑的柔性形态，并且重新构成新的几何体。在球体的变形过程中，内部力场的相互作用决定了各个变形球体的表面形态特征。此时，新生成几何体的几何特性包含了变形球体连续单一的表象形态及多元的、差异性的内部结构。块茎的这种适应环境的组合、变异及增殖方式为"中间领域"建筑的设计观念及操作手法带来了可遵循的依据。

林恩设计的位于生态之国哥斯达黎加的"世界方舟"博物馆（图6-34）就是基于"泡状物"生成组式的一种流体建筑。这个建筑的基础是一个球形，并以"球根"形展厅的环形组式围合成博物馆的中央大厅。通过中央大厅底层"水公园"的冷气与湿气来调节室内温度，在设计时充分考虑到了建筑物与自然环境的合理搭配，由此成为一个重要的生态中心和生态教育基地。

尼古拉斯·格雷姆肖的伊甸园工程（图6-35）的设计初衷也体现了块茎的"中间领域"建筑生成组式的设计策略。该建筑整体形态及结构是基于对肥皂泡的研究而进行的数字化生成，当肥皂泡彼此相交形成块茎组群时，其间的交点会处于一个垂直面上，根据这一原理，只要在两个气泡的交接处架设一个拱，就可以保持其与地面垂直。该建筑的整体形态就是巨型气泡的组群。通过计算机对基地自然环境、气候条件等的参数化分析，使最后建筑结构形式的生成与基地地形相适应，球体的结构设计以最少量的钢材换取了最大结构尺寸和结构强度，实现了结构设计的高效性。在最小的表面积中营建最大化的容量，将能耗降至最低，达到了能源利用的高效性。

"块茎"的随时断裂、异质性、增殖性的生长性机制以及"块茎"不同组式之间的创新性组织关系，与参数化设计相结合，

（a）巨型气泡组群的建筑　　（b）球体结构
整体形态

图6-35　伊甸园工程

为建筑师基于形态动力和形态基因生成"中间领域"建筑的创作提供了设计手法的依据。"中间领域"建筑的这种"块茎"组合方式及生成机制颠覆了传统建筑创作的"树状"等级结构和体系，并在思维方式上打破了人类中心主义的主客体界限，这为未来的建筑及城市系统从拥有中心的放射性结构或以主干为轴向枝叶伸展的树形的有序化的线性秩序，转变为无中心、多方向、各部分能够自律的子整体结构或网络、矩阵型秩序提供了思想基础和可操作的手法。这样的转变方式也更能适应生命时代对建筑及城市发展的需求，表现出了"中间领域"建筑的极大多样性、差异性和增殖性特征。

三、游牧的中间领域建筑生成变式

游牧的"中间领域"建筑生成变式表达了联通式自组织更新思想的表现手法。德勒兹的游牧思想是基于游牧民在大地上的生活和活动方式呈现出的空间形式的思考。这种空间形式的最大特点就是无限的开放、多元、异质性及变异性，它是对环境适应性的一种形式表现。这种空间组成形式既不是常量也不是变量，而是一些按照相邻地带排列起来的名副其实的变式，并且这些变式具有操作性，而且模组化，能够适应任何相邻地带的空间形式及自然生态和人类社会的环境特征，即处于变式中的游牧体之间可以根据环境特征的需要进行任意路径的组合，并根据环境的变化随时改变组合方式（图6-36）。这样的空间形式极明显地呈现出适应自然与社会环境的动态多样性与联通性，并随时根据环境的变化而进行自组织更新的状态，体现了自然"无限性"的深层生态观念。因此，以与环境的联通式自组织更新作为"中间领域"

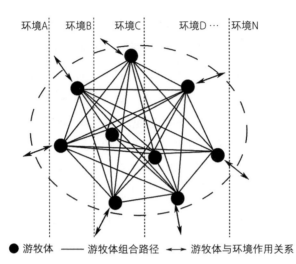

环境A 环境B 环境C   环境D … 环境N

● 游牧体 —— 游牧体组合路径 ←→ 游牧体与环境作用关系

图6-36 游牧生成变式示意图

建筑设计的出发点，以游牧变式的空间形式作为"中间领域"建筑的生成与操作手法，一方面增加了建筑个体之间运行关系的灵活性与动态性，另一方面使建筑与自然和社会环境间的相互作用关系更加开放，进而从多元的维度契合并凸显了"中间领域"建筑的生态特征。

伍端的国际竞赛参赛作品"游牧机器"（图6-37）就是这一变式的典型形式。它是针对美国洛杉矶城市的郊区化扩展而带来的土地浪费、耕地急剧减少以及缺乏公共设施等城市问题的改造方案，这一方案体现出现代及未来社会对于建筑和城市环境关系的研究将会越来越注重移动、生长、发展、更新等动态过程。游牧机器为旅游者和喜欢游牧生活的人们提供了一种机动性住所的可能。游牧机器自己产生能量，可以在各种艰难的环境中运作与生存，还可以和其他游牧机器在不同的环境下组合成各种类型的村

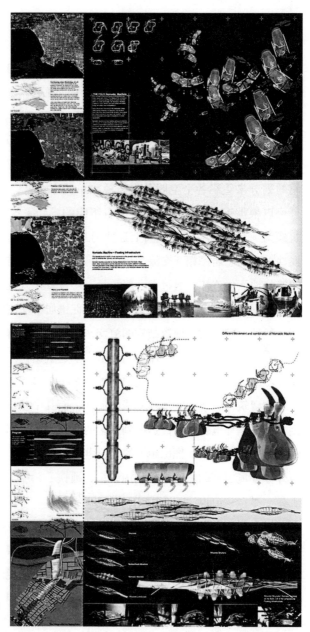

图6-37　游牧机器的游牧建筑形式

庄、城市。游牧机器的这种模组化、变式的运行方式预示了"中间领域"建筑与环境之间新的适应关系。

"灵活的模数塔"（Flexmod Towers，美国）项目（图6-38），则从人类社会环境的适应性上体现了"中间领域"建筑的联通式自组织更新的思想，该建筑同样采用了游牧的模数生成变式的操作手法。游牧变式的灵活模数组成的超结构（图6-39）使大厦的最终形式可以由居住在里面的居民根据自身的需要及各个功能空间的划分来组织各个空间单元。模数单元本身是一个独立的并且可以根据需要进行任意连接的自组织的更新系统，这使该建筑成为一个可以在各个方向上延伸的3D大厦，一方面，在社会属性上增加了居民相互交流的机会，另一方面，在结构上增加了建筑与地面的连接。通过在大厦的每一层设置插入社区的公园场地，实现了公共空间在促进文化繁荣、促进居民交流中的联通作用。另外，随着大厦模数结构的演变，建筑的所有露台都用作梯田、社区空间以及公共交流空间，增强了建筑结构的物质与非物质环境的适应性。该建筑的超结构本身是一个多孔的结构，以便于增加建筑核心空间空气和光线的流动，而其中基础的交通系统则是通过循环电梯将居民运送到社区的公园场地，那里有将居民运送到各个居住层（图6-40）的附属电梯。该建筑作为一个整体与外界环境之间的联通则是利用火车、地铁、轮船、飞机等交通工具。

综上所述，游牧的模数生成变式结合复杂科学技术的有效手段，为"中间领域"建筑联通式自组织更新思想的实现提供了可操作的手法，并且在处理建筑与生态环境和社会环境的适应性上提供了可行的解决办法。随着信息社会流动性的增强，城市之间已经形成相互流通、纵横交错的网络系统，游牧的"中间领域"

图6-38　灵活的模数
塔项目

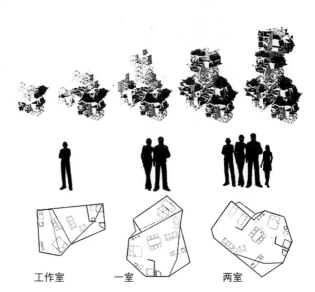

图6-39　灵活模数超
结构

工作室　　　　一室　　　　两室

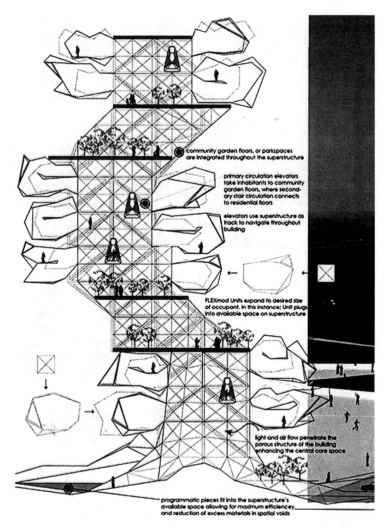

图6-40　灵活的模数塔交通系统

建筑生成变式为满足当代社会的流动性和人们的生活方式提供了
多元的、丰富的选择。

第四节　中间领域建筑思想的建筑创新特征解析

　　"中间领域"建筑思想以德勒兹动态生成论为理论依据，使建筑成为与生态系统的多样异质元素协调共生的生命共同体，实现了"中间领域"建筑的生命意义的转变。"中间领域"建筑与所在宏观和微观环境建立系统关联的过程中，一方面，要适应并体现生命时代的自然、社会、科学技术的发展，并与其场域内的自然生态系统运行的一般规律和特征相符合；另一方面，要根据周围环境的变化，构成动态自组织更新的建筑组群。在这一过程中，"中间领域"建筑在"动态多元共生"、"差异化生态意义生成"、"联通式自组织更新"思想的作用下，体现出了极强的建筑开放适应性、仿生性和建筑形式的临时性等创新特征及形式。本节就从以上三个方面对"中间领域"建筑思想所呈现出的建筑创新特征进行分析与总结。

一、建筑的开放适应性

　　开放适应性是对"中间领域"建筑动态多元共生思想的建筑特征的概括总结，动态多元共生思想下，"中间领域"建筑表现出了与自然生态、人类社会的内在性生成，并形成了动态的、多样性的建筑生成机制与模式，使建筑以一种开放的形式重构自然，与自然生态之间形成动态的关联作用，这些因素决定了"中间领域"建筑的开放适应性特征。"中间领域"建筑的开放适应性表达了建筑以动态、开放的方式与自然生态和社会生态的共生关系，是建筑作为"中间领域"向自然的有机融入，向人类社会环境的动态开放和适应。信息社会复杂科学背景下，"中间领域"建筑的开放适应性体现出以图解、块茎等操作手法的参数化设计形式自律特征，表现为与自然生态网络开放性关联生命共同体的自治性生成。此时，建筑已从静态的独立机能体转变为动态的、生成性的、适应性的开放式生命自治有机体。

有机摩天楼（Organic Skyscraper，美国）项目方案，就是一个具有开放适应性的有机建筑系统，它同时也是结合参数化技术的生命自治系统。该建筑可以在全天内通过改变其结构的组织形式来适应场地自然环境的变化，以此作为对有机建筑功能的回应，其中包括自然通风、自然光线和收集循环雨水的能力。该建筑的中心结构是一个有四个凸面的四面体，其凸面的几何尖角结构与传统的笛卡尔空间形式形成对比（图6-41）。当多个四面体连接时，就会增强塔的整体结构的稳定性。塔的整体结构通过参数化设计实施，无数个四面体最大优化衔接后围合成了一个球形的团块组织，它能够根据全天自然环境的变化而伸缩其内部的空间，使光线进入每一个团块单元，在晴朗的正午，该建筑能够根据光线的照射来伸缩表皮，表现出了极大的环境适应性和动态开放自治性（图6-42）。

共生塔（Symbiosis Tower，韩国）项目方案，则以非人类中心的视角，从建筑与自然生态以及人类社会发展需求的整体适应性上对人类生活的需求、动物饲养与食物供应之间的适应关系等问题提出了解决方案。该建筑方案是一个关于人和动物共生的循环开放系统，针对众多动物在一个空间饲养所带来的排泄物污染问题设计了一个可持续循环的螺旋状放牧系统（图6-43），其工作原理是利用动物与自然生态之间的循环所形成的食物链来

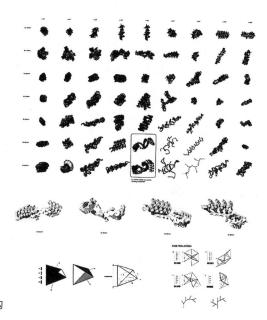

图6-41　有机摩天楼结构

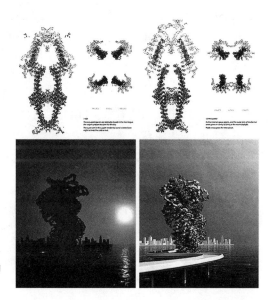

图6-42　有机摩天楼动
态自治体系

保持整个牧场的可持续发展，具体
的循环操作方法是：牛将一个牧场
单元中的草吃光后就会被移入另一
个单元，然后再将鸡移入，继续在
牧场中饲养，来消耗牧场中的其他
食物和昆虫，再通过耕地将牛的排
泄物作为肥料混入土地，使牧草重
新生长，以此形成良性循环。该塔
的一个单元每年能出产25头成熟的
牛，每个塔有20个单元，塔的底层
设置为市场，中层为办公室和居住
空间，顶层为旅馆和休息空间（图
6-44）。建筑师设想将该建筑放到
美国芝加哥这样的繁华地段，那里
对肉类的消费十分高，一个绿色的
塔将为一个密集的城市提供健康的
环境，这有益于城市建设和供应人
们新鲜的食物。整个建筑系统协调
地处理了人的生存发展需求与自然
生态之间的共生关系。

通过以上分析可以得出，"中
间领域"建筑的开放适应性是建筑
师将建筑作为一个全寿命过程的整
体，根据时间和空间的变化，以动
态的方式将建筑及其循环过程中产
生和消耗的能量、材料等作用于生

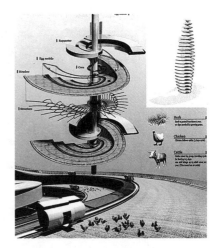

图6-43 共生塔循环放牧系统

图6-44 共生塔居住空间

态环境，并使建筑根据环境的变化随时灵活地调整自身的适应性系统。由此，建筑从宏观环境的适应性和微观自组织更新的适应性方面实现了与自然生态和社会发展的动态多元共生。

二、建筑的仿生性

仿生性是"中间领域"建筑差异化生态意义生成思想下的建筑特征表现。信息社会背景下的生命时代，"中间领域"建筑以非人类为中心的视角从建筑功能的表现向生态意义的表现转变，而自然界中构成生态环境的多元差异性元素成为"中间领域"建筑表达生态意义的发动机。由此，自然界中众多生命体本身所具有的适应生态环境的功能、形态、结构成为"中间领域"建筑模仿的对象，进而使其呈现出仿生性的建筑特征。

（1）形态的仿生性。生命时代，"中间领域"建筑的形态仿生主要体现在借助参数化设计技术及德勒兹生成论中图解、块茎、游牧等基本喻体的可操作图示与方法以及对自然界有机、无机物质的形态及生长方式的模仿、转换上，它是差异化生态意义生成的建筑形态表现。如谢尔宾斯基海绵分形模型（图6-45）就是根据海绵体多孔的块茎形态及空间和可以无限变化伸缩的特性形成的以某一构造为基础的许多孔洞的连续结构。孔洞面积为零，但周长无穷大。海绵模型由无限的"面"所包围，在压缩的情况下，体积为零。哈迪德设计的迪拜住宅塔楼（图6-46）表皮上多边形划分的立面就有明显的海绵模型的分形特征，建筑立面上的洞口由下至上逐渐增多，并形成了一种规律性的局部重复出现，整体建筑形态呈现出细腻微变的分形美。

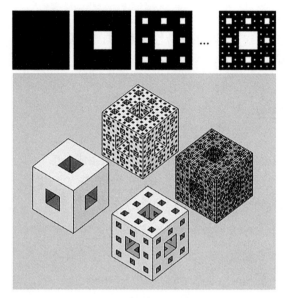

图6-45　谢尔宾斯基海绵分
形模型

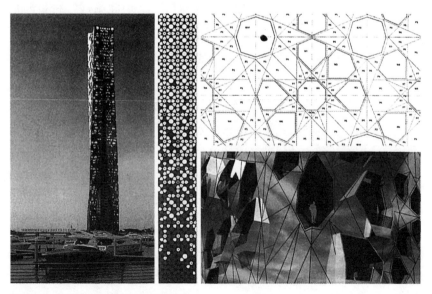

图6-46　迪拜住宅塔楼表皮的分形结构

（2）结构和功能的仿生性。"中间领域"建筑结构和功能仿生性主要体现为建筑的功能及结构对自然界各种物质的组织方式及结构关系等的模仿，如对生物腔体结构、壳结构、巢结构的模仿等，通过建筑功能及结构的仿生达到与自然环境的融合与适应。这也适应了建筑从工业社会向后工业社会转换的过程中，"中间领域"建筑态势从机械的几何静态构成转向对自然生物形态动态模拟的发展趋势。"中间领域"建筑对生物体和有机体腔室的模仿形成的建筑"腔体"空间，实现了建筑空间能源利用的高效率、低耗能的特点。这种腔体空间的表现形式包括具有拔风作用的内部空间和能够调节室内微气候的中庭。麻省理工学院西蒙斯宿舍楼（MIT Simmons Dormitory，图6-47）的设计者斯蒂文·霍尔（Steven Holl）为达到建筑的生态节能的目的，在设计楼体结构时，模仿海绵"多孔性"块茎生长的形式，设计出了该楼体结构中多向维度贯通的有机腔体空间，起到了对室内微气候的调节作用，达到了建筑生态节能的要求。

又如"中间领域"建筑对自然生物体的巢结构等的模仿，使建筑在功能和结构上实现了可持续发展的生态意义。"巨型土丘"（Sky Mound，美国，图6-48）建筑项目是基于蚁巢的建筑结构仿生的实例。该建筑的内部系统结构创作灵感来源于蚁巢这一复杂的社会生活和交流系统的结构。白蚁是一种社会昆虫，它们的聚集地与人类社会极为相似。白蚁生活在土丘上，蚁巢的内部面积相当于土丘实际尺寸的数亿倍，这些土丘中蚁巢的结构惊人地复杂，并且其内部的温度控制决定了这个物种的繁衍。这些理论就是"巨型土丘"这一可持续建筑的创意基础。建筑师选择了非洲的一个地点作为该项目的场地，因为这里有炎热的气候。该建

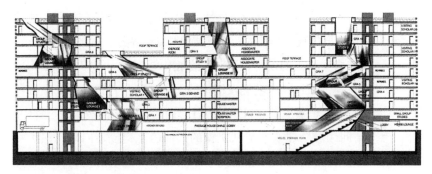

图6-47 麻省理工学院西蒙斯宿舍楼腔体

图6-48 巨型土丘建筑形态

筑的蚁巢结构设计的目的是制造一个利用自然能源的建筑内部制冷系统，这一内部循环系统有益于弥补非洲炎热的自然气候条件。该建筑采用了钢骨架材料，根据蚁巢的结构特点，它的表面上设有许多小开口作为建筑自然通风的通道，同时该建筑的地面充当了恒温调节器，用来调节建筑内部的温度和湿度。它也是一个内部空气净化系统，吸收水蒸气以及包含热量和被污染的空气，并通过脱水结构被过滤。建筑的墙面采用了很容易将氢气和二氧化碳混合物散开的低密度材料（图6-49）。蚁巢的房间结构是根据蚂蚁对空间的需要而出现的，蚂蚁的自由扩张使得蚁巢自由随意地发展，因而该建筑的内部空间也采用了蚁巢的结构，智能化的建筑空间可以根据居住者的不同需要而改变和延伸（图6-50）。该建筑主要的交通空间处于建筑的中心位置，并通过交通隧道连接了各层的房间。同时，交通隧道还是一个开放的空间，具有社会活动、公园、市场或交流空间的功能。该建筑的交通系统是建筑师在蚁巢的基础上改进的，进而使人们可以通过相同的路径到达不同的场地（图6-51），中心交通核确保了交通的顺利循环，避免了蚁巢的复杂交通组织带来的对空间的浪费（图6-52）。

仿生性是"中间领域"建筑通过对自然界中生命原理的借鉴而呈现出的建筑的生态意义创新特征，当今复杂科学、生物技术及参数化设计的运用更为"中间领域"建筑形态、功能和结构的生态仿生提供了技术上的保证。与传统的生态建筑相比，基于生成论的"中间领域"建筑在处理与自然之间的关系方面，已经从对自然形式狭义的表面模仿转化为对自然物质的机能、空间、结构、形态等的深层次提炼与转换应用，并表现出极大的生态与环境的适应性。

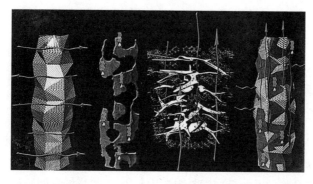

图6-49　巨型土丘建
筑结构及材料

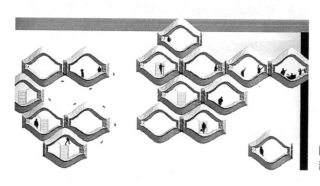

图6-50　巨型土丘内
部空间蚁巢结构

图6-51　巨型土丘内
部空间

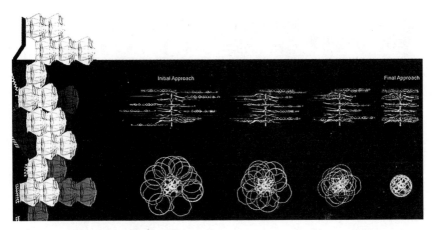

图6-52 巨型土丘中心交通核结构

三、建筑形式的临时性

临时性是"中间领域"建筑蕴含的深层生态观念的一种外在特征表现，也是建筑与自然生态、人类社会联通式自组织更新的"中间领域"建筑创新特征的一种呈现。临时性的建筑形式体现了人们从人类中心伦理过渡到非人类中心伦理的一种环境伦理学发展的必然结果。环境伦理学主张："耗费不可再生资源的建筑无论如何宏大，都可能会被视为不道德的。"①这使得"中间领域"建筑在处理人类与自然生态相互联系的整体关系中表现出流动、变化、临时等发展趋向。同时，临时性的建筑特征也体现出设计师对时代特征的思索和表达，它是建筑在形式上对科学技术、材料的更新以及对经济、社会条件变化的回应。因此，"中

---

① 李建军. 从先锋派到先锋文化——美学批判语境中的当代西方先锋主义建筑 [M].
南京：东南大学出版社，2010：167.

间领域"建筑的临时性特征包含了适应自然生态环境和社会生态环境两个方面的因素。

（1）适应自然生态环境的临时性特征。主要是"中间领域"建筑与自然生态为实现联通式自组织更新的目标，运用具有游牧、流动特征的设计手法所带来的建筑形式上的临时性体现，它是游牧、流动等建筑形式所固有的建筑特征，是建筑作为自然界的生命共同体在机能上的一种属性。前文所论述的"海上大厦"、"游牧机器"等设计项目就是这一特征的具体实例。由于这些建筑要不断地根据环境的改变而进行自组织更新，并永远处于流动、变化的状态，因此，表现出了与那些坚固、静态的建筑相对的临时性特征。

（2）适应社会生态环境的临时性特征。主要是指"中间领域"建筑在自然生态适应性的基础上，适应人类社会经济、人口、技术、文化等的发展需要所呈现出的具有临时性、短暂性特征的建筑形式。这一特征的呈现也是当今信息社会背景下人口流动性增强带来的必然结果。例如伊东丰雄的"短暂建筑"理念就是适应社会生态环境的"中间领域"建筑临时性特征的一种表现。"短暂建筑"是对当代日本城市变化加快，不存在持久东西的无背景大都市的社会意识形态层面的表现，在这种观念下，伊东丰雄将建筑材料的坚固性减到最低程度，最大程度地使用玻璃，而使建筑展现出一种短暂的、脆弱的、易变的外观，增强了建筑的抽象化和临时性特征。

Hopetel塔（Hopetel Tower，美国）项目（图6-53），就是"中间领域"建筑在社会层面生态意义适应性上的临时性特征的表现。近年来，全球经济衰退导致失业人数增加，随之发生的就是"帐篷城市"的盛行，尤其在美国，随着经济的恶化和失业人

图6-53　HOPETEL
塔建筑形态

数的增加，无家可归者的出现已经成为美国社会所面临的社会问题，同时，由于房产市场的崩溃，"帐篷城市"也突然出现在美国。这种居住类型对居住其中的人来说是不利的，当帐篷不充足时就很难保证使用者的安全和稳定，并且其产生的废弃物会破坏环境，给周边人们的生活带来不利的影响。这个项目的主要构想就是基于对这些社会生态问题的思考，旨在为无家可归者提供一个安全、稳定的生活环境和场地。该建筑的主体是一个钢结构，并且帐篷式的居住单元（图6-54）分布在钢结构建筑的每一层上，可以根据居住者的数量而随时调整居住单元的组合结构并增

加数量，体现出了建筑的临时性和流动性特征。同时，为了保证
建造的低成本，洗澡间、厨房、洗衣房和储藏间等交错设置在每
一层作为共享设施。每一个居住单元中都安置了起居室、桌子、
储藏室等福利设施（图6-55）。该建筑通过透明表皮，使外界对
内部空间的一切可视，进而从意识形态层面表达了该建筑整体结
构和设计上的"公共觉悟"的主题，时刻提醒人们要关注社会上
那些需要帮助的弱势群体。该建筑的临时性特征传达出了建筑在
整体设计思想上的社会生态问题适应性。

综上所述，当代以非人类中心为视角的"中间领域"建筑实

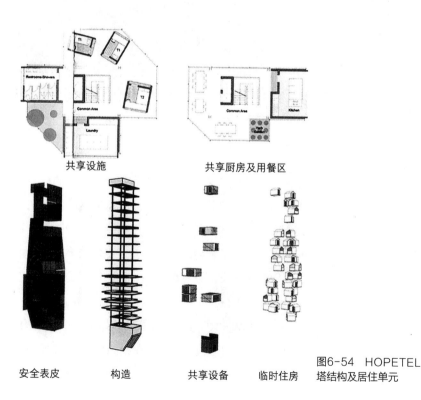

共享设施　　　　　　共享厨房及用餐区

安全表皮　　构造　　共享设备　临时住房　　图6-54　HOPETEL
塔结构及居住单元

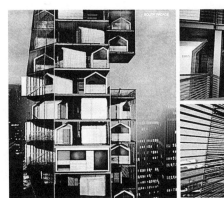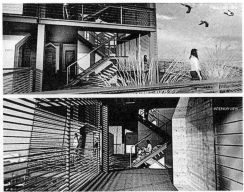

图6-55　HOPETEL塔居住单元及内部空间

践是建立在复杂科学技术、智能化、生物工程化的基础上，表达
建筑与生态环境适应性的生态建筑实践。联通式自组织更新的建
筑思想以及块茎生成变式的建筑操作手法都使"中间领域"建筑
进一步远离坚固、庄严、宏大甚至是纪念性的特征。可再生材
料的应用使建筑轻盈、透明的同时，也使建筑不再仅仅是人类
的"永久庇护所"，而成为协调自然生态和人类社会和谐发展的
媒介。

第五节　本章小结

　　"中间领域"建筑思想是在德勒兹动态生成论基础上建构起
来的适应生命原理的，具有动态性、生成性、差异性创作思维模
式和生成逻辑的建筑思想。它是对工业社会现代主义建筑以二元

论为主导的，静态、理性创作思维模式的反叛，是在当代信息社会和生命时代背景下，对建筑、生态及人类社会关系的重新思考和总结。"中间领域"建筑思想通过对人类中心主义的解辖域化，构建了建筑与自然生态和社会生态的开放性、联通性、多样性的关联网络。本章首先通过对"中间领域"生成观的"块茎"生成逻辑的概括与提炼，为建筑的"中间领域"维度提供了阐释的基础与平台，确立了"中间领域"建筑思想多元动态的生成观，进而建立了"中间领域"建筑思想以"块茎"学说为核心的多元论秩序模式；通过对"中间领域"差异性内核的阐释，揭示了"中间领域"建筑存在与生成的根源及路径；通过对"中间领域"深层生态观念的挖掘，确立了"中间领域"建筑自然生态的"无限性"观念，建立了"中间领域"建筑生成模式与生态系统运行模式之间的内在关联。其次，通过对"中间领域"建筑与环境作用关系的分析，分别构建了"动态多元共生""差异化生态意义生成""联通式自组织更新"的"中间领域"建筑思想，并对其内容进行了阐释，最终形成了建筑、自然生态和人类社会的开放式互为生成的关系。与此同时，分别对三种"中间领域"建筑思想的创作手法进行了分析总结，概括为图解的"中间领域"建筑生成图式，块茎的"中间领域"建筑生成组式，游牧的"中间领域"建筑生成变式，并运用德勒兹生成论中的图解、块茎、游牧等基本喻体的可操作图示和手法，结合当今复杂科学及参数化技术，最终构建了"中间领域"建筑与生态环境之间的生命共同体。最后，对"中间领域"建筑与所在微观与宏观环境网络作用过程中，建筑的开放适应性、仿生性及建筑形式的临时性等创新特征进行了总结。

结语

　　当代建筑创作中不断涌现的新理论、新形式与德勒兹哲学密切相关，大量的先锋设计师不断地在作品中实践着德勒兹的哲学思想，西方建筑界已经出现了"建筑德勒兹主义"（Architectural Deleuziansim），德勒兹哲学为当代建筑形式创新提供了思想的平台。将当代复杂的建筑现象置于德勒兹哲学的视阈，通过对德勒兹哲学相关建筑创作理论的系统提炼与总结，将其应用于当代复杂建筑现象背后的思想解读，并将德勒兹哲学的创造性概念及理论内化于当代建筑创作的操作手法，这适应了当代复杂科学及数字技术背景下建筑思想不断丰富与深化，建筑形式不断创新的发展趋向。

　　本书通过系统梳理德勒兹哲学思想，分析其思想差异性与生成性本源及与建筑创作关注时间、空间问题的同源性，身体、生态问题的相似性，分别从德勒兹电影理论、空间理论、身体理论、生成论的视角，建构了德勒兹哲学与当代建筑创作思想研究之间的对应关系与关联框架。其中，德勒兹以时间为维度的电影理论作为一种思维内在性理论，为光电子时代的建筑提供了影像本位的视角，并构建了建筑空间由物理逻辑向影像逻辑转变的创新思维方式，同时将以运动与时间为主线的多维度思维引入当代的建筑创作。德勒兹的平滑空间理论中，空间环境异质、流动、开放的"界域"性呈现及空间运作模式，为当代建筑突破欧氏空

间向非欧空间的复杂转变提供了创造性的思维方法和可借鉴的
创新手法。德勒兹的无器官身体理论中关于身体与"感觉""事
件""媒体"等形成的身体运动的开放空间，为建筑在"身体"
经验层次的创作及不同感官为主导的建筑形式的创新提供了新的
视角。德勒兹的动态生成论在"块茎"运行模式基础上衍生出的
祛中心、非理性、非等级的生态观念及"中间领域"的建筑创作
视阈，为当代后工业社会背景下适应生命时代的建筑创作提供了
动态、多元、非理性的思维模式和图解、块茎、游牧等建筑生成
手法。

　　本书从时空角度提出的当代建筑创作的"影像"和"界域"
建筑思想改变了传统建筑的时空观。其中，"影像"建筑思想主
要阐释了建筑中时间与空间叠印的回忆、梦幻、晶体影像不断流
动变化，逐渐被感知，而又无法确定、无限衍生的空间生成逻
辑。"界域"建筑思想主要阐释了建筑作为环境与某一节奏（大
地起伏节奏等）结域、解域以及界域化的产物，通过突破内在空
间的有序性，而呈现出与外在空间环境和差异性元素的各种力量
协调重组、动态开放、无限增殖的空间生成逻辑。从人与环境的
视角提出的当代建筑创作的"通感"和"中间领域"建筑思想，
建立了人、建筑、环境之间多元的、开放的关联。其中，"通感"
建筑思想主要阐释了构成无器官身体通感感知强度关联的"感
觉""事件""媒介"三要素与建筑形式及意义之间互为生成的过
程以及在这一过程中建筑空间形式的新拓展和空间体验的新变
化。"中间领域"建筑思想主要阐释了建筑作为连接自然生态与
人类社会、文化、历史、艺术、心理等多样性环境的关联体及适
应生命原理的生成体，具有的"动态多元共生""差异化生态意
义生成""联通式自组织更新"的生态思想意涵，"中间领域"建

筑通过形态、技术及功能的生态表达成为人类感受自然、理解生态的媒介。

　　总之，本书是在德勒兹哲学的基础上，对当代建筑创作复杂现象的理论提炼与概括，是对其现象背后思想根源的挖掘与探讨。本书试图在德勒兹哲学差异性、开放性、前瞻性的思想体系下，在建筑创作理论和具体策略层面建构一个能够对当代建筑创作进行客观、综合解读的思想理论平台；建构一个能适应并体现时代发展进程的动态、开放的建筑创作思想体系，进而为中国当代建筑提供一个创作思想上的可借鉴的参照系。当然，随着人们对德勒兹哲学认知的深入以及建筑创作、建筑技术的进步，基于德勒兹哲学的建筑创作思想也将不断地丰富和延伸。

外文参考文献

[1] Gilles Deleuze. Difference and Repetition [M]. Columbia University Press, 1994.

[2] Adrian Parr. The Deleuze Dictionary [M]. Edinburgh University Press, 2005.

[3] Claire Colebrook. Understanding Deleuze [M]. Allen & Unwin Press, 2002.

[4] Todd May. Gilles Deleuze: An Introduction [M]. Cambridge University Press, 2005.

[5] Graham Jones, Jon Roffe. Deleuze's Philosophical Lineage [M]. Edinburgh University Press, 2009.

[6] Ronaid Bogue. Deleuze on Cinema [M]. Rounledge New York and London Press, 2003.

[7] Constantin V. Boundas. Deleuze and Philosophy [M]. Edinburgh University Press, 2006.

[8] Mark Bonta, John Protevi. Deleuze and Geophilosophy [M]. Edinburgh University Press, 2006.

[9] Anna Powell. Deleuze, Altered States and Film [M]. Edinburgh University Press, 2007.

[10] Ronald Bogue. Deleuze's Way [M]. University of Georgia, USA, 2007.

[11] Bernd Herzogenrath. Thinking Environments with Deleuze and Guattari [M]. Cambridge Scholars Publishing, 2008.

[12] Joe Hughes. Deleuze and the Genesis of Representation [M]. Continuum International Publishing Group, 2008.

[13] Adrian Parr. Deleuze and Memorial Culture [M]. Edinburgh University Press, 2008.

[14] Mark Poster, David Savat. Deleuze and New Technology [M]. Edinburgh University Press, 2009.

[15] Laura Cull. Deleuze and Performance [M]. Edinburgh University Press, 2009.

[16] Greg Lynn. Folds, Bodies&Blobs [M]. New York: Princeton Architecture Press, 1998.

[17] Greg Lynn. Animate Form [M]. Princeton Architecture Press, 1999.

[18] Greg Lynn. Hani Rashid, Peter Weibel, Max Hollein [M]. Architectural Laboratories. NAI Publisher, 2003.

[19] Greg Lynn. Intricacy [M]. Philadelphia: University of Pennsylvania, 2003.

[20] GregLynn. Folding in Architecture [M]. Second Edition, Chichester: Wiley-

Academy, 2004.

[21] Ian Buchanan, Gregg Lambert, Deleuze and Space [M]. Edinburgh University Press, 2005.

[22] Peg Rawes. Space, Geometry and Aesthetic: Through Kant and Towards Deleuze [M]. University College London Press, 2008.

[23] Andrew Ballantyne. Deleuze & Guattari for Architects [M]. Taylor & Francis e-Library, 2007.

[24] E A Grosz. Chaos, Territory, Art: Deleuze and the Framing of the Earth [M]. Columbia University Press, 2008.

[25] Simone Brott. Architecture for a Free Subjectivity [M]. Ashgate Publishing Company, 2011.

[26] Victor Gane. Parametric Design – a Paradigm Shift [M]. Massachusetts Institute of Technology. Department of Architecture, 2004.

[27] Non-Linear. Architectural Design Process by Yasha Jacob Grobman [M]. Abraham Yezioro and Isaac Guedi Capeluto, 2008.

[28] Eva Perez de Vega. Experiencing Build Space: Affect and Movement [M]. Proceedings of the European Society for Aesthetics, 2010, 2.

[29] Joris E. Van Wezemael, Jan M. Silberberger, Sofia Paisiou. Assessing 'Quality': The unfolding of the 'Good'

——Collective decision making in juries of urban design competitions [M]. Scandinavian Journal of Management, 2011, 2.

[30] Dennis Del Favero, Timothy S. Barker. Scenario: Co-Evolution, Shared Autonomy and Mixed Reality. IEEE International Symposium on Mixed and Augmented Reality 2010 Arts, Media, & Humanities Proceedings, 2010.

[31] Branko Kolarevic. Digital Morphogenesis and Computational Architectures [M]. University of Pennsylvania, 2001.

[32] Elizabeth Grosz. Chaos, Territory, Art. Deleuze and the Framing of the Earth [M]. Women's and Gender Studies, Rutgers University, New York, 2006.

[33] Paul Aldridge, Noemie Deville, Anna Solt, Jung Su Lee. Evolo Skyscrapers, Library of Congress Cataloging-in-Publication Data Available [M]. 2012.

[34] Gilles Deleuze. A Thousand Plateaus [M]. The University of Minnesota Press, 2005.

[35] Bernd Herzogenrath. An [Un] Likely Alliance: Thinking Environment [s] with Delenze/Guattari [M]. Cambridge Scholars Publishing, 2008.

[36] Ansell Pearson. Germinal Life [M]. London: Routledge, 1999.

[37] Gilles Deleuze. Cinema2: The Time-

Image [M]. University of Minnesota Press, 1989.

[38] James Williams. Deleuze's Ontology and Creativity: Becoming in Architecture [M]. University of Dundee, 2009.

[39] George Dodds, Robert Tavernor. Body and Building: Essays on the Changing Relation of Body and Architecture [M]. The MIT Press, 2002.

[40] Iain Borden. Eds, Bartlett School of Architecture Catalogue [M]. London: UCL, 2008.

[41] Joseph Rosa. Next Generation Architecture: Folds, Blobs&Boxes [M]. New York: Rizzoli, 2003.

中文参考文献

［1］麦永雄. 德勒兹与当代性——西方后结构主义思潮研究［M］. 南宁：广西师范大学出版社，2007.

［2］大师系列丛书编辑部. 伯纳德·屈米的作品与思想［M］. 北京：中国电力出版社，2005.

［3］彼得·埃森曼. 图解日志［M］. 陈欣欣，何捷译. 北京：中国建筑工业出版社，2005.

［4］吉尔·德勒兹. 福柯·褶子［M］. 于奇智，杨洁译. 长沙：湖南文艺版社，2001.

［5］吉尔·德勒兹，菲利克斯·迦塔利. 什么是哲学［M］. 张祖建译. 长沙：湖南文艺版社，2007.

［6］吉尔·德勒兹. 普鲁斯特与符号［M］. 姜宇辉译. 上海：上海译文出版社，2008.

［7］大师系列丛书编辑部. 彼得·埃森曼的作品与思想［M］. 北京：中国电力出版社，2006.

［8］美国亚洲艺术与设计协作联盟. 终结图像［M］. 武汉：华中科技大学出版社，2007.

［9］美国亚洲艺术与设计协作联盟. 折叠·织造·覆层［M］. 武汉：华中科技大学出版社，2008.

［10］美国亚洲艺术与设计协作联盟. 信息生物建筑［M］. 武汉：华中科技大学出版社，2008.

［11］潘于旭. 断裂的时间与"异质性"的存在——德勒兹《差异与重复》的文本解读［M］. 杭州：浙江大学出版社，2007.

［12］任军. 当代建筑的科学之维［M］. 南京：东南大学出版社，2009.

［13］Neil Leach，徐卫国. 数字建构——青年建筑师作品［M］. 北京：中国建筑工业出版社，2008.

［14］陈永国编译. 游牧思想-吉尔·德勒兹，费利克斯·瓜塔里读本［M］. 长春：吉林人民出版社，2004.

［15］莫伟民，姜宇辉，王礼平. 二十一世纪法国哲学［M］. 北京：人民出版社，2008.

［16］朱雷. 空间操作［M］. 南京：东南大学出版社，2010.

［17］欧几里得. 几何原本［M］. 燕晓东编译. 北京：人民日报出版社，2005.

［18］黑川纪章. 共生思想［M］. 贾力等译. 北京：中国建筑工业出版社，2009.

［19］大师系列丛书编辑部. 让·努维尔的作品与思想［M］. 北京：中国电力出版社，2006.

[20] 冯炜. 透视前后的空间体验与建构
[M]. 李开然译. 南京：东南大学
出版社，2009.

[21] 徐卫国，罗丽. 建筑/非建筑 [M].
北京：中国建筑工业出版社，2006.

[22] 大师系列丛书编辑部. 伯纳德·屈
米的作品与思想 [M]. 北京：中国
电力出版社，2006.

[23] 康威·劳埃德·摩根，让·努维尔.
建筑的元素 [M]. 白颖译. 北京：
中国建筑工业出版社，2004.

[24] 大师系列丛书编辑部. 伊东丰雄的
作品与思想 [M]. 北京：中国电力
出版社，2006.

[25] 沈克宁. 建筑现象学 [M]. 北京：
中国建筑工业出版社，2008.

[26] 美国亚洲艺术与设计协作联盟. 全
息建筑生态学 [M]. 武汉：华中科
技大学出版社，2008.

[27] 大师系列丛书编辑部. 扎哈·哈迪
德的作品与思想 [M]. 北京：中国
电力出版社，2005.

[28] 刘松茯. 外国建筑史图说 [M]. 北
京：中国建筑工业出版社，2008.

[29] 刘松茯，李静薇. 扎哈·哈迪德
[M]. 北京：中国建筑工业出版社，
2008.

[30] 周诗岩. 建筑物与像——远程在场
的影像逻辑 [M]. 南京：东南大学
出版社，2007.

[31] 吉尔·德勒兹. 哲学的客体 [M].
陈永国，尹晶译，北京：北京大学
出版社，2010.

[32] 张诃. 埃舍尔魔镜 [M]. 西安：陕
西师范大学出版社，2005.

[33] 马歇尔·麦克卢汉. 理解媒介 [M].
何道宽译. 南京：凤凰出版传媒集
团译林出版社，2011.

[34] 彼得·绍拉帕耶. 当代建筑与数字
化设计 [M]. 吴晓，虞刚译，北
京：中国建筑工业出版社，2007.

[35] 本雅明. 单行道 [M]. 王才勇译.
南京：江苏人民出版，2006.

[36] 布莱恩·劳森. 空间的语言 [M].
北京：中国建筑工业出版社，2003.

[37] 保罗·拉索. 图解思考 [M]. 北京：
中国建筑工业出版社，2002.

[38] 李华东. 高技术生态建筑 [M]. 天
津：天津大学出版社，2002.

[39] 周浩明，张晓东. 生态建筑——面
向未来的建筑 [M]. 南京：东南大
学出版社，2002.

[40] 程党根. 游牧思想与游牧政治试验
[M]. 北京：中国社会科学出版社，
2009.

[41] 克里斯蒂安·麦茨，吉尔·德勒兹
等. 凝视的快感 [M]. 北京：中国
人民大学出版社，2005.

[42] 查尔斯·詹克斯，卡尔·克罗普夫.
当代建筑的理论和宣言 [M]. 北
京：中国建筑工业出版社，2005.

[43] 窦志，赵敏. 建筑师与智能建筑
[M]. 北京：中国建筑工业出版社，
2003.

[44] 罗杰·斯克鲁顿. 建筑美学 [M].
北京：中国建筑工业出版社，2003.

[45] 阿莱斯·艾尔雅维茨. 图像时代 [M]. 长春：吉林人民出版社，2003.

[46] 周正楠. 媒介·建筑 [M]. 南京：东南大学出版社，2003.

[47] 刘育东. 数码建筑 [M]. 大连：大连理工大学出版社，2002.

[48] 约翰·霍兰. 涌现——从混沌到有序 [M]. 上海：上海科学技术出版社，2001.

[49] 詹和平. 空间 [M]. 南京：东南大学出版社，2006.

[50] 费菁. 超媒介 [M]. 北京：中国建筑工业出版社，2005.

硕博学位论文

[1] 赵榕. 当代西方建筑形式设计策略研究 [D]. 南京：东南大学，2005.

[2] 李万林. 当代非线性建筑形态设计研究 [D]. 重庆大学，2008.

[3] 陶晓晨. 数字图解——图解作为"抽象机器"在建筑设计中的应用 [D]. 清华大学，2008.

[4] 王鹤. 数字时代下的建筑形式研究 [D]. 合肥工业大学，2009.

[5] 李昕. 非线性语汇下的建筑形态生成研究 [D]. 湖南大学，2009.

[6] 高天. 当代建筑中折叠的发生与发展 [D]. 同济大学，2007.

[7] 司露. 电影影像：从运动到时间——德勒兹电影理论初探 [D]. 华东师范大学，2009.

[8] 田宏. 数码时代"非标准"建筑思想的产生与发展 [D]. 清华大学，2005.

[9] 戚广平. "非同一性的契机"：关于"建构"的现代性批判 [D]. 同济大学，2007.

[10] 李光前. 图解，图解建筑和图解建筑师 [D]. 同济大学，2008.

[11] 陈宾. 动态空间 [D]. 同济大学，2008.

[12] 尹志伟. 非线性建筑的参数化设计及其建造研究 [D]. 清华大学，2009.

[13] 张向宁. 当代复杂性建筑形态设计研究 [D]. 哈尔滨工业大学，2009.

[14] 唐卓. 影像的生命——德勒兹电影事件美学研究 [D]. 哈尔滨师范大学，2010.

[15] 徐俊芬. 透视建筑时间之维 [D]. 华中科技大学，2006.

[16] 白海瑞. 奔跑的竹子——论德勒兹的生成论 [D]. 陕西师范大学，2011.

[17] 贾巍杨. 信息时代建筑设计的互动性 [D]. 天津大学，2008.

[18] 尹志伟. 非线性建筑的参数化设计及其建造研究 [D]. 清华大学，2009.

[19] 滕露莹. 论当代建筑空间的动态性 [D]. 同济大学，2007.

[20] 姜宇辉. 审美经验与身体意象 [D]. 复旦大学，2004.

[21] 丁格菲. 普利茨凯奖获奖建筑师的
建筑设计创新研究 [D]. 哈尔滨工
业大学, 2008.

[22] 王月涛. 建筑形式的非视觉动

力研究 [D]. 哈尔滨工业大学,
2008.

[23] 董岩. 建筑创新与技术创新 [D].
天津大学, 2006.

图片来源

第一章

图 1-3，图 1-4：http://image.soso.com.

图 1-5，图 1-8 ~图 1-13：任军. 当代建筑的科学之维［M］. 东南大学出版社，2009.

图 1-6，图 1-7：（美）彼得·埃森曼. 图解日志［M］. 陈欣欣，何捷译. 中国建筑工业出版社，2005.

第二章

图 2-1：Annettew, Balkema, Henk Slager (eds.). Territorial Investigations ［M］. University of Amsterdam Press, 1999.

图 2-2，图 2-3：http://www.zaha-hadid.com/design.

图 2-4：赵榕. 当代西方建筑形式设计策略研究［D］. 东南大学，2005.

图 2-5：Neil Leach, 徐卫国. 数字建构——青年建筑师作品［M］. 中国建筑工业出版社，2008.

图 2-6：美国亚洲艺术与设计协作联盟. 信息生物建筑［M］. 华中科技大学出版社，2008.

第三章

图 3-1，图 3-11：（法）吉尔·德勒兹. 时间——影像［M］. 谢强，蔡若明，马月译. 湖南美术出版社，2004.

图 3-2，图 3-6，图 3-16，图 3-35：（英）康威·劳埃德·摩根. 让·努维尔: 建筑的元素［M］. 白颖译. 中国建筑工业出版社，2004.

图 3-3：http://www.oma.nl/projects/2010/musee-national-des-beaux-arts-du-quebec.

图 3-4：徐卫国，罗丽. 建筑/非建筑［M］. 中国建筑工业出版社，2006.

图 3-5：大师系列丛书编辑部. 伯纳德·屈米的作品与思想［M］. 中国电力出版社，2006.

图 3-7，图 3-12：http://image.soso.com.

图 3-8：大师系列丛书编辑部. 伊东丰雄的作品与思想［M］. 中国电力出版社，2006.

图 3-9：大师系列丛书编辑部. 伯纳德·屈米的作品与思想［M］. 中国电力出版社，2005.

图 3-13：http://www.daniel—1ibeskind.com.

图 3-14：美国亚洲艺术与设计协作联盟. 终结图像［M］. 华中科技大学出版社，2007.

图 3-15：美国亚洲艺术与设计协作联盟. 全息建筑生态学［M］. 华中科技大学出版社，2008.

图 3-17 ~ 图 3-19：Non-Linear Architectural Design Process by Yasha Jacob Grobman, Abraham Yezioro and Isaac Guedi Capeluto, 2008.

图 3-20：闫苏，仲德崑. 以影像之名——电影艺术与建筑实践［J］. 新建筑. 2008（1）.

图 3-21：（意）贾尼·布拉费瑞. 奥尔多·罗西［M］. 王莹译. 辽宁科学技术出版社，2005.

图 3-25 ~ 图 3-27，图 3-31：大师系列丛书编辑部. 扎哈·哈迪德的作品与思想［M］. 中国电力出版社，2005.

图 3-28：大师系列丛书编辑部. 让·努维尔的作品与思想［M］. 中国电力出版社，2006.

图 3-29：贾巍杨. 交互空间——多媒体时代的建筑［J］. 山东建筑工程学院学报，2005（4）.

图 3-30，图 3-33：周诗岩. 建筑物与像——远程在场的影像逻辑［M］. 东南大学出版社，2007.

图 3-32：美国亚洲艺术与设计协作联盟. 折叠·织造·覆层［M］. 华中科技大学出版社，2008.

图 3-34：http://www.oma.nl/projects/1996/phyperbhilding.

图 3-36：大师系列丛书编辑部. 让·努维尔的作品与思想［M］. 中国电力出版社，2006.

图 3-37，图 3-38：《时代建筑》2012 年第 2 期

图 3-39：大师系列丛书编辑部. 伊东丰雄的作品与思想［M］. 中国电力出版社，2006.

图 3-40：陈荣钦，张利. 数字建筑中的虚拟性浅析［J］. 计算机教育，2007（11）.

图 3-41：http://www.makoto-architect.com/index.htm.

第四章

图 4-1，图 4-2：李万林. 当代非线性建筑形态设计研究［D］. 重庆大学，2008.

图 4-3，图 4-8，图 4-15，图 4-16，图 4-27：任军. 当代建筑的科学之维［M］. 东南大学出版社，2009.

图 4-4，图 4-9，图 4-23，图 4-24，图 4-29 ~ 图 4-34：http://www.zaha-hadid.com/design.

图 4-5：www.landscape.cn.

图 4-6，图 4-7：张诃. 埃舍尔魔镜［M］. 陕西师范大学出版社，2005.

图 4-10：大师系列丛书编辑部. 伊东丰雄的作品与思想［M］. 中国电力出版社，2006.

图 4-13，图 4-21，图 4-22，图 4-38：Paul Aldridge, Noemie Deville, Anna Solt, Jung Su Lee. EVOLO SKY SCRAPERS［M］. Library of Congress Cataloging-in-Publication Data Available, 2012.

图 4-14：徐卫国，罗丽. 建筑/非建筑［M］. 中国建筑工业出版社，2006.

图 4-17：赵榕. 从对象到场域 [J]. 建筑师. 2005（2）.

图 4-18：贾巍杨. 交互空间——多媒体时代的建筑 [J]. 山东建筑工程学院学报. 2005（4）.

图 4-19：大师系列丛书编辑部. 彼得·埃森曼的作品与思想 [M]. 中国电力出版社，2006.

图 4-20：李万林. 当代非线性建筑形态设计研究. 重庆大学，2008.

图 4-25，图 4-26：www.abbs.com.cn.

图 4-35，图 4-39，图 4-41：www.flickr.com.

图 4-36：赵榕. 当代西方建筑形式设计策略研究 [D]. 东南大学，2005.

图 4-37：http://www.china-up.com.

第五章

图 5-3，图 5-4，图 5-12：赵榕. 当代西方建筑形式设计策略研究 [D]. 东南大学，2005.

图 5-6，图 5-32 ~ 图 5-35，图 5-41：任军. 当代建筑的科学之维 [M]. 东南大学出版社，2009.

图 5-7，图 5-8，图 5-10，图 5-11：美国亚洲艺术与设计协作联盟. 信息生物建筑 [M]. 华中科技大学出版社，2008.

图5-13：（法）吉尔·德勒兹. 弗兰西斯·培根：感觉的逻辑 [M]. 董强译. 广西师范大学出版社，2007.

图 5-14：白小松. 身体与媒体——迪勒与斯科菲迪奥的作品研. A+C DESIGN，2009（7）.

图 5-15，图 5-16：Dennis Del Favero，Timothy S. Barker. Scenario：Co-Evolution，Shared Autonomy and Mixed Reality [A] // IEEE International Symposium on Mixed and Augmented Reality 2010 Arts，Media，& Humanities Proceedings，2010.

图 5-20：http://www. image.google.com.

图 5-21：http://www.99265.com.

图 5-22，图 5-23，图 5-43，图 5-36：李万林. 当代非线性建筑形态设计研究 [D]. 重庆大学，2008.

图 5-24：http://www.velux.com/.

图 5-25，图 5-26：汪芳. 查尔斯·柯里亚 [M]. 中国建筑工业出版社，2003.

图 5-28：大师系列丛书编辑部. 伯纳德·屈米的作品与思想 [M]. 中国电力出版社，2005.

图 5-29 ~ 图 5-31：Paul Aldridge，Noemie Deville，Anna Solt，Jung Su Lee. EVOLO SKYSCRAPERS [M]. Library of Congress Cataloging-in-Publication Data Available，2012.

图 5-37：美国亚洲艺术与设计协作联盟. 全息建筑生态学 [M]. 华中科技大学出版社，2008.

图 5-38：http://www.noxarch.com.

图 5-39：http://www.pritzkerprize.com.

图 5-40：丁格菲. 普利茨凯奖获奖建筑师的建筑设计创新研究 [D]. 哈尔滨工业大学，2008.

图 5-42：田宏. 数码时代"非标准"建筑思想的产生与发展［D］. 清华大学，2005.

图 5-44：http://www.wallpaper.com/architecture/venice-biennale-2008.

第六章

图 6-2，图 6-3：美国亚洲艺术与设计协作联盟. 折叠·织造·覆层［M］. 华中科技大学出版社，2008.

图 6-6 ~ 图 6-10，图 6-16 ~ 图 6-28，图 6-38 ~ 图 6-44，图 6-48 ~ 图 6-55：Paul Aldridge，Noemie Deville，Anna Solt，Jung Su Lee. EVOLO SKYSCRAPERS［M］. Library of Congress Cataloging-in-Publication Data Available，2012.

图 6-12 ~ 图 6-15，图 6-29，图 6-30：美国亚洲艺术与设计协作联盟. 信息生物建筑［M］. 华中科技大学出版社，2008.

图 6-32，图 6-34：Joseph Rosa. Next GenerationArchitecture：Folds，Blobs&Boxes［M］. New York：Rizzoli，2003.

图 6-33：王立明. 格雷戈·林恩（Greg Lynn）的数字设计研究［D］. 东南大学，2006.

图 6-35：http://image.baidu.com

图 6-37：伍端. 褶皱——游牧机器［J］. 城市建筑. 2010（5）.

图 6-45 ~ 图 6-47：任军. 当代建筑的科学之维［M］. 东南大学出版社，2009.

后记

　　信念与执着，纠结与畅快，坚持与憧憬……伴随着全书的写作过程。行文至此，停笔回味，突然想起王国维先生关于读书的三个境界。对于做学问只要有"独上高楼，望尽天涯路"，"衣带渐宽终不悔"，以及"众里寻她千百度"的信念，必然会寻得豁然开朗的境界。在书中与一位伟大的哲学家、思想家的对话，不仅提高了我学术的视野，而且也磨练了心智，增长了智慧，提升了人生的境界。

　　德勒兹的哲学思想深刻影响了当代建筑师的创作思维，激发了当代先锋建筑师的设计灵感。德勒兹认为，哲学并不是探讨真理或关于真理的一门学问，而是一个自我指涉的过程，是创造概念的一个学科，从事哲学研究就是借助对概念的梳理、创造，重新审视世界，开创看待世界的新视角。德勒兹将哲学从探求真理的高度降低到创造概念、解决现实问题的操作层面，这更加拉近了其哲学思想与建筑创作之间的距离。

　　在德勒兹哲学的影响下，出现了大批体现时代特征的优秀建筑设计作品，但同时也出现了一些问题，表现为：在建筑理论中，片面地将德勒兹的思想及概念分类，缺乏系统性及整体性的思考；在建筑创作研究中，局部地将德勒兹的某个概念转化为设计形式，使建筑设计过于形式化、表面化。因此，本书的目的就是从建筑思想上系统地建立德勒兹哲学与建筑创作之间的关系，从而对当代建筑创作所呈现出的复杂、多元的趋向进行一定程度的思想梳理与归纳，并对其相应的设计手法进行解析，以期建构出适应信息时代需求和人类发展需要的建筑创作思想理论。

本书是在我博士论文的基础上整理出版的，回想在哈工大求学的四年时间以及论文写作的过程中，期间的每一点困顿与迷惘，坚守与喜悦无不伴随着哈工大建筑学院诸位导师的支持与鼓励，在此我要对他们表示由衷的感谢。

师恩如山，高山巍巍，使人崇敬。感谢导师林建群教授在我写作过程中给予的支持与帮助，先生在学术上那些富于启迪和智慧的光芒与建树，为我无数次地指引了行进的方向。若无孜孜教导，则无以成章。与此同时，我也要感谢刘松茯教授对我莫大的帮助，先生对我的每一次点拨都是我认识问题的一次深入与超越，是先生的指导，让我提高了学术研究的能力，感恩先生，先生的恩情学生永生不忘。同时也感谢邹广天教授、邵龙教授、赵天宇教授、刘大平教授、冷红教授、刘德明教授、赵晓龙教授、孙澄教授对我研究过程中提出的宝贵意见。

本书是我研究德勒兹哲学与建筑创作之间关系的开端，德勒兹哲学博大精深，由于本人学识有限，对德勒兹哲学思想的解析深度及其思想在当代建筑创作思想中的转换论证还需进一步完善，在此也请诸位读者和专家指正。